卡耐基给女人的100条幸福箴言

韦甜甜 / 著

中国财富出版社

图书在版编目(CIP)数据

卡耐基给女人的100条幸福箴言/韦甜甜著.—北京：中国财富出版社，2016.5

ISBN 978-7-5047-6061-6

Ⅰ.①卡… Ⅱ.①韦… Ⅲ.①女性–成功心理–通俗读物 Ⅳ.①B848.4-49

中国版本图书馆CIP数据核字(2016)第036035号

策划编辑 张彩霞　**责任编辑** 张　静
责任印制 方朋远　**责任校对** 梁　凡　**责任发行** 敬　东

出版发行 中国财富出版社
社　　址 北京市丰台区南四环西路188号5区20楼　邮政编码　100070
电　　话 010-52227568(发行部)　010-52227588转307(总编室)
010-68589540(读者服务部)　010-52227588转305(质检部)
网　　址 http://www.cfpress.com.cn
经　　销 新华书店
印　　刷 北京高岭印刷有限公司
书　　号 ISBN 978-7-5047-6061-6/B·0484
开　　本 710mm×1000mm　1/16　**版　　次** 2016年5月第1版
印　　张 20　**印　　次** 2016年5月第1次印刷
字　　数 278千字　**定　　价** 39.80元

前言

PREFACE

1

女人如水，女人如诗，女人如画……

毋庸讳言，这世上每个女人都希望自己能被别人认为是有魅力的女人，每个女人也都非常渴望自己能够获得幸福美满的家庭、事业和生活。

然而，事实却并非如我们所愿，这是一个纷扰浮躁、让人疯狂的时代，这是一个快节奏、高压力、多竞争、多诱惑的社会。在现实中生存，很多女人都感到痛苦和疲惫。她们本该幸福、娇媚、优雅地前行，但却神色匆匆地赶路，没有停歇的时间，没有看风景的心情。她们为生活辗转奔波，心无所依；为家庭殚精竭虑，疲惫不堪；为工作辛劳奔命，匆匆忙忙；为金钱劳心伤神，疏远快乐……

在通往幸福的路上，女人被各种纷杂困扰，渐渐迷失了本心，甚至失去了生存的意义。她们苦苦地思索着相似的问题——幸福是什么？为什么我不幸福？

2

其实，幸福不是密码，而是一种感受、一种心态。一个人幸福与否，全看你怎么对待你自己，怎么看你周围的人，怎么面对你的生活。普通女性和精英女性的区别就在于——有没有一颗理解和感受幸福的“心”。当心灵照耀出光明和温暖的时候，你的眼里将不再有不幸；当心灵散发出欢愉和滋润的时候，你就可以到达幸福的彼岸。

那么，在滚滚红尘的诱惑里，我们怎么做才不会偏离航向呢？在纷纷扰扰的名利场，我们如何修炼才能获得幸福呢？

有一个人能为我们带来启示和帮助——戴尔·卡耐基。

他是世界上最著名的成功学大师、成人教育家及人际关系学大师，被称为美国“现代成人教育之父”。他运用心理学和社会学知识，开创并发展了一种融演讲、推销、为人处世、智能开发于一体的独特教育方式，让千千万万的人从中获益。

在长期的工作实践中，卡耐基接触到来自社会各个阶层的女性。这些形形色色的女性向他讲述了自己的生活现状，有欢乐，有苦恼；有成功的经验，也有失败的教训。卡耐基通过对女性心理的研究和分析，专门针对女人如何获得幸福和快乐总结出了一套方法。在如何规划未来、提升自己、成就事业、远离烦恼、享受生活、经营爱情、圆通人际关系等方面，给出了自己睿智、温暖、智慧的忠告。他给予女性的这些忠告并不是一些冠冕堂皇的言语，而是像涓涓细流一样注入女性的心田，引导她们从容地进行思考。

3

本书将著名人生导师卡耐基的理念和智慧与新一代年轻女性的实际生活结合起来，为年轻女性在处理人际关系、培养口才、交友，以及如何成为一个好妻子等方面提出了宝贵的忠告和建议，帮助年轻女性尽早领悟生活的智慧和法则，让她们以更轻松、更容易的方式掌握必要的生活技能，健康、充分地发展自己的个性，与周围的人和环境和谐相处，从而引领千万女性踏上幸福之路，成为最有魅力的女人。

无论你现在的起点是什么，只要你灵活变通地运用这些方法，你的生活一定会与从前的生活大相径庭，这其中的秘诀足以让每个女人的梦想成为现实。

生命只有一次，请找回被我们迷失的心灵力量。别再步履匆匆，别再痛苦纠结，别再争名夺利。换一种心境，换一种态度，换一种方式，你就能踏上欢喜与快乐、惊喜与梦想的幸福旅程。

目录

CONTENTS

第一章

走出青涩岁月，接受梦想的挑战

1. 沐浴在梦想的光辉之中

> 女人应该有梦想。它是一种心灵的东西，也是生命的一种释放形式；它有着直观而天然的特性，不会被教化和灌输；它是纯粹的、感性的。如果你希望做一个幸福的女人，有自己精彩的人生，无论何时回忆自己的过去都觉得充满意义，那就不要放弃自己的梦想。
>
> ——卡耐基

梦想虽然不足以使我们到达远方，但是到达远方的人一定有梦想。所有非凡的女人背景各异，但都源于她们敢于追梦。当她鼓起勇气为梦想踏出第一步的时候，生命已经不再一样；当她在生命中放飞梦想的风筝，她的心就接近了蓝天的高远。

梦想是女人成功的第一步。

任何人不能缺少梦想，女人尤其如此，因为有梦想的女人对生活和未来充满信心、激情，不是什么事都能够打倒的；有梦想的女人，是自信的女人，她相信自己的能力，对朋友和同事都有着超强的感染力和凝聚力；有梦想的女人，可以使自己在成长中由弱小变得强大。完全可以说，如果她心中有梦想，她一定是一个美丽的女人。

有人说，正因为舞台小，才有了更大的发挥空间。舞台可以很小，但是有了梦想，舞台外面的空间就会变得很大很美。梦想让发展的空间变得无限广袤。

在20世纪50年代早期美国南加州一个小小的城镇中，一个小女孩抱着一堆书到图书馆的柜台。

这个小女孩是个小读者。她父母的书满屋子都是，但都不是她想看的。所以每个礼拜她都会到坐落在一排木结构房子中的黄色图书馆浏览图书。里面的儿童图书馆在一个隐蔽的角落，她就在这个角落里碰运气找她想看的书。

当白发苍苍的图书馆管理员在为这个10岁的小女孩所借的书盖上日期戳印时，小女孩渴望地看着柜台上“新书专柜”的地方。她为写书这件事一再地惊叹，在书中开创另一个世界是何等的荣耀。

在这个特别的日子，她定下了她的目标。

她说：“当我长大以后，我要当一个作家，我要写书。”

图书馆管理员检索了她的戳记后，并没有像其他大人一样叫小孩谦虚点，而是微笑着鼓励她说：“如果你真的写了书，把它带到我们图书馆来，我会展示它，就放在柜台上。”

小女孩承诺说：“我一定会的。”

她长大了，她的梦也是。

她在九年级时有了第一份工作，撰写简短的个人档案，每写一个档案，地方的报社都会给她1.5元钱。对于这份工作，钱的吸引力比让她的文字出现在报刊上的魔力逊色多了。通过这份工作，她的写作能力得到了很大的提高。但这离写一本书还有很长的路要走。

以后，她编学校的校内报纸，结婚，有了自己的家，而写作的火焰还在内心深处燃烧着。她有了一份兼职的工作，把学校发生的新闻编成周报。但书还是连影子也没有。

之后，她又到一家大报社从事全职的工作，甚至还尝试编辑杂志。但还是没写书。

最后，她相信她有话要说，于是开始了创作。她把成品送给两位出版商过目，但都遭到拒绝，于是她悲伤地把它丢在一旁。七年后，旧梦复燃，她有了一个经纪人，又写了另外一本书。

她把藏起来的那本书一起拿出来，很快地，两本书都找到了出版商。

但书的出版比报纸慢得多，所以她又等了两年。有一天，内含她名字的新书邮包寄到她门前，她打开一看，哭了起来。等了这么久，她的梦终于实现了。

她记起了图书馆管理员的邀请和她的承诺。

当然，那个特别的管理员早已去世，小小图书馆也扩建成大图书馆。

她打电话问了图书馆馆长的名字。她给这位图书馆馆长写了一封信，说以前的那位图书馆管理员的鼓励对一个小女孩的意义有多重大。她会在高中毕业后第三十年校庆会回到小镇来。她问她是否可以带两本书送给图书馆，因为这对当时那个10岁的小女孩而言是件大事。图书馆复电表示欢迎，所以她带了她的两本书去了。

她发现新的大图书馆就在她母校对面，几乎就在她老家旧址，从前的隔壁人家已经都拆除了，变成一个市中心，以及这间大图书馆。

然后，她把她的书交给图书馆工作人员，而图书馆管理员把它们放在柜台上，还附上了解说。泪水流满了她的面颊。

她拥抱了图书馆工作人员之后就离开了，在外面照了一张照片证明，虽然经过了三十多年，但梦想成真，承诺也兑现了。

她站在图书馆公布栏的海报旁，10岁小女孩的梦想和这名作家终于合而为一了，海报上头写着：欢迎归来，姜·米歇尔！

女人要用梦想之光深深触动心底，让它照亮你的一生。它将激发你的欲望，去活出梦想并追寻你的喜悦，成就有影响力的自己。

没有梦想的人生是乏味的，所以无论成功或是失败，女人都应该去追逐人生的梦想。这个追逐梦想的过程，会让女人一生没有遗憾，更会为女人带来丰富的生活，也能让女人在追梦的征程上走得更远。只要有梦想，人人皆可升华，终有一天你会破茧而出，冲破现实的局限，飞抵梦想成真的美丽新世界。

梦想值得女人珍惜，它和爱情一样，一旦浇灌，就可以带给女人幸福愉悦的体验。不管你的梦想是成为一个事业型女人，在某个领域做一朵铿锵玫瑰；还是惬意地在自己的小小世界里书写美好的童话故事，只要你能坚持不懈地追求这个梦想，它都会给你带来丰厚的回报！

2. 做感兴趣的事，哪怕你已经80岁

快乐和兴趣是一个人成功的关键因素。聪明的女人会设法将自己的天赋、兴趣、热情与自己的职业发展方向结合起来。大多数人都知道，只有在对某个领域感兴趣并充满激情、快乐地工作时，人才有可能在该领域把潜能发挥到极致。

——卡耐基

各位朋友，找到自己的兴趣所在，并做自己真正感兴趣的事吧，因为只有这样，你才能找到真正属于自己的人生殿堂。

哈里·莱伯曼先生是位著名的制药专家，80岁才离开顾问的岗位真正退休。他退休后常到俱乐部去下棋，以此来消磨时间。

有一天，女办事员告诉他，往常那位棋友因身体不适，不能前来作陪。看到老人失望的神情，这位热情的办事员就建议他到画室去转一圈，还可以试着画画。

“您说什么，让我作画？”老人哈哈大笑，“我从来都没有摸过画笔。”

“那不要紧，试试看嘛！说不定您会觉得很有意思呢！”

在女办事员的一再坚持下，哈里·莱伯曼到了画室。过了一会儿，她又跑来看看老人“玩”得是否开心。

“太棒了，老先生！您刚才一定是在骗我！您简直是一位名副其实的画家。”她笑着对老人说。

不过，老人刚才说的全是实话，这确实是他第一次摆弄画笔和颜料，以前从未发现自己有绘画的才能。

提起当年这件往事，老人颇有感慨地说：“我开始很不适应退休后的生活，那曾是我一生中最忧郁、最难熬的时光。那位女办事员给了我很大的鼓舞，从那以后我每天都去画室，从作画中我又找到了生活的乐趣。从事一项力所能及的有意义的活动，就会使人感到又投入了朝气蓬勃的新生活。”

后来，绘画对于这位八旬老人来说，已经不仅仅是一项单纯的消遣活动了，他对作画已产生了浓厚的兴趣。82岁那年，老人还去听了绘画课，一所学校专为成年人开办的十周补习课程。这是老人有生以来第一次系统地学习绘画知识。第三周课程结束的时候，老人直率地抱怨任课教师画家拉里·理弗斯：“您给每一位学员都讲得耐心细致，对我却从来不给予帮助和指导，甚至连一句话也不说。这是为什么？”显然，老人有些不高兴了。

“先生，因为您所做的一切，我自己实在是赶不上。我怎么敢妄加指点呢？”拉里·理弗斯说得情真意切，还自愿出钱买下了老人的一幅作品。

人的潜能有时是极其惊人的。就这样，不到四年的光景，哈里·莱伯曼的许多作品先后被一些著名收藏家购买，并登上了博物馆的大雅之堂。

1977年11月，洛杉矶一家颇有名望的艺术品陈列馆举办了第23届画展——哈里·莱伯曼101岁画展。

这位百岁老人笔直地站在入口处，迎候参加开幕仪式的四百多名来宾，其中有不少画家、收藏家、评论家和新闻记者。老人身材瘦长，脸上皱纹已深，下巴留着一撮胡须，头发花白，但却精神焕发，衣着整洁，看上去最多不过80岁。其作品中表现出来的活力，赢得许多参观者的赞叹。美国艺术史学家斯蒂芬·朗斯特里特热情洋溢地赞美道：“许多评论家、艺术品收藏家，透过这种热情奔放、明快简洁的艺术，看到了一个大艺术家的不凡手法。”

不要因为外在的原因而被纳入他人设定的轨道，失掉应当属于自己的天地；也别为暂时不清楚自己的兴趣所在而感到迷茫。人生很长，只要勇敢地开拓，勇敢地尝试，你们很快就会发现自己的兴趣到底是什么，进而将兴趣转化为激情，取得最后的成功。

其实大多女性朋友都能找到自己的兴趣所在，但在这里有几点建议要告诫各位：首先，不要把社会、家人和朋友们认可或看重的事情当作自己的爱好；其次，不要单纯地认为有趣的事情就是自己的兴趣所在，而要用头脑理智地做出判断，例如大多数人都喜欢玩电脑，但这并不意味着所有人都喜欢或有能力从事软件开发工作；最后，不要误认为自己感兴趣的事，就可以在这方面培养天赋，要尽量去寻找兴趣和天赋的最佳结合点，假如你的兴趣是做模特和唱歌，但结合你身材高挑、五音不全的客观条件，你更适合当一名模特。

当然，有的女人可能会对自己的兴趣感到迷茫，其实没有必要为此担心。你不妨开阔视野，多接触一些新鲜的领域，以寻找自己的兴趣。经过实践，你一定能更好地体会自己在各个行业的乐趣，进而找到自己的最爱。

3. 不要活在他人的价值观里

> 人活在这个世界上，所追求的应当是自我价值的实现，并不是为了他人而活。如果你追求的幸福是处处参照他人的模式，那么你的一生都将会悲惨地活在他人的价值观里。
>
> ——卡耐基

女人总是很在意自己在别人的眼里究竟是一个什么样的形象，因此，为了给他人留下一个比较好的印象，总是事事都要争取做得最好，时时都要显得比别人高明。在这种心理的驱使下，人们往往把自己推到一个永不停歇的痛苦的人生轨道上。

事实上，人活在这个世界上，并不一定要压倒他人，也不是为了他人而活。人活在世界上，所追求的应当是自我价值的实现以及对自我的珍惜。不过值得注意的是，一个人是否实现自我价值并不在于你比他人优秀多少，而在于你在精神上能否得到幸福的满足。只要你能够得到他人所没有的幸福，那么即使你表现得不够高明也没有什么。

有一个叫王珍珍的女人，她喜欢弹钢琴，每天都会弹上一段时间，尽管她的水平很一般。有一天下午，王珍珍正在弹钢琴时，7岁的儿子走进来说："妈，你弹得不怎么高明吧？"

不错，是不怎么高明。任何认真学琴的人听到她的演奏都会退避三舍，不过王珍珍并不在乎。多年来王珍珍一直这样不高明地弹，而且弹得很高兴。

王珍珍也喜欢不高明的歌唱和不高明的绘画。从前还自得其乐于不高明的缝纫，后来做久了终于拥有了一手好缝纫技术。王珍珍在这些方面的能力不强，但她不以为耻。因为她不是为他人而活，她认为自己有一两样技能做得不错就够了。其实，任何人能够有一两样技能做得不错就足以让自己得到精神上的满足。

一位朋友对王珍珍说："让我来教你用卷线织法和立体织法来织一件别致的开襟毛衣，织出十二只小鹿在襟前跳跃的图案。我给女儿织过这样一件。毛线是我自己染的。"

王珍珍心想，她为什么要找这么多麻烦？做这件事只不过是为了使自己感到快乐，并不是要给别人看以取悦别人的。直到那时为止，王珍珍看着自己正在编织的黄色围巾每星期加长五至六厘米时，还是自得其乐。

从王珍珍的经历中我们不难看出，她生活得很幸福，而这种幸福的获得正在于她做事不是为了向他人证明自己是优秀的。

似乎大部分女人都是缺乏决断意识的，大到择业、婚恋，小到出行、购物，在每次做决定之前，总要习惯性地征询身边家人、朋友的意见。而且她们觉得最好能多问几遍，从而选出入选频率最高的答案。这样的方式大概能让人觉得心里踏实，但却不见得一定合适自己。

27岁的刘佳在一家外企工作。最近又一次得到升迁的她，却发现随着事业的发展，同事们开始用“强势”“精英”“女强人”来形容她；老公也不再把她当作小鸟依人的爱人而百般疼爱了。

仔细审视了一下，刘佳发现自己在工作上确实比以前更果断厉害，也更能干了，这也是她一直所追求的。但在被戴上“女强人”这顶帽子的同时，她也备感不适，同事的敬畏、老公的疏远，都让她觉得很压抑。她甚至开始犹疑：“该不该继续这样强势下去？”

朋友们纷纷劝她：“何必苦苦支撑，把自己弄得那么累？家庭才是女人该待的地方。”

丈夫作为一家大公司的高层，更是极力游说她辞职。他给出的理由非常充分：“家中有人操持家务，男人的职业状态才能更佳。作为女人，多多逛街、购物、做美容，也能年轻靓丽。而这一切的前提是他自己的薪水足以支撑这一切，想想，这是很多女性梦想的生活呢！”

听了这些，刘佳动心了，她很快就办好了辞职手续。但是，离开自己热爱的事业之后，刘佳变得闷闷不乐，家庭琐事让她厌烦不已，她觉得自己就像一只被关在笼子里的鸟……

几乎每个女人都在乎别人对自己的评价，并对此患得患失，以致常常为了迎合别人而不断地否定和修正自己。其实，那些对你指手画脚的人自己也不知道应该如何抉择。不要奢望所有人都支持你的选择，也不要期许所有人都喜欢你的风格。生活是你自己的，你更应该听从自己内心的想法，而不是随波逐流。

女人不能没有目标，处世不能没有决断。有目标难，坚持目标更难，盲目自信是固执，偏听偏信是糊涂，正确的目标都是对事物本质的反映，坚持正确的目标会让女人走向成功。

歌德曾说：“每个人都应该坚持走自己开辟的道路，不被流言所吓倒，不受他人的观点所牵制。”

虽然我们每个人不可能孤立地生活在这个世界上，几乎所有的知识和信息都来自别人的教育和环境的影响，但你必须清楚，在人生的旅途中，你才是自己唯一的司机，你要稳稳地坐在司机的位置上，决定自己何时要停车、倒车、转弯、加速、刹车等。只有你才能带自己去想要去的地方，去看自己想要看的风景。

4. 有梦不去追寻，得到的将永远是懦弱

你究竟想要什么样的生活呢？月薪万元的工作能让你开心吗？100多平方米的房子让你有安全感吗？你对自己现在的生活打多少分？6分？8分？或者更多，还是更少？

——卡耐基

当你对自己的生活方式不满意的时候，你想过改变吗？当大家都用尽全力向着大城市猛扎，都不惜以牺牲健康来换取高薪的时候，你有没有想过这是你想要的生活吗？

任娜毕业于北京一所名牌大学，学习国际贸易专业的她毕业几年后月薪就达到了8000元。可是有一天，她忽然辞去了这份高薪工作。朋友问她此后何以为生时，她回的短信似是玩笑：去立交桥下擦皮鞋。

当然，她没有真的去擦皮鞋，而是把自己买的两套闲置的房子简单装修后租了出去。

她淡淡地说："应对日常生活，这点租金足够了。"

此后，她买蔬菜、荤食不再去超市，而是改去菜市场；自己对镜剪发及漂染头发；看书去图书馆，看电影租DVD。任娜甚至学会了自己

晒干茉莉和药菊，自己买草药来配花草茶；自己做锦缎靠垫来装饰房间，自己做漂亮的手模饼干来招待朋友。高兴的时候，她会帮别人做一点设计、摄影或撰稿。

任娜感叹说："从前我以为自己需要的是那么多，月薪8000元也感觉像个穷人。现在发现自己需要的是那么少，所赚不多，却天天有唱歌的欲望。"

现在，她的时间和金钱主要用来旅游。她说："不是每个人都能健康地活到60岁；就算你60岁后还有余力行走世界，那时你的心境、你看到的世态人情，也与二十几岁时不一样了。"

朴素的生活也不错，只要你喜欢，但是有几个女人有勇气去选择呢？

幸福其实是一种心境，它和你拥有多少金钱、住着什么样的房子、开着什么样的车，是没有关系的。

每个女人都应该主动地去选择自己喜欢的生活方式，包括你喜欢生活在什么样的城市；喜欢一周工作7天，每天工作10小时，还是宁愿少赚一点钱，但是生活得相对悠闲。如果你离不开家乡的美味的话，就不应该出国去每顿饭愁眉苦脸地吃汉堡。

很多人抱着"白领"的幻境，抱着"得过且过"的心态，在一种模棱两可的人生中渐渐变得麻木——她们一方面舍不得放下已有的东西，另一方面又不时怀念心底那个美好的梦想。也许她们都还记得做梦的样子，却忘记了要去争取，或者说是舍不得用现有的东西去实现那个美梦。

不可否认，许多女人都在逃避自己真正想要的，都在用现有的金钱和地位来麻痹自己，将最初的梦想扼杀。我们并非诗人，但是没有梦是多么可怕；有梦不去追寻，得到的将永远是懦弱。

有时你内心的冲动就是被你所一直压抑的，为何不大胆将它释放？也许你会在心里安慰自己说：过段时间就不会有这种感觉了。可事情往往是，时间日复一日地逝去，你内心的渴望却越来越强烈。不要拖延了，拖延得越久，你就越放不下现有的东西。

你会放弃每天向老板报到，月底看着工资卡里面数字渐长的工资，偷笑着盘算该如何去花的安稳日子吗？你会放弃身边朋友羡慕的眼光吗？一个收入稳定的白领女人放弃一切投入到对梦想的追逐中，这的确需要莫大的勇气。

但人生就是这样，总是有许多矛盾。有的东西，一直想要，几经周折拥有后，却发现它并非自己真正想要的；有的东西，一直拥有，几经思考放弃后，才明白它就是那个你一直追寻的目标；有的东西很远，你却要努力想象它就在身边；有的东西很近，你却浑然不觉它的重要，一心想要逃离它的怀抱。

人生就是一个选择的过程，可是这个选择却并不是随意自由的，每一个选择背后都有代价，所以就需要女人在选择的时候有足够的勇气。其实，最美的梦，是你实现后能带给你最纯粹快乐的那一个。

5. 不做外表重复的美女，要做个性不同的女人

在相同的条件下，没有一片叶子完全相同。正是不同形状和脉络的叶子，抖开一树葱郁。——卡耐基

一个国外教育考察团被中国的一所乡镇小学所迷惑：这所小学上课时的喧哗吵闹让他们吃惊不小，因为他们早已习惯了沿途小学整齐划一的动作和语气。校长回答，一位园艺师曾告诫他，幼时的兴趣不可以修剪。

一位优秀的服装设计师领奖时，说过这样一段发人深省的话：我多

年前就应站在这儿。假如当年父亲不强迫我学我不感兴趣的专业，假如工作单位不阻挠我的业余创作，假如社会对我的奇异创造多一丝理解。

没有人如此致辞。良久，无言的沉默。猛然，掌声轰然雷动。

树叶不同于机器的产品，不能标准生产，不能复制，它享受阳光、吸吮土壤、阐释生命的绿色。个性是什么？个性就是风格，就是每片唯一的叶子所体现出来的生存的光芒、生命的美丽。

有个性的女人会说："不做外表重复的美女，要做个性不同的女人。"

所以——尊重个性，就是尊重生命。

那么，应该试着开创属于自己的风格，了解自己的力量，又善于适当发挥它。

人人都有自己的长处和短处，有的人长处多些，有的人长处少些。有的人可能还暂时没有发现自己的长处，所以你大可不必灰心丧气，总有一块属于你的天地，你将在那里比你的合作者们在竞争中更能得心应手，纵横驰骋。

每个人只应该做最优秀的自己，而不要去做最好的别人。有的人对自己不满意，也想完善自己，但他们往往喜欢羡慕别人，如内向的人羡慕外向的人能言善辩，外向的人羡慕内向的人稳重等。当今社会，人们似乎更倾向于那些性格外向的人，外向仿佛成了活泼、开朗、大方、能说会道的代名词，而内向之人则蕴含着不少不受人欢迎的品质，如怯懦、木讷、无能等。

有这样一则寓言故事：

有一天，一群动物聚集在一起，彼此羡慕对方的优点，抱怨自己的缺点，于是决定成立一所学校，希望通过训练，使自己成为一个通才。他们设计了一套课程，包括奔跑、游泳、飞翔和攀登。所有动物都报了名，选修了所有的科目。

最后的结果是：小白兔在奔跑方面，名列前茅，但是到游泳课的时候，就浑身发抖；小鸭子在游泳方面，成绩优异，但奔跑起来却摇摇晃晃；麻雀在飞翔方面，遥遥领先，但不能奔跑，碰到水就几乎精神崩溃；至于小松鼠，爬树的本领固然高人一等，奔跑的成绩也不错，却在飞翔课中，尝到了走麦城的滋味。大家愈学愈茫然、愈学愈苦闷，终于下决心停止盲目学习别人，好好利用自己的长处。他们不再抱怨、不再羡慕，因此又重现了往日的活泼与快乐。

从这个故事中你得到启发了吗？世间万物，各有短长，不能勉强。人的价值，在于自我回归，也就是把最优秀的自我充分展示出来。世上找不到两片相同的树叶。每个人生活的方式、努力的方向也互不相同，何去何从，必须从自己的实际出发进行思考。

比如，气质类型不同的人，不可能在个性优化之后成为同一气质的人。因此，个性优化，也需从实际出发，扬长避短，因人制宜。再者，要确定目标的核心作用，认真发现自己的个性中需要改变的部分、不需要改变的部分。如有人想成为一名学者，他可以专心做学问，肯钻研，这是其优势，但他人际关系不畅，不善表达自己的看法，这会阻碍其发展，这就是他要努力改善的方面。你可以在一张纸上认真记下自己思考的结果，这样才能确定前进的方向。每个人自身具备独特的价值，优化自己不等于全盘否定自己，东施效颦、邯郸学步只会适得其反。要根据自身目标的要求，来明确自己努力的方向。

善用你自身所具有的优秀品质，恰如其分地认识自己的能力，是你走出迷失自我、拥抱成功朝阳的资本。

一个人，只因为唯恐与别人失散，而忘乎所以地和别人挤在一起卷来卷去，把别人的方向当成了自己的方向，这是一种迷失，也是对个人思辨能力的约束。大家牵牵绊绊，拥向同一个目标，每一个人都无暇旁顾，人们却称这种现象为“竞争”，以为这就是“进步”的原动力。人们时常为了怕与别人失散而不敢自寻出路；人们也怕离开了跑道去给自己另开蹊径会被认为遭受淘汰出局，而只得盲目地继续跟着别人奔跑，以在跑道上的胜利为胜利，以能参加众人的拥挤为安全或成就。

把眼光盯住别人不放，以别人的方向为方向，总难超越别人。要想有成就，你得自己开路，而你所开的路是你自己的理想、见解与方式，所以是你所独有的。老子认为："以其不争，故天下莫能与之争。"

1888年，法国巴黎科学院发起关于"刚体绕固定点旋转"问题有奖征文，征文条件规定：应征论文的作者除提供论文外，还必须附一条格言。一篇附有"说自己知道的话，干自己应干的事，做自己想做的人"格言的论文，被一致认为科学价值最高。原来论文出自38岁的俄国女数学家苏菲·柯瓦列夫斯卡娅之手。

柯瓦列夫斯卡娅实现了自己的格言"做自己想做的人"。在妇女处于被压迫、被奴役的悲惨地位的19世纪，她成了走进法国巴黎科学院大门的第一个女性，成了数学史上的第一个女教授。

美国有一位极令人敬佩的年轻女士，她是罗莎·帕克斯，于1955年的某一天，她在阿拉巴马州蒙哥马利市搭乘公车，理直气壮地不按该州法律规定让位给一位白人。她这个不服从的举动造成轩然大波，招来白人的强烈抨击，然而却也成为其他黑人效法的榜样，结果掀起了随后的民权运动，使美国人民的良知普遍觉醒，为平等、机会和正义重新界定出不分种族、信仰和性别的法律。罗莎·帕克斯当时拒绝让位，可曾想过自己会遭遇什么样的后果？她是否有什么能够改变现有社会结构的高明计划？我们不知道，然而我们相信，她对这个社会抱有更高期许的决定，促使她采取这种大胆的行动。谁能想到这个弱女子的决定，却给后人带来如此深远的影响？

人生只属于自己，一味遵循他人的思想，不敢面对真理是懦弱的表现，这样的人生是一种悲哀，我们应该成为主宰自己生命的人。

6. 坚强的信念助你达到既定的目标

教条是没有任何用处的，我们只有在信念的指导下去改变我们的生活，我们的信念才是有价值的，才能塑造出我们成熟的人格。轻言放弃不是信念，我们应该成为无论如何艰难都始终坚持永不放弃的人。

——卡耐基

信念是一种很神奇的东西。当你有某种信仰的时候，你会变得很强大，随时都充满着自信和勇气。即使你身处逆境，你也不会退缩，而是勇往直前，直到达到自己的目的。所以，我们一定要有自己的信念。

假如问你们：“你坚信明天的生活会更美好吗？”估计很多人都会说：“当然了，我认为明天的生活会更美好。”但是，你相信的程度又如何呢？假如你正在失业中，或者身体健康出现了问题，你还会相信明天的生活会更美好吗？

无疑，在女人的一生中，随时会碰到困难和挫折，甚至还会遭遇致命的打击。此时，心态的积极与消极对事业的成败产生重大的影响。

美国潜能成功学家罗宾说：“面对人生逆境或困境时所持的信念，远比任何事都来得重要。”这是因为，积极的信念和消极的信念直接影响创业者的成败。

赫德里太太是一位快乐的主妇。在她的生活里，从来没有感到过不顺心，直到一场可怕的车祸，让她毫无防备地跌进一个深渊里。

车祸发生之后，赫德里太太被送进医院治疗。在开始的时候，医生认为她的脊椎骨发生了断裂，后来，经过X光检测，显示她的脊椎骨并没有碎开。但是，她的脊椎骨表面长出了一些刺状物，需要观察治疗。医生让她在床上躺了三个星期。三个星期之后，他们带来了一个不好的消息：因为她的脊椎骨有严重的僵硬现象，她也许不能恢复。

当时赫德里太太愣住了，心里充满了担忧和痛苦，她真害怕自己不能康复。随着日子一天天过去，她以前的勇气和乐观被恐惧和痛苦所代替，她只觉得自己一天比一天脆弱，康复之日遥遥无期。

有一天早上，赫德里太太从梦中醒来之后，她感觉自己的思绪非常清晰。她告诉自己，自己可以有很多事做。而且自己只要坚持治疗，是一定可以战胜病魔、恢复健康的。自己一定要勇往直前，直到完全康复。想到这里，她心中的恐惧和压力一扫而光。她挣扎着从床上爬起来，想要马上开始自己新的生活。从那天之后，赫德里太太找了两个字当作座右铭，并且时时刻刻提醒自己：向前、向前、向前！

五年之后，当她再度做身体检查的时候，医生认为她的脊椎骨恢复良好，她可以做一些不太剧烈的活动了。

在这个世界上，信念这种东西任何人都可以免费获得。所有成功的人，最初都是从一个小小的信念开始的。信念就是所有奇迹的萌发点。

罗杰·罗尔斯是美国纽约州历史上第一位黑人州长。他出生在纽约声名狼藉的大沙头贫民窟。那里环境肮脏，充满暴力，是偷渡者和流浪汉的聚集地。在这儿出生的孩子从小就逃学、打架、偷窃，甚至吸毒，长大后很少有人从事体面的职业。然而，罗杰·罗尔斯是个例外，他不仅考入了大学，而且成了州长。

在就职的记者招待会上，一位记者对他提问：是什么把你推向州长宝座的？面对三百多名记者，罗尔斯对自己的奋斗史只字未提，只谈到了他上小学时的校长——皮尔·保罗。

1961年，皮尔·保罗被聘为诺必塔小学的董事兼校长。当时正值美国嬉皮士流行的时代，他走进大沙头诺必塔小学的时候，发现这儿的穷孩子比“迷惘的一代”还要无所事事。他们不与老师合作，旷课、斗殴，甚至砸烂教室的黑板。皮尔·保罗想了很多办法来引导他们，可是没有一个是奏效的。后来他发现这些孩子都很迷信，于是在他上课的时候就多了一项内容——给学生看手相。他用这个办法来鼓励学生。

当罗尔斯从窗台上跳下，伸着小手走向讲台时，皮尔·保罗说：“我一看你修长的小拇指就知道，将来你是纽约州的州长。”当时，罗尔斯大吃一惊，因为长这么大，只有他奶奶让他振奋过一次，说他可以成为五吨重的小船的船长。这一次，皮尔·保罗先生竟说他可以成为纽约州的州长，着实出乎他的预料。他记下了这句话，并且相信了它。

从那天起，“纽约州州长”就像一面旗帜，罗尔斯的衣服不再沾满泥土，说话时也不再夹杂污言秽语。他开始挺直腰杆走路，在以后的四十多年间，他没有一天不按州长的身份要求自己。51岁那年，他终于成了州长。

在就职演说中，罗尔斯说：“信念值多少钱？信念是不值钱的，它有时甚至是一个善意的欺骗，然而你一旦坚持下去，它就会迅速升值。”

也许更多的时候，我们更应该自己给自己一个信念，不能光指望别人来好心地“欺骗”我们。其实，在这个世界上，信念这种东西任何人都可以免费获得，关键是你有没有时刻把它扛在肩头，有没有为它而时刻地努力着，准备着。信念是所有奇迹的萌发点，如果你的内心蕴含着一个信念，并坚持不懈地为之努力，那么，你就一定能乘长风破万里浪，与成功握手。

7. 用勇气和智慧去正视压力

面对困难，我们要做的不是埋怨和叹息，也不是推脱与逃避，而是应该保持坚定的信念，冷静地面对，积极地处理，从而找到解决的良方。

——卡耐基

作为职场女强人，我们已经掌握许多常识：知道如何着装打扮，让自己气质不凡；懂得所有的社交规则，时刻举止优雅、言谈得体；深谙领导下属的技巧、商务谈判的策略；知道如何巧妙地向老板提出加薪要求……可是，身怀绝技的我们，却依然无法处理那些日复一日折磨自己的情感压力与情绪负担，这究竟是为什么呢？就是你还不会控制自己的情绪。

身处职场，更需要理性面对，情绪化只会让你的职场形象大打折扣，也会让你的职场之路更加坎坷，学会控制自己的情绪，学会不生气。世界上虽然没有快乐的工作，但是你可以选择用快乐的心去快乐地工作。每个人在每个时期都会碰到压力。压力来临的时候，我们千万不要退缩、回避，而是该认真地接受它，找到改善的方法，如此才能把因为情绪所产生的不必要的压力统统释放！

用勇气和智慧去正视压力，压力就会变小，事态也会渐渐朝好的方向变。

陈梅是一家公司的会计，常常成为老总和那些王牌销售员的挡箭牌和出气筒。

有生意来往的公司之间，难免会有一些三角债务。别人欠公司的，不好讨；公司欠别人的，别人缠着要。

老总被对方逼得没有办法了，就往陈梅这边推："你的钱，我已经交代给陈会计了，可能是她这两天忙，没有来得及把款汇给你。"

对方如果好对付，听老总说得如此有鼻子有眼的，也就缓几天，等着陈会计把钱打过去。对方如果性子急，听老总这么一说，会在最短的时间内，到公司去拿钱。

遇到这样的情况，陈梅就得"很抱歉"地告诉对方："老总确实交代给你们准备钱了，见你们没有来取，我以为你们不是很急着用，就擅自支付给别的债权人了，真是对不起！"来者一听，立即气得拍桌子大发脾气，陈梅一个劲儿地"道歉"。这个时候，老总出场了，他先是把陈梅"训斥"一顿，说她没有专款专用；然后老总就又是拍胸脯又是跺脚地保证什么时候一定把钱还上。等把对方折腾得没有脾气了，老总就热情地拉着人家去饭店吃饭"谢罪"去了。老总的这个法子比较灵，一般都能达到"拖延"的预期效果。

另外，公司的一些王牌销售员，自以为业绩好、贡献大、劳苦功高，于是就想方设法巧立名目地报销很多单据。老总不愿意给他们报销，但是，看在他们创造了很大的销售利润上，为了照顾他们的工作情绪，又不能直接拒绝一些来历不明的报销单据。

于是，老总私下里告诉陈梅以暂时没有钱为由采取"拖延术"，一直拖延到这些销售员放弃报销"不义之财"为止。但是，销售员往往以"老总都批准了，你为什么刁难我"为由，对陈梅大发脾气，陈梅笑脸道歉，解释现在没有办法给报销是因为目前没有钱。面对笑脸和耐心"解释"，对方再也不好意思发脾气了，只得气呼呼地离开财务室。

这样的挡箭牌、出气筒，几年内，公司里的会计前前后后被气走了好几个，就陈梅没有被气跑。

公司之前被气走的老会计都觉得奇怪，就问陈梅整天给老总背黑锅难道不生气？

她推心置腹地说："老总也有他的很多难处，作为财务人员，配合他唱唱白脸，也没有什么。当然，很多人冲我发火，说些过分的话，当时，别看我脸上挂着笑，但是内心很怨恨。只不过，这种怨恨很快就会从我心中消失掉。因为心就那么大，少装一分怨恨，就会多装一分快乐。我让我的心中充满快乐，不是更好吗？于是，我就多想想生活中那些大大小小的开心的事情。例如，快到周末了，又可以去逛街了；例如，某某大片上映了，可以和老公一起去看了，可以重温热恋时的浪漫了；例如，在网上看了篇搞笑的文章，回味一下，更是开心……"

想一想，工作中的一些不快无法避免，与其每天埋怨生气不如快快忘掉。心就那么大，少放怨恨多装快乐，每个人都会过得很开心、很幸福。

事实上根本没有什么快乐的工作，只有用快乐的心去面对工作。当你心中充满怨恨，你的工作就是烦人的；当你心中充满阳光，你的工作也是阳光的；当你心中充满幸福，你的工作也是幸福的。

8. 认识你自己，放大你的优势

成功者之所以能取得成功，并不是因为他们有多么高超的天赋和卓越的才能，而是因为他们在社会舞台上能够找到适合自己生存的位置。女人只有找准了自己的位置，才能合理地规划人生，才能超越平庸，走向卓越，才能化平凡为不平凡，使一切不可能变为可能。

——卡耐基

一个女人如果不知道自己的缺点会很可怕，而不知道自己的优点更加可怕，因为优点可以让你在这个世界立足，缺点则只会影响你立足的稳定性。每个人身上都有优点，也就是闪光点，如果你能够找到这些闪光点，并加以培养和放大，那么你一定能借助这些闪光点让自己未来的发展之路更通畅、更光明。

任何事业的成功都是从合理的人生规划开始的，女性朋友如果想合理地规划自己的人生，对自己就要有正确的自我定位。但正确的自我定位对于大多数女性朋友来说却是个难题。生活中，我接触过的大多数女性朋友都不能正确地自我定位，不是过高就是过低，而这两种情况对她们的人生规划都有不利的影响。例如，定位太高，则流于幻想，使远大的抱负变得毫无实际意义，最后除了豪言壮语，凡事皆是一场空；而定位太低，又可能浪费资源，“高射炮打苍蝇”，不仅可惜了炮弹，苍蝇也不一定打得着。

小材大用、大材小用，都是不合理的规划。定位的失误往往是由认识的失误造成的，因此，女性朋友在自我定位前要先学会认清自己，找出自己的闪光点。

日本保险业奇才村上夏子，23岁时进入日本利多保险公司，开始了她的推销生涯，并希望今后在保险业大展拳脚。刚进公司时的村上夏子业绩并不怎么好，一个月也签不上几份订单，但一个老者的一番话却改变了她的一生。

一天，村上夏子向一位老者推销保险。经过详细的说明后，老者却平静地对她说：“听完你的介绍，我丝毫没有购买保险的意愿。”听到这样的话，村上夏子不免有些失落，起身欲离开。这时，老者叫住了她并亲切地说：“姑娘，人与人之间无论出于何种原因，像你我这样相视而坐的情景还会有很多。你一定要有一种强烈的、能吸引住对方的魅力。如果你连这点能力都没有，将来也便没什么前途可言了。”村上夏子惊讶地看着老者，无言以对。老者接着又说："年轻人，想获得这种魅力，先从认清自己，找出自身的闪光点开始吧！"村上夏子对老者的话很感兴趣，又坐回了原位。老者拍着她的肩膀说："你在替别人考虑保险之前，必须先认清自己，并挖掘出自身的闪光点，然后用你的闪光点吸引住对方。"村上夏子又虚心地问老者："那么我如何才能做到这些呢？"老者笑着对她说："当你赤裸裸地注视自己，毫无保留地彻底反省自己，多找找自身的优点并将其放大，那时你就能彻底地认清自己，拥有强大的吸引力了。"

虽然村上夏子的保险没有推销成功，但她却获得了远比获得保险订单更有价值的东西，即老者说的"认清自己，找出自己的闪光点"的道理。从此，村上夏子开始努力认清自己，寻找自身优点，改正缺点，最终成为日本保险界的推销大师。

我们知道，一个人取得成功的影响因素有很多，如机遇、环境、心态、努力，等等。但这里还有重要的一点不容忽视——成功最终要靠人的自身优势。在今天这个竞争激烈的社会，如果不知道自己的缺点还不太可怕，可怕的是不知道自己的优点，因为优点可以让你在这个世界立足，而缺点只是影响你立足的稳定性。

萨丽21岁，到德州一家公司应聘一份推销员的工作。由于该公司是美国的明星企业，待遇很好，所以当时有很多人来应聘这个职位，其中不乏一些名牌大学毕业生。面对众多强劲对手，萨丽始终坚持着，依然决定留下来应试。

可等所有应聘者都面试完时，这家公司的人事也没有喊萨丽的名字，最后萨丽只好自己走进办公室，询问情况。屋里有四位主考官，他们正准备离开。萨丽急切地说明了情况，一位主考官礼貌地告诉她说："你的资料我们看过了，我们觉得以你的学历不能胜任这份工作，再说我们已经找到合适的人选了，请你另寻别的工作吧。”

但萨丽站着不肯离开，希望考官能给她一次机会。萨丽拿出了各种各样在学校时获得的演讲比赛的获奖证书给考官们看，并对他们说：“我虽然没考上大学，但是也有很多优点，至少我的口才很出众，应该是具备成为一位推销员的基本资格吧！”后来，她又请求主考官让她进公司实习，可以不拿工资。

最终，萨丽说服了考官们，成了该公司的实习生，而在实习期间，她努力学习业务知识，并四处对潜在客户进行寻访，说服他们与公司合作。一个月下来，她竟为公司创造了新人推销业绩的新纪录，被公司正式录用。

萨丽的口才优势对于推销工作而言可谓如鱼得水，几年后她就升到了经理的位置。后来，她成立了自己的公司，并把公司经营得很好。

在这个世界上，每个成功者都会找出自己的闪光点，并把它发挥到了淋漓尽致的地步才获得成功的。正如只有高中文凭的萨丽女士找到自己的闪光点，并将它们放大来征服考官，获得了工作的机会，进而有机会取得后来的成绩一样。记住，每个人身上都有闪光点，只是有些人还没有找到而已。也许它正隐藏在你天性中的某个地方，或许它就在你最感兴趣的事物身上，也许它一直就在你最不注意的角落，连你自己也浑然不知。

9. 志当存高远，做更好的自己

我们都有这样的体会，如果确定只走十公里路程，走到七八公里处就会因松懈而感到困乏，因为目标马上要达到了；但是，如果要走二十公里，在七八公里处，正是斗志昂扬之时。目标高远给我们留下了较大的奋斗空间，我们才不会因自我设限而窒息，不会因达到较低目标后偃旗息鼓，才能积极地追求更大的成功。

——卡耐基

人生的目标就像沙漠中的地图，只要你愿意，那么你自己就可以画，毕竟命运掌握在自己的手中。远大的目标能激发人的潜能。人们常说：“一个人追求的目标越高，他才能发展得越大。”

清晨，一个很喜欢跳舞的农家女孩，在四周白雪皑皑的村子里翩翩起舞，她梦想着有机会能够在真正的大舞台上尽情地表演，旋转她那优美的舞姿。于是，她一直跳着，不断地努力着，终于，她从农家小院跳到了大众舞台，从孤身一人跳到万人共舞……

这就是那个我们都很熟悉的央视公益广告，和那句经典的广告语：“每个人心中都有一个自己的舞台。心有多大，舞台就有多大！”生活就是为我们提供的一个大舞台，你想成为什么样的人，取决于你对自己生命的规划与定位。如果你首先就把自己的生活目标定得那么卑微、那么平凡，那你也很难获得向更开阔的事业和人生奋进的可能。

目标只要不是高得成了海市蜃楼，那么就尽可能远大一些。目标越远大，越能充分挖掘你的潜能。一个目标远大的人，即使实际没有达到最终的目标，可他达到的目标往往比设定小目标时大。

伟大的歌德说："就最高目标本身来说，即使没有达到，也比那完全达到了的较低目标，更有价值。"拿破仑也曾经说过一句名言："不想当元帅的士兵，不是好士兵。"世上成大事者都是因为自己有一颗"要想当元帅"的野心而最后如愿以偿的，这种野心其实就是雄心。如果一个人有较高层次的需求，他的欲望就会高涨，而在行动中就会表现出积极进取的姿态。反之，长期在低层次需求的环境中生活是不会有什么满足感的，欲望也会随之降低，而无奈感则会与日俱增。在很大程度上，一个人的目标决定了他能够达到的高度。你对自己有什么样的期望，你的事业、人生就会呈现出什么样的结果。

有人在高山之巅的鹰巢里，抓到了一只幼鹰。他把幼鹰带回家，养在鸡笼里。这只幼鹰和鸡一起啄食、嬉闹和休息，它以为自己就是一只鸡。这只鹰渐渐长大，羽翼丰满了，主人想把它训练成猎鹰，可是由于终日和鸡混在一起，它已经变得和鸡完全一样，根本没有展翅高飞的愿望了。主人试了各种办法，都毫无效果。所以，即使原本是鹰，如果它以鸡的眼光和能力来要求自己，时间长了就会真的失去想飞的冲动和能力。

什么样的目标决定什么样的人生。如果你只把目标停留在完成每天的工作、按时上下班、领到每个月的薪水养家糊口上，那么你将很难得到在职业生涯的更大空间展示与成就自己的机会。一位商界精英指出：如果你是一个学员，只为分数而学习，那么你也许能够得到好分数；但是，如果你为知识而学，那么你就能够得到更好的分数和更多的知识。如果你为做生意而努力，那么你可能会赚很多钱；但是，如果你想通过做生意来干一番事业，那么你就有可能不仅赚很多钱，而且会干一番大事。如果你只为薪水而工作，你有可能只能得到一笔很少的收入；但是，如果你是为了你所在公司的前途而工作，那么你不仅能够得到可观的收入，而且你还能得到自我满足和同事的尊重。你对公司所做的贡献越大，就意味着你个人所得到的回报就会越多。

只有拥有远大目标的人才能够取得伟大的成功。只追求低目标的人，所得亦不过如此。如果自己设定了远大的目标，那么，面对这个目标就能集中精力，聚精会神，而这，乃是成功的关键。

所以我们在设计自己的职业生涯目标时，不妨尽可能地将自己的目标定得高一些，眼光放得长远一些。比如你现在是个小职员，不要把目标仅仅定在当部门主管上，为何不敢于要求自己通过几年的努力达到经理的位子呢？如果你已经是个优秀的中层管理者，为什么不敢去想自己有朝一日能开创自己的大公司，自己当老板呢？只要你的理想和气魄足够大，有什么目标不能实现呢？现在看来仿佛觉得无论如何也难以达成的远大目标，只要你敢想，并且去努力，就一定会在将来的某一时刻得以实现。

1949年，一位24岁的年轻人充满自信地走进了美国通用汽车公司，应聘做会计工作。这位年轻人来通用应聘只是因为父亲告诉他，通用汽车公司是一家经营良好的公司，同时，父亲建议他可以去看看。于是，这位年轻人就来了。

在面试的时候，这位年轻人的自信给面试他的助理会计检察官留下了深刻的印象。当时，通用公司只有一个会计的名额，面试官告诉这个年轻人，竞争这个职位的人非常多，而且，对于一个新手来说，可能很难立即胜任这个职位的工作。但是，这个年轻人根本没有认为这是困难，相反，他认为自己完全可以胜任这个职位，更重要的是，他认为自己是一个善于自我激励、自我规划的人，他说自己来应聘的目的就是想成为通用汽车公司董事长。

正是由于年轻人具有自我激励和自我规划的能力，他被录用了！录用这位年轻人的面试官这样对秘书说："我刚刚雇用了一个想成为通用汽车公司董事长的人！"这位年轻人就是罗杰·史密斯，1981年1月，出任通用汽车公司的董事长。

什么样的目标决定什么样的人生。凡有大成就者必先有吞天吐月的野心和远大目标。放长一段目光，你会扩大一片人生舞台。短浅的目标与狭小的视野，只会限制你的生活向更大空间的延伸。

鹰击长空，是因为志在蓝天；志存高远，人生才会灿烂辉煌！

10. 最糟，也不过是从头再来

对于成功，千万不要一开始就认定它是不可能的。当你充满信心和勇气不断尝试、不断争取时，就会慢慢发现成功其实并不是那么遥不可及。总之，无论你处于怎样艰险的境地，只要拥有坚定的信念、充满必胜的信心和坚韧不拔的决心，并坚持不懈地努力做下去，就一定能够战胜困难，站在成功的高峰。

——卡耐基

最糟糕的事是什么？损失金钱，失去爱情，离别亲人，遭人陷害，还是被病痛折磨得够呛？不，这些都不是最糟糕的事，只要你的生命尚存一口气息，只要你还活在这个世界上，你就没有理由抱怨自己的现状太糟。除此之外，任何东西你失去了，哪怕你现在一无所有，也只不过是从头再来，没什么大不了。

人的一生是一段漫长的路程，不要因为一时的失败就否定自己，要有从头再来的勇气。要用平常心去看待人生中的起落，不能因为一次的得失就断定一生的成败。人生的路上不可能永远一帆风顺，总有潮起潮落之时，有时失败也未必是坏事。没有昨天的失败，也许未必有今天的成功。人生最大的敌人是自己，只有敢于承认失败的人，敢于从头再来的人，才能最终战胜自己，战胜命运。面对失败，我们没什么可抱怨的，从哪里跌倒，就从哪里爬起来。

董静初中毕业的时候就在哥哥的印刷厂帮忙，每个月有1000多元的工资。后来，她就自己出来单干，帮市区里的小旅馆和小餐馆印信纸、信封、筷子套、牙签袋等，一年也能赚个七八万元。这时候她已经结婚，并生有一个女儿，算得上是家庭幸福。

2004年的一天，她记得很清楚，那天早晨有人找她印一些收据，实际上是一些发票，给的价钱特别高，不到2000元的成本，就能赚1万元。董静觉得有点不妥当，但因为利润高，她还是印了。结果是，事情很快败露了，她被判了三年刑。对这次举动，她总结为"胆子太大了"。

她在监狱里待了两年半，这期间，丈夫和她离了婚，并要走了女儿的抚养权，每每想到这些，她就想一死了之。但是，生性倔犟的她终于还是熬了过来，因表现良好，被提前半年释放。

回到家中，她不打算再做印刷生意了，就从哥哥那里借来2万元，开始投资生涯。为保守起见，她找的都是店面，她投了一间商铺，只交了1万元定金，几个月后转手就赚了4万多元。靠着"胆子大，眼光好"，到2007年年底，她手里的2万元已经变成20多万元。

2007年的年底，看着股票市场一直在牛市坚挺，再加上对2008年存有太多的憧憬和梦想，她抽出自己的全部资金投进股市，计划着和2008年的奥运会一起风光一回。初期，的确赚了一笔，但是让人猝不及防的金融危机来了，股票暴跌，她的20多万元仅仅剩下6万多元。同时，之前投资的两家商铺，也一直租不出去，只能眼睁睁亏钱。

董静感觉自己又一次被扔进了黑暗，那么无助，又那么无奈，年近30岁的她，一下子沧桑了许多。她在床上躺了整整两天两夜，第三天早上，她爬起来，用冷水洗了一把脸，对着镜子里的自己说，这辈子监狱都坐了，还有什么事情不能承受？大不了从头再来！

这个世界上大多数人都失败过，一些人越战越勇，排除万难迎来了成功，而另外一些人却从此一蹶不振，陷入人生的泥沼。其实，所有的不幸都不可怕，可怕的是我们丧失了斗志，失去了面对的勇气。只要我们的生命还在，跌倒了就爬起来，所有的伤痛都可以疗愈！

有一首诗写道："白云跌倒了，才有了暴风雨后的彩虹。夕阳跌倒了，才有了温馨的夜晚。月亮跌倒了，才有了太阳的光辉。"在坚强的生命面前，失败并不是一种摧残，也并不意味着你浪费了时间和生命，而恰恰是给了你一个重新开始的理由和机会。

一次讨论会上，一位著名的演说家面对会议室里的200人，手里高举着一张50元的钞票问："谁要这50元钱？"一只只手举了起来。

他接着说："我打算把这50元钱送给你们当中的一位，在这之前，请准许我做一件事。"他说着将钞票揉成一团，然后问："谁还要？"仍有人举起手来。他又说："那么，假如我这样做又会怎么样呢？"他把钞票扔到地上，又踏上一只脚，并且用脚碾它。而后，他拾起钞票，钞票已变得又脏又皱。"现在谁还要？"还是有人举起手来。

"朋友们，你们已经上了一堂很有意义的课。无论我如何对待那张钞票，你们还是想要它，因为它并没贬值，它依旧值50元。"

在人生路上，我们又何尝不是那"50元"呢？无论我们遇到多少的艰难困苦或是失败受挫多少次，我们其实还是我们自己，我们并不会因为一次的失败而失去固有的实力和价值，我们并不会因为身陷挫折而贬值。

现实中有太多的人曾无数次被逆境击倒、欺凌，甚至碾得粉身碎骨，失魂落魄，觉得自己一文不值！事实上生命的价值不因我们遇到的挫折或是困境而改变。无论发生什么，或将要发生什么，我们永远不会丧失价值。无论肮脏或洁净，衣着齐整或不齐整，我们依然是无价之宝。只要我们抱着大不了从头再来的勇气，下次的成功就一定属于自己。

面对挫折让我们想想卧薪尝胆的越王勾践，想想在奥运赛场上倒下又爬起来的运动员，想想从黑暗无声的世界中挣脱的海伦……我们不难发现挫折是完全可以战胜的，所以面对挫折我们要勇于战胜挫折而非一蹶不振。

心情低落是没有用的，如果你觉得从来没有这么糟糕过，那你就对自己说：反正不会有比这更糟的时候了。这时你就会觉得心中豁然开朗很多，你就有了从零开始的勇气。

就算你的人生再糟糕，你的价值也没有被任何人夺走。要相信自己，从头再来，一步一个脚印地走好每一步。

第二章

提高情绪智力，女人的成熟比成功更重要

1. 掌控情绪，掌控命运的主动权

如果一个人看清了自身的处境，知道哪些情况是必须承受、不可避免的，就得设法让自己承受得愉快、有意义些。也就是说，你要支配情绪、控制情绪，不能让情绪支配你、控制你，甚至摧毁你。

——卡耐基

一位哲人说过：上帝要毁灭一个人，必先使他疯狂，因此我们必须学会控制自己，才能把握人生。

女人应该学会通过提高“情绪智力”来维护和保持健康。情绪智力决定了一个女人了解自己、理解他人的能力，承受压抑、挫折的能力，以及应变能力。人是有感情的生物体，每个人都有情绪，而情绪与健

康有着极其密切的联系，情绪的好坏直接影响自身的健康。情绪智力高的女性，能够控制和管理好自己的情绪，可以从病态中康复，从亚健康变成健康，从健康变得更健康。

消极情绪对我们的健康十分有害，科学家们已经发现，经常发怒和充满敌意的人很可能患有心脏病。哈佛大学曾对1600名心脏病患者进行了调查，结果显示他们中经常焦虑、抑郁和脾气暴躁者比普通人多三倍。

总有一些时候，我们在情绪的海洋里挣扎，不知道游向何处，常常由于一时冲动，而失去一份好心情、一份好工作和一段好感情，而当从情绪中挣扎出来的时候又追悔莫及。

有一天，拿破仑·希尔和办公大楼的管理员发生了一场误会。这场误会导致了他们两人互相憎恨，甚至演变成激烈的敌对状态。

这位管理员为了显示他对拿破仑·希尔的不悦，当他知道整栋大楼里只有拿破仑·希尔一个人在办公室中工作时，马上把大楼的电灯全部关掉。这种情况一连发生了几次，终于，忍无可忍的拿破仑·希尔打算进行反击。

一个星期天，机会终于来了。拿破仑·希尔到书房里准备一篇预备在第二天晚上发表的演讲稿，当他刚在书桌前坐好时，电灯熄灭了。

他马上跳起来，奔向大楼地下室，他知道在哪儿能够找到这位管理员。当他到达那儿时，他发现管理员正忙着把煤炭一铲一铲地送进锅炉内；同时一面吹着口哨，似乎没有任何事情发生似的。

拿破仑·希尔马上对他破口大骂。在长达五分钟的时间里，他都以常人难以忍受的词句对管理员进行污辱漫骂。

最后，拿破仑·希尔实在想不出什么可骂的词句了，只好放慢了速度。这时候，管理员站直身体，转过头来，脸上露出开朗的笑容，并用一种充满镇静的柔和声调说道：

"你今天晚上有点儿激动吧，不是吗？"

这句话就如一把锐利的短剑，一下刺进拿破仑·希尔的身体。

站在拿破仑·希尔面前的管理员既不会写也不会读，是一位地地道道的文盲，然而就是这个文盲却在这场战斗中打败了拿破仑·希尔，更何况这场战斗的场合以及武器都是拿破仑·希尔自己所挑选的。

拿破仑·希尔明白，他不仅被打败了，更可怕的是，他是主动的，而且是不对的一方，这一切只会加大他的羞辱感。

后来拿破仑·希尔转过身子，以最快的速度回到办公室。他再也没有心思做其他事情了。当拿破仑·希尔把这件事反省了一遍之后，他马上看出了自己的不对。

在意识到自己的错误后，拿破仑·希尔知道要使内心平静下来，办法只有一个，那就是向管理员道歉。最后，他费了很长的时间才下定决心，决定到地下室去，忍受必须忍受的羞辱。

拿破仑·希尔来到地下室后，把那位管理员叫到门边。

这时，管理员用平静、温和的声调问道："你这一次想要干什么？"

拿破仑·希尔告诉他："我是回来向你道歉的——倘若你愿意接受的话。"

管理员脸上又露出那种微笑，说："凭着上帝的爱心，你不用向我道歉。除了这四堵墙壁，以及你和我之外，再没有其他人听见你刚才所说的话。我不会把它说出去的，我知道你也不会说出去的，所以，我们干脆就把此事忘了吧。"

这段话对拿破仑·希尔所造成的触动更甚于他第一次所说的话，因为他不但表示愿意原谅拿破仑·希尔，其实更愿意协助拿破仑·希尔隐瞒此事，不让它宣扬出去，以免对拿破仑·希尔造成伤害。

拿破仑·希尔向他走过去，抓住他的手使劲握了握。他明白，自己不仅是用手和他握手，更是用心和他握手。

在走回办公室途中，拿破仑·希尔感到心情非常愉快，因为他终于鼓起勇气，改正了自己做错的事。

在这件事发生之后，拿破仑·希尔下定了决心，以后绝不再失去自制。倘若失去自制，别人便能够毫不费力地将你打败。

在下定这个决心之后，拿破仑·希尔的身体马上发生了巨大的变化。后来这件事成为拿破仑·希尔一生中最关键的一个转折点。

卡耐基曾经说过：学会控制自己的情绪，当苍蝇落在你的主球上的时候，不要理它，专心致志地击你的球！当你的主球飞速奔向既定目标的时候，那只苍蝇不用你赶它就会飞走。相反，如果你跟自己的情绪斤斤计较，并不断地任由坏情绪控制自己的行动，那么，你的一时冲动可能会造成悔恨终生。

或许，你觉得控制自己的情绪非常困难，如同亚里士多德所言："任何人都会生气，这没什么难的，但要适时适所，以适当的方式对适当的对象恰如其分地生气，可就难上加难。"但我们必须做到，因为控制自己的情绪，是拥有女性魅力的首要条件。如果你动不动就发怒、咆哮……那么，别人只会把你看成一个低俗、没有教养的女人。

生活有它自己的风景，正如我们内心的感受。人的一生那么长，不会一路都是风和日丽的风景。当遇到狂风暴雨时，希望我们如卡耐基所说的那样用自己的控制力摆脱困境，逃离险阻。只有掌握自己的情绪，你才掌握了命运的主动权。

2. 不管遇到什么事，记得别抱怨

世界上的悲剧永无止境，但它多半只存在于虚构的小说、电影里，绝不会完全充斥我们的人生。尤其是女人，并不是为了走向悲剧而活。

——卡耐基

抱怨世界、生活的糟糕，不过是内心的映射罢了。女人若时刻保持乐观的心态，就会发现世界其实很美，生活其实很好。心好了，人好了，一切都会好起来。想要改变现状，改变不如意，就要先把抱怨远远抛开。

露易丝是一位面目清秀的女子，一天她在街上见到了多年前的一位友人贝蒂。她被贝蒂吓了一跳，因为她完全认不出眼前的女子竟是多年前那位娉婷可人的大美女，女友却很平静地说："你是不是觉得我变老了好多啊。"这让露易丝感到很诧异，她觉得贝蒂不只人老了，心也变老了。

贝蒂继续说："很不幸，我的婚姻出现了裂痕，最近我总是陷入其中无法自拔。虽然我和他并没有吵架，但是我怎么都感觉他对我越来越冷漠了，我自己也越来越狰狞、刻薄。我想让他时时刻刻在我身边，我不想让他看到别的女人一眼，难道是我失去魅力了吗？我讨厌这样的婚姻，都是这样的婚姻使我面容憔悴，无心于事。我自己都讨厌这样的自己。"

露易丝笑着说："亲爱的，千万别这样想，你应该找回从前那个乐观开朗的自己。不要抱怨他，不要抱怨婚姻。也许他的确有错，但是你的抱怨只会令他想要逃离。你不妨先放下心中的抱怨，换一个角度，站在他的立场上想想，看看是不是自己也犯下了什么令他伤心的错误，好吗？”

就这样，虽然贝蒂不愿相信自己也有错，但是还是按照露易丝的话尝试了一番。

没过几天，露易丝接到了贝蒂的电话：“亲爱的，谢谢你，我们和好了。原来只是一点小误会，但是因为我的抱怨反而让彼此都难以敞开心扉。我现在终于想明白了，女人实在不该抱怨。”

从那以后，贝蒂终于找回了从前的神采，每一天都容光焕发，活脱脱一个和几年前一模一样的大美女。

女人想获得幸福，就不要把生活变成嘴里的闲言碎语。要么宽容，要么放弃。与其自暴自弃，就此沉沦，不如调整心态，重新思考。聪明的女人从不会用抱怨来计较生活，抱怨和等待往往只会让生活更糟糕，她们会试着改变可以改变的，接受无法改变的，找个合适的方式，把心里的垃圾丢掉，注入新鲜的空气。每一次的更新，都会让幸福升级。

周丽丽看着对面儿子杂乱无章的书桌，火冒三丈。丈夫却在客厅里看电视，视而不见。她心里觉得委屈：白天上班忙碌；晚上回家还要洗衣，做饭，收拾屋子。她像往常一样，走出来指着丈夫的脑袋抱怨：“怎么现在你变得这么懒散？连吃饭你都懒得拿筷子！你的眼睛掉到电视里去了？屋子里乱得没处下脚，你看不见吗？”

丈夫不理她，依然我行我素。其实，这样的抱怨从几年前就开始了。儿子如今上小学了，他们两个都要上班，周丽丽下班早，这些事情自然也就归她了。

“现在的好男人都到哪里去了，怎么让我碰见你这样的！衣服已经堆三天了，你不管不问，饭后从来不洗碗，儿子的家庭作业我还要辅导，你就只会在家里看电视。你就真的没有一点时间吗?”周丽丽越想越来气，索性拿了个杯子往丈夫身上砸去。

“好了，你可以不做啊，谁强迫你做这些事情？少干点活，大家就不能活吗?”丈夫忍无可忍，回了几句话。周丽丽听了更生气了，变本加厉地指责丈夫，后来甚至动手打骂，还摔东西。那样子，简直就像个泼妇，似乎也是疯了。

周丽丽觉得委屈，自己任劳任怨做了那么多事情，难道抱怨两句还有错吗？她收拾东西回到母亲家里，眼泪淌了一地。母亲看见既心疼又无奈，对周丽丽说起自己年轻的时候，也和她一样见不得“不公平”的事情，也曾抱怨在婚姻中受了委屈。后来，因为丽丽的父亲被调到外省工作一年，她才觉得，家里如此空旷。那些日子，再脏再乱再苦，也得自己一个人承受，抱怨也无济于事。可就是那一年，母亲想通了：能有个人相伴相守，每天说说话，就是一种幸福；至于洗衣做饭，那都是小事，又算得了什么呢?

周丽丽平复好心情后回到家里，看到家门口等待的丈夫和他怀里熟睡的儿子，忽然觉得令人生厌的日子其实也是一种幸福。只是，自己被抱怨迷惑了，从未用心去体味过。

不抱怨的女人，能透过苦难看到将来的幸福。不抱怨的女人，对未来充满希望，不会轻易被眼前的辛苦冲昏头脑，不会让情绪蔓延，不会怨天尤人，不会唠叨不休，让生活带上不满的枷锁。苦难只是一时的，风雨也会过去，彩虹终会绽放，天空终会晴朗。

不抱怨的女人，有自己的修养和气度，有自己的思想和主见，生活越是不幸，越是不放弃自己；越是没有人爱，越会好好爱自己。不抱怨的女人，从不轻易在别人面前倾泄她的不满，也不会大喜大悲，更不会在不幸的迷途中停留太久。她们悄悄地收起自己的软弱和狼狈，跨过艰难的考验，勇敢地面对明天，证明自己活在当下，活得精彩。

幸福像爱心一样能传递，抱怨像病毒一样会散播。不要为了琐碎的事情抱怨不已，那会让你迷人的气质和魅力在唠叨中消磨殆尽。生活不是甜点，酸苦辣咸都要尝遍，才能明白幸福的真谛。女人要学会创造幸福，感知幸福。美丽高贵的女人不一定拥有幸福，拥有幸福的女人一定是美丽高贵的。

3. 嫉妒是拿别人的优点折磨自己

女人出于争强好胜的心理，习惯把自己的品德、才能、成绩、地位、名誉、境地，乃至容貌和身边的人进行不理性的比较……嫉妒是心灵的炼狱，喜欢嫉妒的女人就等于在拿别人的优点来折磨自己。

——卡耐基

潘多拉的盒子里，永远住着一个恶魔——它就是嫉妒。

嫉妒是吞噬人心的魔鬼，能够扭曲一个人的心态，让善良的人变得阴险，让理智的人变得盲目，让开朗的人变得阴郁……嫉妒像毒芽一样，一旦生根就很难拔除，而人在嫉妒的支配下，不但令自己坐立不安，眼睛只盯着嫉妒的对象，满脑子都是自己与对方的差距，还容易做出伤害他人的事，给自己和他人带来巨大的损失。

陈阿娇，是汉武帝刘彻的第一任皇后。她的母亲是馆陶长公主，就是汉武帝的姑母。陈阿娇美丽娇艳，与刘彻两小无猜，刘彻一直宠着阿娇，让着她，曾许诺铸造金屋让她居住。即使她任性胡闹，甚至无理冲撞，他也克制着，最大限度地宽容着这位娇艳迷人的表姐。然而，当刘彻从一个少年长成富有魄力和智慧的一代天子时，他渐渐发现，从前那个光彩照人的陈阿娇不过是个刁蛮任性的贵族女子罢了。和她在一起，他常常觉得很不轻松，甚至有些厌恶。汉武帝渐渐对她失去了耐心，转而移情他人。

因为陈阿娇不能生育，未曾给武帝生育子女，性情便更加暴戾，而且总把刘彻登上皇位的功劳算在自己的母亲馆陶公主的身上，这倒也罢了，每次吵架还总是拿这个说事，汉武帝对她越来越厌恶。刘彻一天天地远离陈阿娇，感情也日渐疏远。陈阿娇苦熬着一个个漫漫长夜，眼睛红了，眼圈发黑，脸色灰白，容颜憔悴。后来，因为汉武帝宠爱的卫子夫怀了身孕，陈阿娇更是怀恨在心，非常嫉妒，她糊涂之中寄希望于巫术。陈阿娇请一名叫楚服的巫婆在后宫摆坛请神，作法施咒，诅咒卫子夫，乞求神赐给她儿子，并乞求汉武帝对她回心转意。此巫术传到了汉武帝耳朵里，汉武帝最忌讳“巫蛊”，于是大发雷霆，下令立即查办，处死行巫术之人300多人，废皇后陈阿娇，贬入长门宫。从此，陈阿娇被幽禁于长门宫内，终日以泪洗面。

因为自己的嫉妒，陈阿娇不仅没能击倒别人，最终还害了自己。喜欢嫉妒的女人往往有点傻，因为嫉妒对其本人没有一点好处，只能使自己整天生活得不开心，甚至失去自我。聪明的女人应该懂得及时收起自己嫉妒的火焰，以免被自己的嫉妒灼伤。

女人的嫉妒心常常是有毒的，她们一旦嫉妒起某一个人、某一件事，其能量不但猛烈，而且持久。强烈的嫉妒心一旦发作，便势如洪水猛兽，往往会使得她们陷入彻底失去理智的疯狂状态，即使在事过境迁之后，她们也还每每念念不忘，好像着了魔似的。

嫉妒也可算做是一种激情。不管你说它是邪恶的激情也罢，是强烈的占有欲引发的激情也罢，反正都是激情。

对某一件事，对某一个人，对某一个细节，只要她们曾经产生过嫉妒，那么她们或许会永远地嫉妒下去。只要一闲下来，一闭上眼睛，随时随地，她脑子里就突然想起来了，就会将那些所谓的“陈谷子、烂芝麻”之事不厌其烦地重新捡起来，给你再抖搂一遍。而且，她的表情以及说出的每一句话，也几乎同上次毫无两样。

女人的嫉妒心犹如一座随时都会猛烈喷发的“活火山”。而男人就时时坐在这“活火山”的口上……女人的嫉妒是完全不分时间、地点以及场合的，随时可能爆发，只要她一时醋意大发，她心灵的天空在那一刹那便立刻乌云密布，狂风暴雨就来了。

有一个女人，非常嫉妒她的邻居，她的邻居越是高兴，她越是不高兴；她邻居的生活过得越好，她越是不痛快；每天都盼望她的邻居倒霉，或盼望邻居家着火，或盼望邻居得什么不治之症，或盼望下雨天雷能窜进邻居家，劈死一两个人，或盼望邻居的儿子夭折……然而每当她看到邻居时，邻居总是活得好好的，并且微笑着和她打招呼，这时她的心里就更加不痛快，恨不得给邻居的院里扔包炸药，把邻居炸死，但又怕偿还人命。就这样，她每天折磨自己，身体日渐消瘦，胸中就像堵了一块石头，吃不下，也睡不着。

终于有一天，她决定给她的邻居制造点晦气。这天晚上她在花圈店里买了一个花圈，偷偷地给邻居家送去。当她走到邻居家门口时，听到里面有人在哭，此时邻居正好从屋里走出来，看到她送来一个花圈，忙说：“这么快就过来了，谢谢！谢谢！”原来邻居的父亲刚刚去世。

这人顿觉无趣，“嗯”了一声，便走了出来。

这个故事中的女主人就是出于嫉妒，把自己置于一种心灵的地狱之中，折磨自己。但折磨来折磨去，却一无所得。

嫉妒心理的产生是差别和比较的产物，属于一种内心情绪体验。

差别和比较的结果是：从差别和比较中形成心理不平衡，这种不平衡心理往往是消极的。嫉妒心理总是与不满、怨恨、烦恼、恐惧等消极情绪联系在一起，构成嫉妒心理的独特情绪。不同的嫉妒心理有不同的嫉妒内容，但主要是在四个方面表现得尤为突出，这就是名誉、地位、钱财、爱情。有的还表现为一种综合性的笼统内容，即只要是别人所有的，都在其嫉妒之内。

卡耐基认为：嫉妒的女人总是拿别人的优点来折磨自己。别人年轻她嫉妒，别人长得好她嫉妒，别人长得高她嫉妒，别人风度潇洒她嫉妒，别人有才学她嫉妒，别人富有她嫉妒，别人的丈夫帅气她嫉妒，别人学历高她嫉妒……

德国有一句谚语："好嫉妒的人会因为邻居的身体发福而越发憔悴。"所以，好嫉妒的女人总是40岁的脸上就写满50岁的沧桑。这样的女人又怎么会有幸福可言？

喜欢嫉妒的女人往往有点傻，因为嫉妒对其本人没有一点好处，只能使自己整天生活得不开心，甚至失去自我。聪明的女人应该懂得及时收起自己嫉妒的火焰，用一颗宽容的心来对待一切。

4. 有一个柠檬，就用它做一杯柠檬水

当你们在生活中遇到困难时，不要自暴自弃，也不要抱怨命运的不公，而是改变自己的态度，把那些消极因素转变成积极因素。这样，你才能迅速地成熟起来，并且得到更多的快乐。

——卡耐基

如果命运只给你一个柠檬，你会怎么做呢？

自暴自弃的人会说："这下我完了，这就是命，我没有任何机会了。"然后他开始诅咒这个世界不公，并且沉溺在自怜之中。

而聪明人的做法是不一样的，如果他发现命运只给他留下一个柠檬，他会说："从这件不幸的事情中，我可以学到什么呢？我怎样才能改变当前的现状，把这个柠檬做成一杯可口的柠檬水呢？"

著名的心理学家阿德勒花了毕生的精力研究人类未曾开发的潜能之后，认为人类最奇妙的特性之一，就是能够把"负面改变成正面的力量"。

派蒂·威尔森是一个患有癫痫的少女，但她却树立了不倒的信念，创造了不倒的奇迹。她的父亲吉姆·威尔森习惯每天晨跑。有一天戴着牙套的派蒂兴致勃勃地对父亲说："爸，我想每天跟你一起慢跑。"

父亲回答说："也好，万一你病情发作，我也知道如何处理。我们明天就开始跑吧。"

于是，十几岁的派蒂就这样与跑步结下了不解之缘。和父亲一起晨跑是她一天之中最快乐的时光。但跑步期间，派蒂的病一次也没发作过。

几个礼拜之后，她向父亲表示了自己的心愿："爸，我想打破女子长跑的世界纪录。"她父亲替她查吉尼斯世界纪录，发现女子长跑的最高纪录是128.7千米（80英里）。

当时，读高一的派蒂为自己制订了一个长远的目标："今年我要从橘郡跑到旧金山643.6千米（400英里）；高二时，要到达俄勒冈州的波特兰2413.5千米（1500英里）；高三时的目标为圣路易市3218千米（约2000英里）；高四则要向白宫前进4827千米（约3000英里）。"

虽然派蒂的身体状况与他人不同，但她仍然满怀热情与理想。对她而言，癫痫只是偶尔给她带来不便的小毛病。她不因此消极畏缩，相反，更珍惜自己已经拥有的。

高一时，派蒂一路跑到了旧金山。她父亲陪她跑完了全程，做护士的母亲则开着旅行拖车尾随其后，照料父女俩。

高二时，她在前往波特兰的路上扭伤了脚踝。医生劝告她立刻中止跑步："你的脚踝必须打石膏，否则会造成永久的伤害。"

她回答道："医生，你不了解，跑步不是我一时的兴趣，而是我一辈子的至爱。我跑步不单是为了自己，同时也是要向所有人证明，身有残缺的人照样能跑马拉松。有什么方法能让我跑完这段路?"

医生表示可用黏合剂先将受损处接合，而不用打石膏；但他警告说，这样会起水泡，到时会疼痛难耐。派蒂二话没说便点头答应。

派蒂终于来到波特兰，俄勒冈州州长还陪她跑完最后一程。一面写着红字的横幅早在终点等着她："超级长跑女将，派蒂·威尔森在17岁生日这天创造了辉煌的纪录。"

高中的最后一年，派蒂花了四个月的时间，由西岸长征到东岸，最后抵达华盛顿，并接受总统召见。她告诉总统："我想让其他人知道，癫痫患者与一般人无异，也能过正常的生活。"

卡耐基说："并非苦难成就天才，也不是天才特别热爱苦难。"很多人都可能会碰到苦难，有的人退缩了，有的人克服了。退缩的人就此沉没，克服的人成了天才。

所以，当我们在生活中遇到困难时，不要自暴自弃，也不要抱怨命运的不公，而是改变自己的心态，把那些消极因素转变成积极因素。这样你才能得到更多的快乐。当你遇到困难和挫折的时候，如果你看不到任何改变的希望，有两个起码值得一试的理由：第一个理由是我们可以获得最后的成功；第二个理由是即使我们不能够成功，我们自身的努力也会让我们变得成熟。

如果你正处于无法忍受的痛苦之中，那么就请记住这句话："如果有一个柠檬，就用它做一杯柠檬水。"你会因为这杯柠檬水快乐，从而获得更多的幸福。

5. 别让心灵种下仇恨的种子

当我们选择仇恨自己的敌人的时候，就等于给对方取胜的机会。因为仇恨会影响我们睡眠、食欲、血压、健康，当然还有我们的心情。而且，要是我们的敌人知道我们正因他而如此烦恼，那么他一定会高兴得手舞足蹈。

——卡耐基

要知道，仇恨是伤不到敌人一根汗毛的，它只会把你自己的生活变成炼狱。

一个身患癫痫病的中年女人，没读过什么书，因为老伴得了中风不能自理，全家人的生活都靠着她给人洗衣服赚点钱来维持。生活过得挺艰辛，可她觉得很欣慰，毕竟她还有一个优秀的儿子，学业优异，只盼着他早日成材。

天有不测风云，人有旦夕祸福。谁也没想到，她那唯一的儿子在19岁参加一场篝火晚会时，不幸被一个喝醉酒的少年拿玻璃瓶杀死了。可怜的母亲，连儿子的最后一面都没见到。

丧子之痛，让她万分悲痛，她希望时间的流逝能让自己淡忘痛苦，可是每次一想起儿子那张笑脸，她的心就如被刀子剜一样疼，她不能平静，她恨那个杀害儿子的人。

三年的时间里，她没有一天不在思念自己的儿子，痛苦与日俱增，丝毫没有减少，仇恨也如影随形，折磨得她不知道该怎么办才能舒服点。

直到有一天，她在洗衣服的时候突然想起，那个杀害儿子的“仇人”今年也有19岁了，和自己儿子离去的年龄一样。如果儿子还活着，肯定有美好的前程等着他，而“仇人”现在还在看守所，等他回到社会后，还不知道会怎样。将心比心，“仇人”的母亲也一定跟自己一样，终日记挂着孩子。

想到这里，她突然萌生了一个念头：去看守所里探望一下“仇人”。在朋友的安排下，她见到了那位“仇人”。当房间里只有她和“仇人”时，“仇人”突然紧紧抱着她失声痛哭起来，嘴里一直说：“阿姨，对不起，对不起……”那一瞬间，她的心融化了。她觉得，就像抱着自己的孩子一样，心里充满了怜悯。就在那一刻，她所有的“仇恨”都消失了。

待“仇人”情绪平稳下来后，他对她说，以后他愿意像照顾妈妈一样照顾她。她很欣慰，说：“我希望你好好照顾自己的家人，好好活着，连同我儿子的未来也延续下去，有空的时候来看看我就行了。”朴实的她，就这样宽恕了“仇人”。

后来的她，依然每天给人洗衣服，偶尔还会思念儿子，可心里却比从前平静多了。

怨恨、气愤、快乐与幸福的种子都同时存在于每个人心里，关键是要看心灵将哪些种子种了下去，让哪些种子生根发芽、成长起来。怨恨、气愤的种子一旦种下去，那么种植快乐和幸福的土壤就会变少。

也许我们无法像古代的圣人一样，去爱我们的仇敌，但我们应该学着原谅和忘记，至少从自己的健康和快乐出发，那才是最明智的做法。

在第二次世界大战中，已经是德国战败，战争即将结束的日子了。在苏联，1944年的一个冬天，已经饱受战争创伤的莫斯科这时非常寒冷，苏联俘虏了一批大约两万人的德国战俘，他们排成纵队，从莫斯科大街上依次穿过。

这个时候，因为是严冬，天空中飘飞着大团大团的雪花，气温很低，但所有的马路两边，依然挤满了围观的人群。大批苏军士兵和治安警察，在战俘和围观者之间画出了一道警戒线，用以防止德军战俘遭到围观群众愤怒地袭击。

这些老少不等的围观者大部分是妇女，她们来自莫斯科及其周围乡村。她们之中每一个人的亲人，或是父亲，或是丈夫，或是兄弟，或是儿子，都在德军所发动的侵略战争中丧生。她们都是战争最直接的受害者，都对悍然入侵的德国军人怀着满腔的刻骨之仇恨。

当大队的德军俘虏出现在妇女们的眼前时，她们全都将双手攥成了愤怒的拳头。呼啸的人群前簇后拥，她们希望挤上前去，哪怕只是靠近一点点，要不是有苏军士兵和警察在前面竭力阻拦，她们一定就冲上去了，她们渴望把这些杀害自己亲人的刽子手撕成碎片。

这些德国俘虏们都低垂着头，胆战心惊地从围观群众的面前缓缓走过。他们这些人中还有很年轻的军人，也许只有十六七岁吧。他们的脸上满是恐惧与无助，在愤怒的汪洋之海中穿行，随时都有被仇恨吞噬的危险。他们从内心深处感受到了这种危机。

这个时候，突然，一位上了年纪、穿着破旧的妇女走出了围观的人群。她平静地来到一位警察面前，请求警察允许她走进警戒线去好好地看看这些俘虏。警察看她满脸慈祥，觉得她应该没有什么恶意，便答应了她的请求。于是，她走过警戒线，来到了俘虏们的身边，颤巍巍地从怀里掏出了一个印花布包。打开一层一层的布，里面是一块黝黑的面包。她不好意思地将这块黝黑的面包，硬塞到了一个疲惫不堪、拄着双拐艰难挪动的年轻俘虏的衣袋里，嘴里还说着，“只有这么一点了，真不好意思，你凑合着吃点吧。”年轻俘虏怔怔地看着面前的这位妇女，刹那间泪流满面。他扔掉了双拐，“扑通”一声跪倒在地上，给面前这位善良的妇女，重重地磕了几个响头。其他战俘受到感染，也接二连三地跪了下来，拼命地向围观的妇女磕头。

于是，整个人群中愤怒的气氛一下子改变了。妇女们都被眼前的一幕所深深感动，纷纷从四面八方涌向俘虏，把面包、香烟等东西塞给了这些曾经是敌人的战俘。

叶夫图申科在故事的结尾写了这样一句令人深思的话："这位善良的妇女，是用宽容化解了众人心中的仇恨，并把爱与和平播种进了所有人的心中。"

宽恕别人对我们来说可以难，也可以容易，关键在于你的心灵是如何的选择。当一个人选择了仇恨，那么他将在黑暗中度过余生；而一个人选择了宽恕的话，那么他能将阳光洒向大地。当我们的心灵为自己选择了宽恕的时候，我们更获得了应有的自由。因为我们已经放下了仇恨的包袱，无论是面对朋友还是仇人，我们都能够赠以甜美的微笑。

6. 难过时可以哭，但哭过就算了

哭过笑过，人生才是完整的。偶尔的放肆与宣泄，无可厚非，但在眼泪流尽之后，要收拾好心情，重新出发。如果眼泪流干了，心还浸泡在泪水中，那就是作茧自缚了。

——卡耐基

很长一段时间里，有人把女人的眼泪当成征服男人最好的武器，可很多时候，男人并不喜欢"眼泪瓶"。女人的眼泪，默默含着柔情，令人疼惜。但总是"梨花带雨"的女人，常常软弱得没有了主见和智慧，让人感觉压抑，不愿意亲近。

女人想要获得幸福，把哭泣当成事业是没有成效的，泪水太多，就会变得廉价。哭只是一种发泄的途径，眼泪再多，心也要坚强。卡耐基认为：女人应该把哭当作一场洗礼，哭过之后，就要清扫自己心中的垃圾，轻松上阵，相信人生没有什么过不去，而后微笑面对明天，让彩虹在泪水之后绽放在天空。

为了追求理想中的爱情，33岁的江玲成了名副其实的剩女。然而和大部分挑剔高傲的剩女不太一样，她有着一颗自卑的心。当然，她长得并不丑，身材苗条，容貌清秀，也有一份不错的工作，是单位的骨干力量。

因为始终抱着宁缺毋滥的心态寻找属于自己的爱情，直到28岁，江玲仍然未认认真真地谈过一次恋爱。然而28岁那年，她却患上了一种慢性免疫系统疾病，虽然这种病不会传染，也不会遗传，但必须终生服药控制病情。

那一刻，江玲几近崩溃，对人生抱着悲观心态，几次想到了自杀。为了父母，她选择了坚强地活下去。为了了却父母多年的心愿，当务之急，她收起了对爱情的幻想，决定找一个对自己好的人结婚生子。经过筛选，江玲锁定了大学同学陈晨。陈晨从上大学开始就喜欢上了江玲，对江玲可谓死心塌地，毕业六年了，仍然不忘每年情人节送她玫瑰。江玲想，这样一个死心塌地对自己好的人，除了父母，世界上恐怕没有第二个人了。于是，她答应了陈晨的恋爱请求，并且将自己的病情告诉了他。陈晨表现得很坚决，说道："不用怕，有什么困难我们一起面对！"江玲听完，非常感动，陈晨明知她有病，还愿意与她一同面对，这份深情，她下定决心要用一辈子来回报。

但是，他们的恋情却遭到了陈晨父母的强烈反对。开始时，陈晨还与父母抗争，然而，老人坚决不同意。后来，陈晨在见过家人为他安排的相亲对象后，告诉江玲，在她和父母之间，他只能选择顺从父母。

陈晨的抛弃，无疑给了江玲又一重大打击。但江玲是一个遇强则不弱的人。经过撕心裂肺的恨之后，她再次选择了坚强，重新振作。江玲开始相亲，开始微笑着去争取自己的幸福。

半年后，她遇到了温东。温东是个工程师，斯文帅气。从第一眼看到他，江玲觉得此前所受的磨难是老天对自己的考验。他是她一直期待的白马王子，他的一切，她全部都爱。温东对江玲也颇有好感，两个人很快就确立了恋爱关系。相恋一个月后，江玲将自己的病情告诉了温东，温东很坦率地说，自己不在乎。那一刻，江玲觉得自己是世界上最幸福的人。

这是江玲第一次投入地爱一个人，她毫无保留地爱着温东，很珍惜这段来之不易的感情，处处为他着想。然而，同样的事情再次发生，温东的父母也不同意两人的恋情。江玲提出了分手，温东没有丝毫犹豫就同意了。江玲第一次体会到万箭穿心的滋味。四年来，她吃药比吃饭还要多，她曾一个人上手术台，一个人回家，自己在手术单上签字……她一直以为自己可以坚强地撑下去……

江玲卸下了所有的坚强，大颗眼泪从她的脸颊滴落下来，把心里的苦，一股脑全发泄出来：生活如此不公，命运如此无常……

痛快地大哭一场后，江玲的情绪渐渐冷静下来，慢慢地起身，到窗边拉开窗帘。窗外阳光明媚，欢声笑语。她在心里悄悄地对自己说："要坚强，哭一场，就忘记过去吧。好好生活，重新开始，陷在痛苦里不肯自拔，折磨的只是自己。"

生活就像五味瓶，酸甜苦辣咸；生活就像气球，也有一定的承受能力。从某种意义上说，江玲是不幸的，也是坚强的，但坚强也要有限度。当痛苦冲破了人的承受底线，适当的哭泣不失为最好的方法，但哭过就算了，别沉浸在悲伤里不能自拔。

哭是一种发泄方式，感觉撑不住的时候，大哭一场，它不代表软弱，只是坚强了太久，女人需要释放内心的创伤，寻回勇气；不要总渴望让别人来同情和可怜自己，不要遇到一点困难和挫折，就认为生活的路走到了尽头，再没有回转的可能。你退缩了，畏惧了，才是真的失去了希望。

记得一首诗歌里这样写道："跟你一样，我已懂得忘却，早已不为任何理由哭泣。可是每逢八月，令人害怕的雨总是滂沱。我流着泪走在雨中，不需要同情和怜悯。雨水流淌，连着八月的梦境，如同爆发前的火山，岩浆在沸腾，寻找着裂口，完成一次救赎。"

此刻的你，若是感到难过，若是感到委屈，若是感到痛心，尽管大哭一场吧。哭泣之后，擦掉眼泪，收起狼狈，绽放笑容，自信满满，以最好的姿态展示人前。做一朵坚强的玫瑰，在每一个清晨雨露中，笑着迎接阳光，笑着迎接风雨，幸福就会悄悄降临到你的身上。

7. 烦恼全是自找的

> 同样的瓶子，你为什么要装毒药呢？同样的心，你为什么要充满着烦恼呢？
>
> ——卡耐基

每个人都曾有过烦恼或正在经历烦恼，事实上，这些烦恼都是我们自找的。一个浮躁的人往往乐于自寻烦恼。你可以寻找甜蜜的爱情，你可以寻找美好的生活，但你决不可以自寻烦恼。

每个人都有七情六欲和喜怒哀乐，烦恼也是人之常情，是人人避免不了的。但是，由于每个人对待烦恼的态度不同，所以烦恼对人的影响也不同，通常人们所说的乐天派与多愁善感型就是显然的区别。乐天派的人一般很少自找烦恼，而且善于淡化烦恼，所以活得轻松，活得潇洒；而多愁善感的人喜欢自找烦恼，一旦有了烦恼，忧愁万千，牵肠挂肚，离不开，扔不掉，活得有些窝囊。

卡耐基认为：人生的大多数烦恼都是自找的，本来就没有烦恼，或者说原本就不是烦恼。

著名作家海明威的孙女玛瑞亚也是一位作家。海明威多年受害于抑郁症及酗酒，最后终于控制不了，在玛瑞亚出生前四个月时自杀了。他是这个家庭第四个自杀的人。酗酒、吸毒、精神病和抑郁症就一直缠绕着这个家庭。

虽然玛瑞亚在很多方面摆脱了海明威的诅咒，但是她生活中最大的问题是自卑。多年来，她脑子里总有一个声音对她说："你不好。"她对自己的相貌感到深恶痛绝：她的脸很宽，胸脯很扁，腿长得又瘦又细，而且说话声音很难听。玛瑞亚对自己的身体自卑极了。

这种情绪也有家族史。据说海明威非常注意自己的体重，他所住的每个房子的厕所墙上都有他写的体重数。玛瑞亚的姐姐也是因为身体问题受压抑最后自杀了。

不难看出，这个家庭有一种灾难性宿命：要么得精神病，要么自杀，甚至两者都有。对玛瑞亚这样一个女孩子来说，都不是很好的征兆。

玛瑞亚经常担心自己早晨起来后会像家里其他人一样突然发病，所以她变成了一个控制狂，特别是控制自己的饮食。一直以来，她吃完上顿就想下顿该吃什么、不吃什么。她从不放纵自己，觉得精神病和抑郁症自己不能控制，但自己的饮食和生活习惯可以控制。她过分严格地锻炼自己，严格控制任何进嘴的东西。总之，她就是苛刻地要求自己。

玛瑞亚觉得，只要控制饮食和生活习惯，她的那种自卑就会消失。

然而，它从来就没消失过。

后来她发现，她越担心、越焦虑，就越放弃不了这种想法；而当她停止控制自己，开始放过自己时，反而觉得轻松了。

玛瑞亚认为，最好的放松方法就是爬山。像她的祖父一样，她也热爱自然，当她发觉自己不快乐时，她就到外面去。

有一次，她很不开心，觉得自己像“一个一点儿也不吸引人的东西”。那天天气很好，她就去爬山。当她走在林中小路上，觉得快乐极了。等她回到家里，一照镜子，发现还是同一个人，穿着同样的衣服，一磅也没减，她对自己说：“嗯，你看着不错。”其实，她的身体没有任何变化，唯一不同的是她宽恕了自己，放弃了那些使她烦恼的思想。

就像玛瑞亚一样，很多女人常常不能放过自己，让各种各样的事务或想法使自己烦恼。女人要学习超越自己的头脑，放弃一些不好的思想和感觉。

要知道很多事情都是无解的，你不能把自己的思维逼进了一个死角，如果明知道是个死角，可还是一鼓作气、不依不饶地要往里面撞，就像一只扑火的可怜飞蛾，拼了命要在灯光那儿折腾。因这个念头而把自己纠缠在里面这只是自我折磨，不发疯才怪。

上天赋予人类一定分量的欢喜与哀愁，倘若你不懂得用好心情来平衡坏情绪，用新快乐来抚平旧伤痛，那么，就大大辜负了人类左右情绪的天赋。

女人生活在这个纷繁复杂的世界里，有时也需要及时开导自己，消除不必要的烦恼，让自己在绝望中看到希望，在黑暗中看到曙光。

请记住一句话：烦恼就像天空中的一片乌云，如果你的心中是一片晴空，那么烦恼不会对你有丝毫的影响。

8. 别拿完美折磨自己

一个完美主义者衡量自己的标准往往是无可企及的，也正因如此，注定会遭受无情的挫折，并沉浸在失败和自我价值无法实现的情绪中。女性朋友们要做的是追求完美这个过程，而非达到完美这个结果。这样你们才能更积极、更有激情地去生活。

——卡耐基

“完美”一词，总是像鲜花一样吸引着众人的眼球，让许多人终其一生去寻找、去追求。虽然追求完美是人们一种积极向上的表现，但如果过分追求完美就是一种变态，是一种自我折磨。非常遗憾的是，这个简单的道理并不是所有人都知道的，至少很多女人都喜欢追逐完美，她们无论做什么事，都要追求尽善尽美，容不得一点瑕疵。

2008年8月17日，在北京奥运会女子竞技体操决赛场上，我国女子竞技体操名将程菲两次失手。一次是她最拿手的跳马。众所周知，她的跳马技术，堪称当今女子跳马最高水平。2005年墨尔本世锦赛上，程菲一鸣惊人，就是凭借她的高水平发挥，不仅夺得中国首个女子跳马世界冠军，她的新动作还被国际体坛命名为“程菲跳”。而在2008年的奥运会上仅有一名选手会跳“程菲跳”，所以，人们都以为这块金牌非她莫属。比赛开始了，她的第一跳以完美的表现获得全场最高分16.075分，然而在第二跳跳自己的“程菲跳”时，她却跪在了地上，这是她第一次在最拿手的动作上翻船。

在接下来的第二个项目自由体操上，程菲又摔在了垫子上。如果说这一次失手是因为她还未走出上一个项目失败的阴影，思想上有包袱，失败情有可原。那么第一次失手就是因为她过于追求完美的结果。她为了把自己的最高水平展现给奥运会，展现给全世界的观众，结果适得其反。如果她不是为了追求更完美，而是稳中求胜，程菲跳“程菲跳”何至于失败？

希望自己做的事完美一点，将完美作为自己的一个努力方向，这当然很好。但也有很多人不仅仅是在追求完美，而是处处苛求完美，将其当成了自己一生的终极追求，以致掉进了这个漂亮的陷阱，随之而来的是心情焦虑、紧张、孤独，精神备受折磨。

卡耐基曾经在演讲中说道：世界上没有什么人和什么事可以达到“完美”的境地。所以，不必设定完美的标准，只要尽自己最大的努力去干好每件事就可以了。

有一个小女孩，她出生时右脸上就有一块青色胎记，就像水浒传里的“青面兽”杨志一样。小时候，她尚且不觉得有什么，但随着年岁渐长，周围伙伴异样的眼光越来越明显，她体会到了什么是自卑！从此，她就极少说话。

从10岁以后，她就蓄起了长发，因为她要用她的长发遮住那块丑陋的胎记。她在学校一言不发，老师们也不去碰触她的伤疤。

读初二时，班上来了一位新的女英语老师。英语老师年轻漂亮，但就是走路有点别扭，好像有点长短脚。

有一次英语课，老师点到了她的名字。她本能地想抗拒，但出于尊重，还是站了起来，但仍旧低着头，一言不发。年轻的新老师仿佛早知道这种情况，便轻轻地说：“放学后来办公室找我，你同意的话就点点头，行吗？”

女孩很诧异，但出于尊重，点了点头。

放学后，她等同学们都离开了，才往老师的办公室走去。办公室也只有年轻的女老师一个人在。女老师关上门，拉上窗帘，只是轻轻地说了一句话："我给你看个秘密。"于是她拉起右腿裤子，露出右脚。

那只右脚小腿以下竟然是一根银色的钢柱！女孩心中涌起一阵同情，为自己，也为眼前的老师。

女教师笑了笑，说："我12岁的时候遭遇了车祸，醒来之后才知道自己没有了右腿。"她像是在说一件毫不相关的事情，"之后我一直愤懑，'为什么遭受灾难的是我？'我怨恨上天，因为你无法想象一个原来能够自由奔跑的人突然失去这种权利后的痛苦。但后来，我渐渐发现，除了不能自由自在地奔跑外，我还可以做很多其他我喜欢的事情，事情并没有我想象的那么糟糕。再后来，我装上了假肢，甚至也能自由奔跑了，你看！"说完她还高兴地跳了跳。

女孩明白了老师想要对自己说的话，是啊，自己想做的事情，难道就不能做了吗？

后来，女孩成了一名作家，这是她一直以来的梦想。

任何的不完美都让人沮丧，几乎是无法避免的。我们因为自身的不完美而感到羞耻，而怨恨上天的不公平。故事中的小女孩就是这样，她为自己脸上的胎记而感到羞耻，感到抬不起头。她心中必定是充满怨恨的，怨恨一切有着美丽脸庞的人。但这种羞耻又能带来什么呢？除了让我们厌弃自己，再没有其他。而这也只能在我们本身已经痛苦的基础上又加了一层痛苦。

追求完美会让人失去乐趣，因为总是在不停地飞快赶路前行，便没有闲暇时间去看看路边的风景以及身边被错过的幸福；追求完美会让人遗失快乐，一个人总是希望做得更好，永远没有满足的时候，他就会活得很累，很悲哀；一味地追求完美，追求胜利的步伐，便很容易忘记胜利背后真正的含义。我们所做的一切，说白了无非是让自己体会快乐、充实和满足感。成功也好，完美也罢，都逃不出幸福感的圈子。

9. 不要为打翻的牛奶哭泣

> 生活中，错误、失败、挫折都是在所难免的，任何人都不能阻止它们的到来。聪明的女人通常会以一种豁达、乐观的态度看待它们；而愚蠢的女人则会为过去的错误而烦恼，并长时间地陷入其中不能自拔。
>
> ——卡耐基

一天，保罗博士在实验室给同学们上课，他先把一瓶牛奶放在桌子上，沉默不语。同学们不明白这瓶牛奶和这节课有什么关系。

突然，保罗博士站了起来，一巴掌把那瓶牛奶打翻在水槽中，同时大喊了一句："不要为打翻的牛奶哭泣！"

然后他叫所有同学围拢到水槽前仔细看那破碎的瓶子和淌着的牛奶。这时有的同学说："真可惜。"而有的同学说："不就一瓶牛奶嘛！"保罗博士打断了同学们的议论，并严肃地说："同学们，我要你们永远记得这一课，永远都记住这个道理：这瓶牛奶已经没有了，无论如何抱怨，如何后悔，如何着急，都不可能将它挽回。但如果你们之前加以预防，或许这瓶牛奶就可以保住，可是现在已经晚了。而我们现在所能做的就是将它忘掉，并集中注意力到下一件事情上。"

"不要为打翻的牛奶哭泣。"这句话包含了丰富深刻的哲理。牛奶打翻在地既成事实，再难过、哭泣也无济于事，不如全身心地投入到另一件事上。

萧霖悦进入公司刚刚一年，因为表现优秀，很受领导器重。她也暗下决心一定要做出成绩来。一次，上级领导要她负责一个企划案，为一个重要的会议做准备，还透露说如果这次企划案能赢得客户的认可，她将有可能被调到总公司负责更重要的职务。对萧霖悦来说，这是个千载难逢的机会。她非常卖力，每天都熬夜准备这份企划案。

可是，到了开会的那天，萧霖悦由于过度紧张，出现了身体不适，脑子一片混乱，甚至没有带全准备好的资料，发言的时候词不达意，几次中断。会议的结果可想而知……

失去了一个这么好的机会，萧霖悦为此懊恼不已。之后，由于她的状态一直不好，又有过几次小的失误，她对自己更加不满。以前自信的她，现在忽然觉得自己不适合这个工作，不然为什么总是在关键时刻出错呢？她开始惩罚自己，经常不吃饭，想不通了又暴饮暴食，或者拼命地喝酒。

萧霖悦的情绪越来越不好，领导找她谈过几次话，宽慰她过去的事情都过去了，人应该向前看。虽然她的情绪渐渐稳定了下来，但是她还是不能原谅自己，没有心情做好手中的事情，以致对工作失去了当初的信心。最后，她不得不递交了辞呈。

很多人在犯错之后，不能原谅自己，甚至憎恨自己，进而影响到现在乃至未来做事的心情。如果憎恨过于强烈，就无法洗心革面，无法看到希望的曙光。不如反过来想一想，错误既然已经犯下了，再惩罚自己有什么用呢？而且你已经为此付出了沉重的代价，为什么还要搭上现在和未来呢？

莎士比亚曾经说过：聪明的人永远不会坐在那里为自己的损失而哀

叹，他们会想方设法去寻找办法来弥补自己的损失。生活中，错误、失败、挫折都是在所难免的，任何人都不可能阻止它们的发生，如果接受事实，重新启程，那么等待的也是美好的明天。

卡耐基告诉我们：对于过去的不幸和过失，聪明的女人都以一种豁达、乐观的态度看待它们，因为她们知道发生过的事是无法改变的事实，哪怕是前一分钟的事，唯有勇敢地面对和冷静地分析，才能吸取教训、避免类似的错误再出现；而愚蠢的女人则会为过去的错误而烦恼，并长时间地陷入其中不能自拔，但这样做除了精神上的痛苦外，是毫无意义可言的。假如你还在为错过昨日的太阳而懊悔，那么你将会错过今夜的月亮和星星。

不再为打翻的牛奶哭泣，只有调整心态，面对现实，通过你自己的努力，你才可以再得到一杯更纯、更香甜的“牛奶”。

10. 活在当下，当幸福来敲门时抓住它

人生的意义，不过是俯身嗅嗅身旁每一朵绚丽多姿的花朵，抬头望望广阔无垠的天空，享受一路走来的点点滴滴而已。毕竟，昨日已经成历史，明日尚不可知，只有“当下”才是上苍赐予我们最美好的礼物。

——卡耐基

我们生活在今天，生活在此时此刻，既不是过去也不是未来，我们的生活，仅仅只是当下。活在现在，就是当下，就是眼前，把握好眼前的生活，我们才能创造出最有希望的生活。

卡耐基认为，活在当下是一种全身心地投入人生的生活方式。没有过去拖在你后面，也没有未来拉着你往前，将全部的能量都集中在这一刻，生命因此具有一种强烈的张力。

当生命即将结束的时候，问问自己：你这一生想做的事你都做了吗？你有没有好好笑过、真正快乐过？你觉得了无遗憾吗？

你这一生是怎么过的：年少，你拼命学习，想挤进一流的大学；随后，你希望赶快毕业，找一份好工作；接着，你又迫不及待地结婚、生小孩，然后，你又整天盼望小孩快点长大，好减轻你的负担；小孩长大了，你又恨不得赶快退休；最后，你真的退休了，不过，你也老得几乎连路都走不动了……当你正想停下来好好喘口气的时候，生命也快要结束了。

其实，大多数人都是这样迷迷糊糊地度过一生。他们一生劳碌，时时刻刻为未来担忧，为未来做准备，一心一意计划着以后发生的事，却忘了最重要的现在，等到时间就这样流逝，他们垂垂老矣，才恍然大悟“时不我予”。

活在当下，并不是说不为明天做准备，而是不要为明天的事情而盲目焦虑，尽量做好自己的事情吧，今天是我们最珍贵的资产，也是我们唯一可以拥有的资产。

有位圣哲说过：“过去与未来并不是‘存在’的东西，而是‘存在过’和‘可能存在’的东西，唯一‘存在’的是现在。”人生就像串联起来的课堂，每一天都有每一天的人生功课，如果今天的功课都无法做好，那么明天的事还是明天再说吧！活在当下是一种全身心地投入人生的生活方式，女人只有活在当下，才能不被过去拖在后面，也不会被未来拉着勉强向前跑，才能将全部的能量集中在这一刻，使生命具有强烈的张力，让自己体会到生活的幸福。

蓝茜是个32岁的单身女子，曾经有过一段长达六年的恋情，但最终没能修成正果。或许是因为“一朝被蛇咬，十年怕井绳”的缘故，这些年蓝茜一直不敢触碰感情，她总担心自己会受伤，更觉得年龄越来越大，经不起感情的折腾。

在一位同学的婚礼上，蓝茜碰到了多年未见的某同学，她穿着时尚，人也显得十分精神。她在酒桌上谈笑风生，给大家发名片，畅谈她目前做的业务和对未来的憧憬。蓝茜觉得时间真是个可怕的东西，它能让人发生不可思议的改变，在她的印象里这位同学在高中时总是柔柔弱弱的，可如今却蜕变成一个如此干练的女人。

后来，蓝茜无意中了解到这个同学离婚了。蓝茜不知道她离婚的具体原因，也不敢妄加评论。但她心里一直在想：如果换作是我，我能够像她一样勇敢地面对生活吗？

那天晚上，蓝茜在日记里写到这样一段话：活着，其实是很当下的一个词语。相爱，本来就没有过去和将来，曾经的柔情和海誓山盟只是过眼云烟，无法找回。既然如此，不如珍惜现在。哭过之后就算了，一切都可以重新来过！

蓝茜是个聪明的女人，即便她之前浪费了一段宝贵的时间，陷在过去中不肯自拔，但她终究还是明白了人要活在当下的真谛。当一个人认真地把握现在，努力享受身边拥有的一切，无论是单身还是恋爱、结婚，女人都能体会到属于自己的幸福。最可怕的是执迷不悟，停留在美好或伤心的回忆中不肯迈出一步。

到底什么才叫做“当下”？答案很简单，“当下”就是指你现在正在做的事、待的地方、周围一起工作和生活的人。“活在当下”就是要你把关注的焦点集中在这些人、事、物上面，全心全意认真去接纳、品尝、投入和体验这一切。不要总想着，如果明天……我一定会快乐、幸福，要知道欲望是无止境的，真到了“明天”你可能还会出现新的需求。如果你身在一月，那就做好一月的事，别幻想二月的，因为你在幻想的过程中很可能就丧失了一月得到的良机。别忘了，真正的满足不是在“以后”，而是在“此时此刻”，那些想追求的美好事物，不必费心等到以后，现在便已拥有。

来世不可待，往事不可追。人要好好地活在当下，感恩所拥有的一切。假如你时时刻刻都将力气耗费在未知的未来，而对眼前的一切视若无睹，那么你永远都不会快乐。生活是一辆疾驰而过的列车，我们没有必要因为回味已经逝去的高山，而错过了眼前的流水，也没有必要为了憧憬的美景而忽略眼前的蓝天。要知道，世间最珍贵的东西并不是“已失去”的过去和“得不到”的未来，而是你现在所拥有的一切。

英雄有着引箭穿石的勇气，美人有着倾国倾城的容颜，智者有着高瞻远瞩的远识……在人生这个舞台上，每个人都有着各自的脚本，各自的命运。而你在人生的舞台上，站在耀眼的聚光灯下，最终要做的是扮演好自己的角色。人生是一场正在上演的舞台剧，不允许你重新来过。因此，各位女性朋友，你要做的就是演好当下，活在当下，并时刻怀有一颗感恩的心，感恩生活，享受当下。

第三章

找准人生舞台，让事业筑起幸福的城墙

1. 让兴趣与职业相契合

天堂和地狱有时只在于一念之间。如果你把工作当成一种享受，那么你的人生就是天堂；如果你把工作当成一种劳役，那么人生就是地狱。

——卡耐基

著名诗人歌德曾经说过：“每个人都有与生俱来的天分。当这些天分得到充分发挥时，自然能够为他带来极致的快乐。”然而他一度没有了解自己的兴趣，而白白浪费了10多年的时光，最终他还算幸运，找到了自己的路，因此我们人类史上也就多了一颗璀璨的明星。

卡耐基说，用心去观察那些成功的人，他们都有一个共同的特征——无论是否具有聪明才智，也无论从事什么样的职业，一定无比热爱自己的工作，并孜孜不倦地追求，将过程当成一种享受。

莎士比亚是英国伟大的戏剧家和诗人。三百多年来，莎士比亚的戏剧一直被人们传诵着、演绎着，他成了全世界最受欢迎的作家之一。莎士比亚何以取得如此大的成就呢？毫无疑问就是因为他在做自己喜欢做的事情。

莎士比亚赚了许多钱，但他仍然热爱戏剧，迷恋戏剧。他把国王的赏赐和自己所赚来的钱集中起来，投资建筑著名的环球剧场，而没有用来经商和做其他的生意。莎士比亚的一生是为戏剧而活着的。

莎士比亚对戏剧创作抱有极大兴趣，他非凡的创造力为人类留下许多不朽的艺术财富。其实，莎士比亚的父亲一直想让儿子经商，但莎士比亚对经商毫无兴趣。可以想象，即使他付出再大的努力和再多的劳动，也不会比他取得的戏剧成就大。一个人对不喜欢的职业，必定不会有耐心和热情去为之奋斗，终究也不会取得成功。

当一个人把工作看成一种乐趣，他便不会再产生烦躁的情绪，不再会有疲倦的感觉，这时他便充满热情，浑身散发出迷人的魅力。这就是一个良性的循环。

美国第一位亿万富翁石油大王洛克菲勒曾这样说：“我永远忘不了我的第一份工作——当簿记员的经历。那时，我总是天刚蒙蒙亮就去上班，办公室点着的鲸油灯很昏暗。但是，那份工作从未让我感到枯燥，反而很令我着迷和喜悦。结果，雇主总是不断地为我加薪。”

生活中，我们在选择工作时，不要只注重薪水问题，更重要的是问问自己的兴趣所在。“我喜欢做什么？”一个人如果能够根据自己的兴趣去做工作，他的主动性能够得到充分发挥。即使工作得很疲惫，也会兴致勃勃，心情愉快；即使困难重重也会想尽办法去克服。一个对自己的工作感兴趣的人，无论他的工作时间再长，也丝毫不觉得是在工作，反倒像是在做游戏。

玛丽毕业于某名牌大学的心理学专业，毕业后幸运地被留校任教。当时的玛丽非常开心，怀着对这一崇高事业的敬重和一股青春的冲动，鼓励自己一定要努力学习、工作，把自己所学的知识再传递给学生。

随着时间的飞逝，玛丽却开始感到有一种不可调和的空虚在困扰着自己。这并不是说她厌恶这项工作，相反，几年的教育经历足以让她终身受益。玛丽不仅学了丰厚的事业知识，也在磨炼中日渐成熟。只是，校园里太平静、太单调、太循规蹈矩，不痛不痒的日子让天性好动好强的玛丽渐趋麻木。玛丽强烈地感觉到如果不及时解决问题，将失去自我，失去本可以升华的灵魂。

于是不甘平淡的玛丽开始了新的追求。她热爱自己的专业，尽管目前的工作并没有脱离她的专业，但是玛丽更希望自己能够在实践中运用它，让自己头脑中的东西在枪林弹雨中得到锤炼，而不仅仅是纸上谈兵。对玛丽而言，她需要的是能在一个更加广阔的天地里施展拳脚，那是她真正的情趣所在。

最后，玛丽跳槽到了一家咨询顾问公司做心理医生，帮助别人解决心理问题，日子过得充实而开心。

兴趣是最好的老师，选择自己擅长并热爱的工作，享受工作的过程吧，像画家陶醉在油彩中，像诗人陶醉在景色中，像赛车手驰骋在赛道上，像舞者舞动在绚丽的舞台上。他们挥汗如雨，伤痕累累，但是却面带微笑，内心赤诚，那是因为他们从事着他们喜爱的工作，他们不再感到疲惫，不再抱怨，不再感到煎熬和无奈，热情赋予他们巨大的动力和惊人的承受力。不管成功还是失败，对他们而言，工作本身就是一种巨大的享受。选择一份自己感兴趣的工作，我们的精神世界也将变得多姿多彩。

2. 拿出最大的热情对待你的工作

一个对工作充满激情的人，无论面对什么困难，无论前途看起来多么暗淡，总是有足够的信心把心目中的愿景变成现实。

——卡耐基

拿破仑·希尔曾说：“如果要获得成功，那么就需要对一个领域足够了解、热爱并保持热情；如果想要创新，就要站在巨人肩膀上”。

的确，热情是一种状态，是一个人获得成功的原动力，是一个人成就事业的源泉。无论是做人还是做事，热情都是不可或缺的条件，热情就像发动机一般能使电灯发光、机器运转，能激励人去唤醒沉睡的潜能、才干和活力。热情使莎士比亚拿起了笔，在树叶上记下他燃烧着的思想；热情使哥伦布克服了艰难险阻，享受了巴哈马群岛清新的晨曦；热情使人们剑拔弩张，勇于为自由而战；热情使樵夫举起斧头，执着于人类开拓文明的道路；热情使伽利略举起望远镜，让整个世界为之震惊。因为热情，人们在不断地革新和创造着这个世界。可以说，热情是这个世界上最大的财富。没有了它，世界上任何一件伟大的事都无法完成。其实我们每个人都会拥有热情，所不同的是，有的人的热情能够维持30分钟，有的人能够保持30天，但是一个成功的人却能够让热情持续30年甚至一生。

不少人在工作了一段时间之后，突然发现自己成了一个机器人，每天重复着单调的动作，处理着枯燥的事务。每天想的不是怎样提高工作效率，提升自己的业绩，而是盼望着能早点下班，期望着上司不要把困难的工作分配给自己。

这样的人，没有什么人生目标，只是想过一天算一天，不断地抱怨环境、抱怨同事、抱怨工作，在工作中不思进取，在生活中不求上进，最后陷入了职业的困境中。

要想摆脱这种职业困境，唯一的办法就是唤起自己的工作热情。带着热忱和信心去工作，全力以赴，不找任何借口。因为，热情是一种素质，是一种性格。伟大的热情能战胜一切，因此，一个人只要强烈地坚持不懈地追求，就能达到目的。一个人，当他有无限热情时，就可以成就任何事情。

热情是一种强劲的激动情绪，一种对人、事、物和信仰的强烈情感。一个充满工作热情的人，会保持高度的自觉，把全身的每一个细胞都调动起来，驱使他完成内心渴望达成的目标。

热情无疑是我们最重要的秉性和财富之一。不管你是否意识到，其实每个人都具有火热的激情，它是一个人生存和发展的根本，是人自身潜在的财富，只是这种热情深埋在人们的心灵深处，等待着被开发利用。

聪明的女人懂得，长久的工作热情源于自身的不懈努力。全心全意做好自己的本职工作，工作出色了，有了业绩，自然会产生成就感和优越感，也就有了工作的动力。工作做好了，还会赢得别人的尊重。

1883年8月19日，法国的卢瓦尔河畔的索米尔小镇，夏奈尔出生了。她的全名是加布理埃勒·夏奈尔。夏奈尔12岁时，母亲去世了，夏奈尔在孤儿院度过了少年的黯淡时光。17岁，她来到另一个小镇，进入了修道院。当时在法国，妇女的地位是低下的，一个女孩要想在社会上生存，是非常艰难的。孤儿院的生活使她明白，高超的针织手艺对于女性来说非常重要，她可以通过针线活来养活自己，于是，18岁那年，她就到一家商店做助理缝纫师。

夏奈尔的卑微出身和早年生活给她的服装理念打上了深刻的烙印。周围的成年妇女穿的工作服使她相信，妇女需要的不是烦琐的装扮，而是适合她们日益活跃生活方式的宽松舒适的衣衫。夏奈尔认为："女人为造成她们举止不便的服饰所束缚，从而被迫依赖于仆人和男人。"孤儿院穷苦的生活渗入她的设计风格：朴素端庄、简明大方。

她开始设计黑帽、白色短衫、领口系雅致的黑领结、简单素洁的短上衣。在她工作的小镇，有许多驻兵，尤其是那些朝气蓬勃的骑兵制服给她留下了深刻的印象，这无疑也成为此后几十年里著名的镶边服装的灵感来源。20多岁时，夏奈尔遇上了富有的骑士卡佩尔。1908年，在这个人的资助下，夏奈尔开了第一家帽子店。她的帽子宽大实用，受到了许多妇女的欢迎。

1912年，趁热打铁的夏奈尔又在法国上流社会的度假胜地——诺曼底海边小城开了自己的第一家服装店，很快，她极富个性的运动衫、开领衬衫、短裙、男式雨衣受到了时髦女郎的注意。不仅如此，为了扩大宣传，夏奈尔让自己的姐姐穿上自己设计的新式服装，到城里最繁华的地方吸引妇女们的注意，这差不多是最早的一种广告形式了。夏奈尔的事业越来越成功了。

1924年，她推出了著名的黑色小礼服，掀起了世界服饰的革命。她强调的是礼服的舒适性、方便性和实用性。在第一次世界大战期间，男士上战场，女性负责持家工作，职业妇女渐渐兴起，因此需要较实用的服装，夏奈尔的服装正好符合这个趋势，她的事业也蓬勃发展。

第一次世界大战后她认为手工定做服装不适合大众需要，虽然手头上有当时保持约200位名女人的订单（包括伊丽莎白·泰勒、英格丽·褒曼），她还是决定投入成衣这个市场，这让夏奈尔企业成为数一数二的服饰大企业。

夏奈尔并没有满足自己取得的成绩，自1920年开始，夏奈尔开始提倡整体形象，这当然是从头到脚，还包含配件、化妆品、香水。对她来说，一个女人不该只有玫瑰和铃兰的味道，香水会增添女性无穷的魅力。于是，她推出了"夏奈尔5号香水"，这是第一支由服装设计大师推出的世纪经典香水。当著名的好莱坞影星玛丽莲·梦露用性感而充满磁性的声音对全世界说：“夜里，我只‘穿’夏奈尔5号”，全世界都为之疯狂了。

很多时候，你只需换一个角度去思考，就会对自己的工作充满兴趣。而发现工作的乐趣，正是保持工作激情的不二法门。因为，我们往往是在爬坡的时候感到干劲十足，充满激情；当爬上山顶的时候，反而觉得迷茫。所以当工作达到一定阶段的时候，就给自己树立新的目标，有了方向、有了动力，自然就能保持高涨的工作热情。

聪明的女人知道，家庭的幸福与否会直接影响工作的好坏，尤其是职业女性，既要打理家庭，还要拼搏于职场。因此，要正确地处理工作和家庭的关系，别把工作上的不如意带回家，因为那样会使家人不开心，自己也不开心，并产生恶性循环；还不如自己好好调节一下，尽早恢复过来，保持工作的热情和内心的快乐。

可以说，保持快乐的心情是具备工作热情的前提，心情愉快了，做什么事情都有精力和热情，把工作当成一种享受，就能保持工作的热情。有人说，当你埋头每天工作的时候，恰恰是你在书写历史的时候，因为，保持热情的关键就在于你是否有决心每天都更新历史，而不只是简单地重复。

卡耐基认为：工作热情并不是身外之物，也不是看不见摸不着的东西，它是一个人生存和发展的根本，是人自身潜在的财富。具体说来，工作热情是一种洋溢的情绪，是一种积极向上的态度，是对工作的热衷、执着和喜爱。它是一种力量，使人有能力解决最难的问题；是一种推动力，推动着人们不断前进。它具有一种带动力，能影响和带动周围更多的人热切地投身于工作之中。

所以，失去工作热情的女人一定要迅速清醒地认识到“培养较高的工作热情”的重要性和必要性，早日摒弃浮躁、不求上进、茫然的缺点，树立积极、正确、乐观的工作心态，争取在事业上有较快较好的发展，因为这是聪明女人的必备法门。

3. 敬业，最完美的工作态度

态度就是竞争力，积极的工作态度始终是你脱颖而出的砝码。拥有它，你将在竞争激烈的职场上走得更顺利。

——卡耐基

职场中，有的人可以成为公司里的核心人物，令人喜爱受人器重，有的人却平平淡淡，碌碌无为；还有的人自命不凡，满腹牢骚……每个人都有不同的职业轨迹，如果一个人将自己的平庸归咎于天分、运气、机缘，那么他注定要平庸一辈子。要知道，这个世界除了少数的天才外，大多数人的禀赋都相差无几，而且幸运女神也不会永远眷顾一个人，在机遇面前大家也是人人平等的。那么到底是什么原因令人们的职业轨迹产生如此大的差异呢？卡耐基认为答案很简单，只有两个字：态度。

当今社会，人除了同时存在竞争能力与智慧，也要有竞争态度。因为一个人的态度会直接影响他的行为，决定他对待工作时敷衍了事还是尽心尽力，是安于现状还是积极进取。

许多年前，一个妙龄少女来到东京帝国酒店当服务员。这是她涉世之初的第一份工作，也就是说她将在这里正式步入社会，迈出她人生第一步。因此她很激动，暗下决心：一定要好好干！但她没想到上司竟然安排她洗厕所！

洗厕所！实话实说没人爱干，何况她从未干过粗重的活儿，细皮嫩肉，喜爱洁净，干得了吗？洗厕所时在视觉上、嗅觉上以及体力上都会使她难以承受，心理暗示的作用更是使她忍受不了。当她用自己白皙细嫩的手拿着抹布伸向马桶时，胃里立马“造反”，翻江倒海，恶心得几乎呕吐却又呕吐不出来，太难受了。而上司对她的工作质量要求特高，高得骇人：必须把马桶抹洗得光洁如新！

她当然明白“光洁如新”的含义是什么，更知道自己不适应洗厕所这一工作，真的难以实现“光洁如新”这一高标准的质量要求。因此，她陷入困惑、苦恼之中，也哭过鼻子。这时，她面临着这人生第一步怎样走下去的抉择：是继续干下去，还是另谋职业？继续干下去——太难了！另谋职业——知难而退？人生之路岂有退堂鼓可打？她不甘心就这样败下阵来，因为她想起了自己初来时曾下的决心：人生第一步一定要走好，马虎不得。

正在此关键时刻，同单位一位前辈及时地出现在她的面前，他帮她摆脱了困惑、苦恼，帮她迈好这人生第一步，更重要的是帮她认清了人生路应该如何走。但他并没有用空洞理论去说教，只是亲自做个样子给她看了一遍。

首先，他一遍遍地抹洗着马桶，直到抹洗得光洁如新；然后，他从马桶里盛了一杯水，一饮而尽喝了下去！竟然毫不勉强。实际行动胜过万语千言，他不用一言一语就告诉了她一个极为朴素、极为简单的道理：光洁如新，要点在于“新”，新则不脏，因为不会有人认为新马桶脏，也因为新马桶中的水是不脏的，是可以喝的；反过来讲，只有马桶中的水达到可以喝的洁净程度，才算是把马桶抹洗得“光洁如新”了，而这一点已被证明可以办得到。

同时，他送给她一个含蓄的、富有深意的微笑，送给她一束关注的、鼓励的目光。这已经够用了，因为她早已激动得几乎不能自持，从身体到灵魂都在震颤。她目瞪口呆，热泪盈眶，恍然大悟，如梦初醒！她痛下决心："就算一生洗厕所，也要做一名洗厕所最出色的人！"

从此，她成为一个全新振奋的人；从此，她的工作质量也达到了那位前辈的高水平，当然她也多次喝过厕水，为了检验自己的自信心，为了证实自己的工作质量，也为了强化自己的敬业心；从此，她很漂亮地迈好了人生的第一步；从此，她踏上了成功之路，开始了她的不断走向成功的人生历程。

几十年光阴一瞬而过，如今她已是日本政府的主要官员——邮政大臣。她的名字叫野田圣子。

无论从事什么行业，做什么工作，做好工作的前提和保障就是需要拥有一个敬业的态度，即用一种恭敬严肃的态度对待自己的工作，一心一意，认真负责，任劳任怨，精益求精。

4. 养成良好的工作习惯

现实生活中，许多人常常因不懂得授权他人，因而提早进入失败的坟墓。这些人事必躬亲，结果被那些琐碎的细节所淹没，难怪他们常常感到忙碌、忧烦、急躁和紧张。长期以来积累的经验告诉我，没有人能永远按照事情的轻重程度去做事。但我知道，按部就班地做事，总比想到什么就做什么要好得多。

——卡耐基

某些不良习惯或者恶习并不是一生来就有的，而是后天慢慢养成的。对于女性来讲，有些习惯虽然不好，但它们可能无碍大事，不会对生活或者事业产生直接的冲突和严重的危害；而有些则不同了，它们是女性获得成功与幸福的大敌。对于后者，我们应该努力改正，并坚决摒弃，否则，这些恶习会影响我们的一生。

良好的工作习惯之一：保持办公桌的整洁

如果你到华盛顿的国会图书馆参观，就会看到天花板上有几个醒目的大字，那是诗人波普所写的：秩序是天国的第一要律。

其实，无论是在商界还是平时生活中，秩序都是第一要律。

当你的办公桌上乱七八糟、堆满了待复信件、报告和备忘录时，就会导致你慌乱、紧张、忧虑和烦恼。更为严重的是，一个时常担忧万事待办却无暇办理的人，不仅会感到紧张劳累，而且会引发高血压、心脏病、胃溃疡和精神类疾病。

威廉·萨德勒是著名的精神科主任，他认为秩序混乱会导致精神方面的疾病。他有一个病人，就是用了恢复秩序这个简单的方法免除了精神崩溃，这让他在以后的生活中经常使用这个方法。

威廉·萨德勒的这位病人是芝加哥一家大公司的高级主管，第一次去见萨德勒的时候，整个人充满了紧张、焦虑和郁闷。他工作繁忙，并且知道自己状态不佳，但他又不能停下来，他需要帮助。

“正当这位病人向我陈述病情的时候，电话铃响了，”萨德勒医师说道，“电话是医院打来的。我丝毫没有拖延，马上作出了决定。只要能够的话，我一向速战速决，马上解决问题。挂上电话不久，电话铃又响了，又是件急事，颇费了我一番唇舌去解释。接着，有位同事进来询问我有关一位重病患者的种种事项。等我说明完毕，我向这位病人道歉，让他久候。但是这位病人精神愉快，脸上流露出一种特殊的表情。”

“别道歉，医师。”这位病人说道，“在这10分钟里，我似乎明白自己什么地方不对了。我得回去改变一下我的工作习惯……但是，在我临走之前，可不可以看看您的办公桌?”

萨德勒医生拉开桌子的抽屉，除了一些文具外，没有其他东西。

“告诉我，你要处理的事项都放在什么地方?”病人问。

“都处理了。”萨德勒回答。

“那么，有待回复的信件呢?”

“都回复了。”萨德勒告诉他，“不积压信件是我的原则。我一收到信，便交代秘书处理。”

六个星期之后，这位公司主管邀请萨德勒到其办公室参观。令萨德勒吃惊的是，他也改变了——当然桌子也变了。他打开抽屉，里面没有任何待办文件。“六个星期以前，我有两间办公室，三张办公桌，”这位主管说道，“到处堆满了有待处理的东西。直到跟你谈过之后，我一回来就清除了一货车的报告和旧文件。现在，我只留下一张办公桌，文件一来便当即处理妥当，不会再有堆积如山的待办事件让我紧张忧烦。最奇怪的是，我已不药自愈，再不觉得身体有什么毛病啦!”

拖沓会消耗人的精力而使人忧烦，这些人总是不把工作做完，结果危害更严重。

良好的工作习惯之二：做事分清轻重缓急

弗兰克·贝特格是世界上最伟大的推销员之一。他每天早晨不到5点钟便把当天要做的事安排好，这是在前一个晚上准备的。他定下每天要做的保险数额，如果没有完成，便加到第二天的数额，以后依此推算。

卡耐基说：“长期的经验告诉我，没有人能永远按照事情的轻重程度去做事。但我知道，按部就班地做事，总比想到什么就做什么要好得多。假使萧伯纳没有为自己定下严格的规定，保持每天写出5页稿纸的文字，他可能永远只是个银行出纳员。他度过了9年心碎的日子，9年总共才赚了30块钱稿费，平均每天才一分钱！由于他一直把写作当成最重要的事去做，终于成了世界著名的作家。就连漂流在荒岛上的鲁宾逊也不忘每天定下一个作息表呢！何况每天需要面对那么多工作的你我呢？”

良好的工作习惯之三：马上解决或作出决定

卡耐基分享过这样一个案例：

赫威尔是卡耐基以前的学生，后来成为美国钢铁公司董事会的董事之一。赫威尔告诉卡耐基，董事会开会常常拖拖拉拉，许多问题被提出来讨论，却很少作什么决定，以致大家得把一大堆报告带回家研究。

后来，赫威尔说服董事长作出了一个规定：一次只提一个问题，直到解决为止，绝不拖延。表决之前或许需要研究其他资料，但为了让问题真正得以解决，除非前一个问题得到处置，否则不讨论第二个问题。这种办法果然奏效：备忘录上的有待处理的事项解决了，行事表上也不再排满预定处理的进度。大家不必再抱一大堆资料回家，也不用被尚未解决的问题弄得惴惴不安。

这不仅是美国钢铁公司董事会的好方法，也是你我适用的有效原则。

良好的工作习惯之四：学会组织、授权与督导

现实生活中，许多人常因不懂得授权他人，因而提早进入失败的坟墓。这些人事必躬亲，结果被那些烦琐细节所淹没，难怪他们常常感到匆忙、忧烦、急躁和紧张。我知道学会授权给别人是非常困难的，至少对我是这样。尽管如此，身为主管的人员还是得学习如何委派他人，否则永远免不了疲于奔命，因为你终究只是一个人！

所以，想要不使自己过于劳累与忧烦，那你就应该从现在开始养成良好的工作习惯。

5. 努力奔跑，让自己变得无可替代

你如果不想出局，就要设法让你的工作不可替代。因为一旦你的工作随时可以被人取代，那就说明你没有一点核心竞争力，自然也没有半点优势，又如何去与别人竞争呢？

——卡耐基

工作没有好坏之分，有的工作很显耀，很容易出成绩；有的工作则很平淡，但是只要你把它做到极致，你也一样能让自己脱颖而出，不可替代。

当今职场的竞争非常残酷，条件优秀者层出不穷；在公司里，大家都瞄准着显耀的职位，造成群雄逐鹿之势；而另一方面，企业的过度竞争导致许多企业大规模性裁员，或者有计划地淘汰员工；在这种境遇下，你如果不想出局，那你就要设法让你的工作不可替代，因为一旦你的工作随时可以被别人取代，那就显得你没有一点核心竞争力，自然也没有半点优势，又如何去与别人竞争呢？要知道，你身边能胜任你工作的人不乏其人。

在职场中，你会面临许多压力和挑战，如果要保住你的位置，甚至想取得进一步发展，你就必须清楚周围的形势和自己的实力，做到知己知彼；你要清楚地知道，身边还有许多可以随时替代你的人，而你必须做得比他们更优秀，这样才能显示出你的优势，使你成功公司不可或缺的员工。或许有人会问：公司中显要的职位就这么几个，大部分处在普通岗位的员工又如何让自己不可或缺呢？的确，当前工作分工越来越细，大部分工作都是一些低端的、没有什么技术含量的工作，但这些工作同样可以让你显得不可替代，秘诀就一个——让自己做得

比别人更好。

大学毕业那年，任小萍被分到英国大使馆做接线员。在很多人眼里，接线员是一个很没出息的工作，然而任小萍却在这个普通的工作岗位上做出了不平凡的业绩。她把使馆所有人的名字、电话、工作范围，甚至连他们家属的名字都背得滚瓜烂熟。当有些打电话的人不知道该找谁时，她就会多问，尽量帮他准确地找到要找的人。慢慢地，使馆人员有事外出时并不告诉他们的翻译，只是给她打电话，告诉她谁会来电话，请转告什么，等等。不久，有很多公事、私事也开始委托她通知，她成了全面负责的留言点、大秘书。

有一天，大使到电话间，笑眯眯地表扬她，这可是一件破天荒的事。结果没多久，她就因工作出色而破格调去给英国某大报记者处做翻译。

该报的首席记者是个名气很大的老太太，得过战地勋章，授过勋爵，本事大，脾气大，甚至把前任翻译给赶跑了，刚开始时也不接受任小萍，看不上她的资历，后来才勉强同意一试。结果一年后，老太太逢人就说："我的翻译比你的好上十倍。"不久，工作出色的任小萍又被破例调到美国驻华联络处，由于工作干得出色，不久即获外交部嘉奖……

我们在找到愿意为之奋斗的事业之后，一定要努力让自己成为这个领域的专家。成为专家不仅是我们个人对自己的要求，也是现代企业对员工的基本要求。如果你是掌握了公司业务核心技术的软件工程师、医术精湛的内（外）科医生、创意无穷的文案写手、对于新闻有着超乎常人的嗅觉力且能写出好新闻的记者、精通多国语言的外贸人员……那么，无论是在哪儿工作，你都会很快成为举足轻重的人物。原因就在于，你是某个领域的专家，你是无可替代的，因为你能做别人不能做的事。

随着科技日新月异，竞争日益激烈。谁想在这激流里顺利抵达彼岸，谁想在这广阔的蓝天上尽情翱翔，那么成为行业里的专家是你人生前行的“绿卡”。行业专家，能使企业在短时间内、在某一专业领域内迅速提升竞争力，其受欢迎程度可想而知。

行行出状元这是古话了，做行业内专家也不算新鲜的提法。干一行、爱一行、钻一行是我们常说的话。这些话好说，但不好做。谁都想使自己的工作结果得一百分，谁都想把自己所追求的事业做得尽善尽美，但谁能绝对地做到呢？做行业内专家是个高标准的要求，但这个要求的实现并不是立竿见影的，需要认真思考，大胆实践，需要时间，需要过程。只有高起点的定位，才有高目标的实现。

卡耐基认为，每一个杰出的人物都有过表现平平的过去，他们也是一步步走向卓越的。因此，不要认为别人比你强，别人比你善于做此行，所有的技巧都是可以学会的，只要努力，你也可以成为一个不可替代的行家。

6. 全力以赴，让工作变得更完美

完美的工作不是生活的标准，而是心灵的状态。完美的工作就是处在一个能配合你个性及价值观的工作环境中，将你的才华运用到你最愿意付出热情的兴趣上。没有完美的工作，我们才需要努力让它更完美。

——卡耐基

作为职业女性，如果你够自信，认为自己不够努力，那么你就要开始行动了，让大家有目共睹你的勤奋和努力，这样成功离你也就不远了。

现实中，很多人对自己的工作总是不甚满意，总期望会有更高的薪水、更好的职位、更多的假期，似乎高薪水、好职位、多休假的工作就是世界上最完美的工作。然而，这个世界上并没有完美的工作，正如没有人是完美的一样，所有的工作都是有缺点的。但不管怎样，只有脚踏实地地工作，才能得到更多你想要的。

其实，随着年龄的增长、工作经验的丰富，你就会发现，高薪水、好职位、多休假只不过是一个表象，如果一个人从不认真思考工作对生命的意义，也无法从工作中获取快乐，那么即使有再多的优厚条件，其人生依旧会有很多遗憾与不足。

没有完美的工作，我们也不必因此气馁。完美的工作不是生活的标准，而是心灵的状态。完美的工作就是处在一个能配合你个性及价值观的工作环境中，将你的才华运用到你最愿意付出热情的兴趣。正因为没有完美的工作，我们才需要努力让它接近完美。

拿破仑·希尔曾经聘用了一位年轻的小姐当助手，替他拆阅、分类及回复他的大部分私人信件。当时，她的工作是听拿破仑·希尔口述，记录信的内容。她的薪水和其他从事相类似工作的人大体相同。有一天，拿破仑·希尔口述了一句格言，“记住：你唯一的限制就是你自己脑海中所设立的那个限制。”

当她把打好的纸给拿破仑·希尔时，她说：“你的格言使我获得了一个想法，对你我都很有价值。”

这件事并未在拿破仑·希尔脑中留下特别深刻的印象，但从那天起，她开始在用完晚餐后回到办公室来，从事不是她分内而且也没有报酬的工作，并开始把写好的回信送到拿破仑·希尔的办公桌上。

她已经研究过拿破仑·希尔的风格，因此，这些信回复得跟拿破仑·希尔自己所能写的完全一样，有时甚至更好。她一直保持着这个习惯，直到拿破仑·希尔的私人秘书辞职为止。当拿破仑·希尔开始找人来补这位秘书的空缺时，很自然地想到这位小姐。实际上在拿破仑·希尔未正式给她这项职位之前，她已经主动地接受了这项职位。由于她在下班之后，以及没有支领加班费的情况下，对自己加以训练，终于使自己有资格出任拿破仑·希尔属下人员中最好的一个职位。

不仅如此，这位年轻小姐的办事效率极高，拿破仑·希尔已经多次提高她的薪水，她的薪水现在已经是她当初来这儿当一名普通速记员薪水的4倍。她使自己变得对拿破仑·希尔极有价值，拿破仑·希尔不能失去她这个帮手。

卡耐基在一份调查问卷中曾表述过这样的观点："一般人只投入25%的精力和能力在工作上；愿意在工作上投入50%以上能力的人，是值得全世界所有人脱帽致敬的；至于100%投入工作的人，可以说，在这个世界上找不出几个。"从中我们不难看出，能100%付出努力的人，是相当可贵的。

玛丽是一家大型建筑公司的设计师，常常要跑工地、看现场，还要修改工程的细节。这份工作是异常辛苦的，但她仍然认认真真地去做，毫无怨言。

虽然她是设计部唯一的女性，但她从不因此逃避重体力的工作。该到野外，她就勇往直前；该爬楼梯，就是几十层她也从不畏缩。玛丽对这样的工作从不感到委屈，反而挺自豪。

有一次，上司安排她为客户做一个可行性的设计方案，时间只有三天，接到任务后，玛丽看完现场就开始工作了。三天的时间里，她都在一种异常兴奋的状态下度过。

在这期间，她食不甘味，寝不安枕，满脑子都在想着如何把这个方案弄好。她到处查资料，虚心向别人请教。三天后，她带着满眼的血丝把设计方案交给了上司，并得到了肯定。因工作认真，玛丽很快就得到提升了，薪水也随之翻了三番。

后来，上司告诉她："我知道给你的时间很紧张，但我们必须尽快把设计方案做出来。如果当初你因此推掉这个工作，我可能会把你辞掉。你表现得非常出色，我最欣赏你这样认真工作的人！"

一个人要想成功，就要有认真实践的决心。很多女人都自我感觉良好，可很少有人扪心自问：我竭尽全力了吗？如果在工作中，我们能经常用这句话来鞭策自己，那么，我们的职业生涯将会更加顺利。

7. 用老板的标准来要求自己

其实真正了解你的工作进展情况和业绩状况的不是上司，而恰恰是你自己，因此，你完全可以决定自己的绩效，成为自己的主人。而你的上司，只是你业绩水平的评估者，并不是决定者。

——卡耐基

一个上了年纪的木匠准备退休了。雇主很感谢他服务多年，问他能不能再建最后一栋房子。木匠答应了。可是，木匠的心思已经不在干活上了，干活马马虎虎，偷工减料，用劣质的材料随随便便地把房子盖好了。完工以后，雇主拍拍木匠的肩膀，诚恳地说："房子归你了，这是我送给你的礼物。"

木匠惊呆了。如果他知道他是在为自己建房子，他一定会用最优质的建材、最高明的技术，然而现在呢，却建成了"豆腐渣工程"！可是一切都已经来不及了。

我们每个人都可能是这个木匠。

每天，我们砌一块砖，钉一块木板，垒一面墙，最后，我们发现，我们居然不得不居住在自己建成的房子里。可是，到这时，一切都已经注定，我们已经无法回头了。这就是人生，充满了遗憾和嘲弄。

再也没有比“我只是为别人在工作”这种观念更伤害我们自己的了。

人生中最重要的事，就是及早认识到，我们是自己命运的播种者。我们今天所做的一切，都会在将来深深地影响到自己的命运。种瓜得瓜，种豆得豆。有几分耕耘，就有几分收获。

认识到我们是在为自己工作，意味着自我负责和自我激励。一个人只有能够自己对自己负责，自己激励自己进步，才能掌握自己的命运。这是最根本的问题。如果我们甚至不愿意对自己负责任，不愿意自己督促自己进步，那将不会再有力量能使我们在这个社会上站住脚跟了。

吴欣欣是一家大型企业的质检员。但是，在日常工作中，她不仅仅满足于做好上面交代的事情，还仔细研究市场营销。

有一次，吴欣欣看见公司的一位宣传员在为公司编撰一份材料。但是，她发现这位宣传员文笔生疏、缺乏才情，编出来的东西无法引起别人的阅读兴趣。因为平时喜爱阅读，有些文采，她便主动编出一本几万字的宣传材料，送到了那位宣传员的面前。

宣传员仔细一看，发现吴欣欣编撰的这本材料内容翔实、文笔出众，水平远在自己之上。于是，她干脆把这本精彩的材料交给了总经理。

总经理详细地把这本宣传材料看过一遍之后，也十分满意。第二天，她把那位宣传员叫到了自己的办公室。

“这大概不是你做的吧。”总经理问。

“不……是……”宣传员有些紧张。

“是谁做的呢?”总经理问道。

“是车间里的一位质检员。”宣传员回答。

接着，总经理又找来了吴欣欣。

“你怎么想到把宣传材料做成这种样子?”总经理问。

“我觉得这样做，既有益于对内部员工进行宣传，灌输我们的企业文化、理念和管理制度，更有益于对外扩大我们企业的声誉，加强我们的企业品牌，有利于产品的销售。”吴欣欣回答。

总经理频频点头，高兴地说：“我很喜欢它。这样，你来宣传科工作吧!”

第二天，吴欣欣被调到了宣传科任科长，负责对外宣传，开始了新的工作；更重要的是，这个岗位是她梦寐以求的。

后来，吴欣欣凭借工作中的出色表现，又被调到总经理办公室担任助理，成为别人艳羡的对象。其实，这一切，都是吴欣欣积极主动、努力付出的结果，而她的所得只是水到渠成而已。

事实上，工作中无分外事，是“主人翁”意识的一个重要表现。只有像领导一样思考，树立补位意识，积极、主动地为企业处理好需要自己做的分外工作，才是一名尽职尽责的优秀员工。认真、负责地处理好一些分外的事情，不仅可以为企业消除隐患，而且还可以为企业节省时间和人力，提高效率。

从前在美国标准石油公司里，有一位小职员叫阿基勃特。他在远行住旅馆的时候，总是在自己的签名的下方，写上“每桶四美元的标准石油”字样，在书信及收据上也不例外，签了名，就一定写上那几个字。他因此被同事叫做“每桶四美元”，而他的真名反倒没有人叫了。

公司董事长洛克菲勒知道这件事后说：“竟有职员如此努力宣传公司的声誉，我要见见他。”于是邀请阿基勃特共进晚餐。

后来，洛克菲勒卸任，阿基勃特成了第二任董事长，这是一件谁都可以做到的事，可是只有阿基勃特一个人去做了，而且坚定不移，乐此不疲。嘲笑他的人中，肯定有不少人才华、能力在他之上，可是最后，他成了董事长。

作为一名员工，你不能认为只有晋升到一定的职位才能成为管理者，才能获得权力，也不要期望你的上司能给你特别的授权，让你一夜之间成为拥有权力的管理者。你现在要做的，是做好本职的工作，以当前正在做的工作为核心，不断地深入和提升，以增加自己的专业影响力，丰富自己的工作内容，并开拓自己的职责范围。这样就能渐渐获得上司和同事的认可，在自己的工作领域有一定权威，并形成一定的影响力，而你也将成为更好的自我管理者，得到更多的认可和提升的机会。

所以，只有用老板的标准来要求自己，你才能从被管理者逐渐成长为管理者；在为企业做出贡献的同时，也让自己获得了更好的发展。

8. 别把工作当苦役

将工作看作是一件很美妙的事情，尽管我们知道其中的不容易，但是人生的很多乐趣是需要自己去寻找的。我们要善于在工作中找到不一样的东西，每天都激情澎湃地出门，开开心心地去迎接工作上的挑战。聪明的女人应该知道，生活在于享受过程，工作也是一种幸福。

——卡耐基

人们往往都喜欢追寻人生的真谛，去寻找人生的乐趣；迷茫了一生却毫无所获，却不知人生最大的乐趣就是工作。一个人可以通过工作来实现自己的人生价值，通过工作来学习，通过工作来获取经验、知识和信心。当你在工作中不断成长，走在成功的大道上时，你才能体会到生命的充实。而且，在工作中，你还可以结识一群同事和一些志同道合的人，让你时刻不会感到孤单。

但现实中，很多人喜欢抱怨工作，把它当成一种苦役，想方设法逃避它。其实如果一个人离开工作后，是非常可怕的，除了生活成问题外，你还会体会到没有工作的空虚与寂寞。没有工作后，整个生活会变得非常乏味，整天行尸走肉一般，生不如死。

小和尚埋怨生活太辛苦，每天烧水、做饭、打禅，琐碎的事太多，无德禅师就给他们讲了这样一个故事：

有个人死后，去了地狱。到了那里，看到那里生活非常安逸，这个人心想："我活着的时候生活太辛苦了，现在我死了，终于可以享受了。每天除了吃饭睡觉，没有别的事情，也不用辛苦地工作了，这样的生活实在是太好了！这里简直就是天堂！"

然后，他向负责的人问道："这里是地狱吗？我实在难以想象地狱居然这样好！"负责人说："没错，这里就是地狱！在这里你什么都不用做，好好享受吧！"

这个人想："怎么会呢？这里天天山珍海味，想吃什么就吃什么；还有舒适的床铺，想睡多久，从没有人管。早知道这样，我就不活了，活着还不如死掉呢！"

于是他就整天吃了睡，睡了吃，快乐得像个神仙。可是时间长了，他开始觉得寂寞和空虚，于是去找负责的人，说道："我每天除了吃饭就是睡觉，和猪有什么区别？我不想过这样的生活了，你还是给我找一份工作吧！辛苦点我也愿意。"

负责人答道："这里从来就没有工作，想要什么马上就能得到，只有工作不能得到！"那个人没有办法，只好回去了，又过了一段时间，他实在无法忍受这样的生活，又去找那个负责人，说道："我不想在这里住了，这种生活实在是难以忍受，你还不如让我下地狱！"

负责人说："已经告诉过你了，这就是真正的地狱！"

如果你以一颗厌烦不堪的心去对待自己的工作，每天八小时的时间是多么的难熬，是可想而知的。反之，如果不将工作看作是苦役，而以快乐无比的心情去工作，我们每天的日子将会是另一番样子。

安娜出生在一个贫困的家庭中，从小就跟随母亲在镇上打零工。她基本上没有念过什么书，字自然也认识得不多。18岁时，她获得了第一份稳定的工作——餐馆里的服务员。这里的工作虽然比以前辛苦，但薪水有很大的提高，安娜非常高兴。不过还有一个问题总是困扰着她，那就是她识字不多，当客人点餐时，她不知道如何下单。好心的餐馆老板并没有因此辞退安娜，还经常教她识字。安娜对餐馆老板心存感激，于是白天更加勤勤恳恳地工作，晚上努力地学识字。慢慢地，安娜的字认识得差不多了，她开始练习写字。不到一年，安娜就已经写出一手漂亮的好字了。

两年后，安娜满怀感激地离开了这家餐馆，她用这两年积攒的钱报了一个学习班，学习一些数学、计算机、文秘等知识技能。当她学完所有的课程后，她满心欢喜地去寻找新的工作。然而事情并没有她想象中那样顺利，很多公司把拿不出任何文凭的安娜拒之门外。后来，安娜只在一家小公司找到一个打字员的工作。"虽然这份工作与自己期望中的有很大差距，但比起餐馆服务员来说要好得多！"那时，安娜总是这样对自己说。

安娜依然充满激情，每天努力工作。曾有同事问她："这样一个枯燥的工作，你怎么每天都能如此轻松面对呢？”安娜笑着回答说：“我并不觉得枯燥，而且我要感激它让我衣食无忧。”安娜的表现很快就得到公司老板的认可，不久就将她升为助理。当上助理的安娜经常和老板参加一些会议，出席一些活动。随着安娜接触的人不断增多，她的人脉圈在不断扩大，加之她积极的工作态度，很多大公司都向她伸出了橄榄枝。就这样，安娜通过自己的努力，27岁时成为美国一家大型化妆品公司的部门经理，33岁时她开了自己的化妆品公司，35岁的时候已拥有百万资产。

每一份工作或每一个工作环境都无法尽善尽美，但每一份工作中都有许多宝贵的经验和资源，如失败的沮丧、自我成长的喜悦、温馨的工作伙伴、值得感谢的客户等，这些都是工作成功必须学习的感受和必须具备的财富。如果你能每天怀着感恩的心情去工作，在工作中始终牢记“拥有一份工作，就要懂得感恩”的道理，你一定会收获很多。

请将工作看作是一件很美妙的事情，尽管我们知道其中的不容易，但是人生的很多乐趣是需要自己去寻找的。我们要善于在工作中找到不一样的东西，每天都激情澎湃地出门，开开心心地去迎接工作中的挑战。聪明的女人应该知道，生活在于享受过程，工作也是一种幸福。

9. 没人会主动提拔你，勇敢去敲老板的门

当机会呈现在眼前时，若能牢牢掌握，十之八九都可以获得成功；而能克服偶发事件，并且替自己找寻机会的人，更可以百分之百地获得胜利。

——卡耐基

古人所言“沉默是金”的年代，早已一去不复返。现代人如果不懂适时地包装好自己的形象，把握机会推销自己，就很难有出人头地的机会。

今天的女影星们就很善于推销自己，她们不惜被媒体曝光，甚至不在意披露她们鲜为人知的私生活。现在许多当红的歌星、球星频频在电视屏幕上为一些知名品牌的企业、商品做广告，既为企业争取到“名人效益”，也大力推销了自己，还会有一份不菲的广告收入，真可谓推销和展示自己形象的成功之道。

今天，懂得推销自己的人，才容易快速成功。

广告文案策划人李小姐这样说：“要求老板加薪是对自己负责的表现。刚到这个城市时，我应聘到一家广告公司做文案。此前我从未接触过广告，所以，一开始我就给自己定位：踏踏实实、勤勤恳恳地做事，待遇等一切听从老板安排。我利用一切时间和条件，恶补广告方面的知识，只用了一个月便转正成为正式员工。

“当时公司的规模不是很大，我的工作有时就显得很清闲，经常主动帮其他部门的忙。老板看在眼里，便逐渐给我一些额外的工作。我抱着学习的态度，一概来者不拒。我曾经在印刷厂连续盯单三天三夜，也曾为联络客户几乎跑遍了本市各区，后来，办公室的迎来送往差不多成了我的专职。

“随着对这个城市和这个行业的熟悉，我忽然发现拿那点薪水简直就是对自己不负责任。但是，向老板当面提出加薪，我总觉得难以启齿。也曾经想辞职不干，一走了之，可考虑再三，我决定还是直接向老板提出加薪。

“我至今还记得当时的情形。在听完我的要求后，老板满脸笑容地说：‘不好意思，这段时间挺忙的，把这事给忘了，我也一直有这个想法。’事情之顺利，大大出乎我的意料。

“现在回想起来，其实开口说加薪没什么大不了，它是每一个老板和员工都要面对的，该提就提，该说就说。只要老板觉得你有用，他总会用尽办法留住你的，包括给你升职加薪。对于员工来说，待遇问题谈不拢，大不了一拍两散，另谋高就，也没必要在一棵树上吊死。”

机会是要去争取的，若想脱颖而出，女人除了努力工作外，还必须懂得展示自己的能力，才能主动给自己创造机会。

很多人以为，只要自己努力工作、默默耕耘、鞠躬尽瘁，老板就一定会知道。但老板很忙碌，他没有火眼金睛，掌管大局的他不可能事事都知晓，不可能清楚每一个下属的出色表现。所以，那些仍然心存侥幸、期待老板主动垂青的职场女人，不如自己早做准备，主动出击，去敲老板的门。但是要注意，敲老板的门也要讲究策略，否则会适得其反。

曹小姐这样回顾她的升迁经历：“我曾有三次向老板提出加薪，每次的结果都不同，得到的教训也不同。

“第一次是我在那家公司工作快三年了，对那份工作熟悉到近乎麻木的地步，而老板一直没给我加薪。我以熟悉业务为谈判条件，向老板提出加薪，老板不同意。此后，我们的关系大不如前，最后我不得不离开。

“从那家公司出来，我跳槽做销售部秘书，负责协调处理各业务部门的工作。我依旧努力工作，但这种千篇一律、薪水又不高的工作实在不能令我满足。每天看着公司墙上悬挂的业绩明星照片，我认定，我一定不会比他们差。我又走进了老板的办公室，开门见山地要求加薪。不出所料，老板对我的要求非常吃惊，明白无误地告诉我，照公司规定，我所从事的工作只能拿这么多钱。这正是我等待的答案，于是我提出，想调到销售第一线。老板的态度顿时从惊讶转为惊喜，说公司本来就希望从内部选拔人才充实第一线团队，我们的想法一拍即合。以我的能力，做销售，就等于给自己加了薪。

“第三次提加薪，是为一个下属。那个工人在流水线上做了两年，他说，如果加薪不成，就要离职。我向老板汇报，老板起先不同意，说这样的员工再找一个就是了。但我仔细为他算了一笔账：这个工人的月工资是1800元，市场上可招聘的熟练工的起始工资是2000元，可如果在1800元的基数上，给这工人加100元到200元，他就能安心地工作下去，还免去了招聘新员工带来的招聘费用和培训费用。于是，老板爽快地同意了加薪方案。

“这三次经历使我明白，向老板提出加薪，一定要有理有节有据。只要你有真才实学，底气足，老板自会根据你的贡献加薪。倘若底气不足甚至是庸才一个，莫说加薪，就是保住位子也难。”

“勇敢去敲老板的门”代表着一种冒险的决心与尝试的勇气，遇到关键时刻，绝大多数人都是在门外徘徊，犹豫在“要”与“不要”的矛盾之中。对很多人而言，那扇门的后面隐藏了未知的恐惧，一旦有一天鼓起勇气把门敲开了，结果就会发现那是一扇意想不到的、通往康庄大道的成功之门。

10. 不要只为薪水工作

世界上最卑微的人，就是那些只为了薪水而工作的人。如果一个女人轻视自己的工作，而且做得很粗陋，那么她绝不会尊敬自己。

——卡耐基

很多人认为，员工与老板的关系只是一种雇佣与被雇佣的关系。为薪水而工作，看起来目的很明确，但容易被短期利益蒙蔽心智，看不清未来发展的道路。那些对薪水不满而对工作敷衍了事的人，自认为损害的只是老板的利益，实际上也损害了自己的利益。这样的人只能将自己的前程断送，一生只能做一个庸庸碌碌、心胸狭隘的懦夫。他们埋没了自己的才能，抑制了自己的创造力。

聪明的女人，会时刻告诫自己：要为自己的现在和将来而努力。不管薪水多还是少，都应该清楚地认识到，那只是你从工作中获得的一小部分。不要一味地计较薪水的多少，而应该用更多的时间去接受新的知识，培养自己的能力，展现自己的才华，这些东西才是发展了，才能提高薪水，获得更多的利益。

或许老板可以控制你的薪水，但是，他却无法遮住你的眼睛，捂上你的耳朵，阻止你去思考，去学习。工作所给你的，要比你为它付出的更多。如果你将工作视为学习过程，那么，每一项工作中都包含着许多个人成长的机会。

所以在工作中，要随时保持积极主动的态度。即使暂时薪水微薄，也应当懂得，薪水只是工作的表面上的报酬，实际上你在工作中得到的更宝贵的东西是珍贵的经验、良好的训练、才能的表现和品格的建立。这些东西与金钱相比，价值要高出千万倍。

凯伦是一家大饭店的服务生，常因工作努力被评为“最佳店员”。这天，一位正在饭店进餐的顾客突然倒地，口吐唾沫，四肢无力。众人见状大惊失色，纷纷指责饭菜中有毒。在这关键时刻，她镇定自若，先打了急救电话后又竭力安抚顾客，并向其他顾客保证饭菜里面不会有毒，但是绝大多数人还是不相信她说的话。这时，她不顾其他服务生的劝阻当场吃下很多饭菜。为防止谣言扩散，她还请求大家等医生来评判。这样，大家的情绪才有些安定。

不一会儿，急救车停在饭店门口。经验丰富的医生立刻断定，所谓的“中毒”者实则“癫痫病”发作。凯伦的勇敢和机智避免了一场虚惊向灾难的演化，极大地维护了公司荣誉，因此，受到公司的高度赞扬，不久被提升为外事部主管。

没有女人不关心自己的薪水，但如果仅仅把工作当作赚钱的工具，那么，女人恐怕就要一辈子来解决生存问题，而不是事业问题。固然，薪水要努力多赚些，但那只是个短期的小问题，最重要的是在工作中获得宝贵的经验、过人的能力，为事业打下良好的基础。

小丽在一家房地产公司做电脑打字员，她长得并不好看，学历也不太高，小丽的打字室与老板的办公室之间只隔着一块大玻璃，老板的举止她只要愿意看就可以看得清清楚楚，但她很少向那边多看一眼，小丽每天都有打不完的材料，小丽知道工作认真刻苦是她唯一可以和别人一争高下的资本。她处处为公司打算，打印纸不舍得浪费一张，如果不是要紧的文件，她会把一张打印纸两面用。

一年后，公司资金运作困难，员工工资开始告急，人们纷纷跳槽，最后总经理办公室的工作人员就剩下她一个。人少了，小丽的工作量也陡然加重，除了打字，还要做些接听电话、为老板整理文件的杂活儿。有一天，小丽走进老板的办公室，直截了当地问老板：“您认为您的公司已经垮了吗?”老板很惊讶，说：“没有!”“既然没有，您就不应该这样消沉。现在的情况确实不好，可很多公司都面临着同样的问题，并非只是我们一家。而且虽然您的2000万元砸在了工程上，成了一笔死钱，可公司没有全死呀！我们不是还有一个公寓项目吗？只要好好做，这个项目就可以成为公司重振旗鼓的开始。”说完她拿出那个项目的策划方案。隔了几天，小丽被派去搞那个项目。两个月后，那片位置不算好的公寓全部先期售出，小丽为公司拿到3800万元的支票，公司终于有了起色。

以后的四年，小丽作为公司的副总经理，帮着老板做了好几个大项目，又忙里偷闲，炒了大半年股票，为公司净赚了600万元。

又过了四年，公司改成股份制，老板当了董事长，小丽则成了新公司第一任总经理。老板与相恋多年的女友终于结婚了，在婚礼上，新郎（老板）一定要请小丽为在场数百名员工讲几句话。

小丽说："我为公司盈利了，许多人问我是如何成功的，我说千万不要只为薪水而工作。"

那些职位低下、薪水微薄的人，忽然被提升到一个重要的位置上，尽管看起来似乎有些难以置信，甚至还会遭受人们的质疑，但是，在他们拿着微薄的薪水的时候，始终没有放弃努力，始终保持一种尽善尽美的工作态度，满怀希望和热情地朝着自己的目标努力，所以获得了丰富的经验，这才是他们获得升职加薪的重要原因。

如果你只专注自己的薪水，此外便再也没有其他目的。也就是说，在工作中，除了得到一份薪水之外，你没有远大理想，没有高尚目标，不关心薪水以外的任何东西，那么你的能力就无法提高，经验也就无法丰富，机会也就无法垂青于你，成功也就与你无缘了，那你无异于在自掘坟墓，自毁前程。

第四章

提升爱商，会恋爱的女人最幸福

1. 找到最合适的人相随

真正的幸福，不是寻找到最优秀的人相伴，而是找到最适合的人相随。真正的了解，不是看清他的人，而是懂得他的心。

——卡耐基

俗话说：“一个成功男人的背后往往站着一个伟大的女人。”同样地，一个好女人的背后也往往有一个好男人。可见，爱人之间的相互影响是无法估量的。因为每一对爱人朝夕相处，是彼此最亲密的伙伴、最贴心的伴侣。所以，选择什么样的人为爱人，不仅对家庭有很大影响，而且对个人的一生也有很大的影响。一个好的爱人能成就一个人，一个不适合的爱人可能会毁掉一个人。

那么，什么样的恋人才是最适合自己的呢？大多数女人很少思考这个问题，她们基本上是“跟着感觉走”，对方外形好、有钱、有感觉等，这些外在的条件常常是她们选择恋人的标准，至于对方的品质、修养却很少考虑。但是，在选择恋人的时候如果一味跟着感觉走，过分注重对方的外貌、学历、工作等外在因素而忽视其内在的素养，那么很有可能给自己的生活和前途带来无尽的麻烦。

张小娴曾经说过：“爱上一种味道，是不容易改变的。即使因为贪求新鲜，去尝试另一种味道，始终还是觉得原来的那种味道最好，最适合自己。”

金属锡痛恨自己太软弱，一直都渴望找个办法让自己变得坚强些。锡知道金刚石非常坚硬，渴望金刚石吸收自己，但却遭到了拒绝；锡又找到了生铁，没想到还是被拒绝了。

屡屡碰壁，锡的心里很难过。它把自己的苦闷告诉了和它一样软弱的金属紫铜：“我们都很软弱，谁能帮我们呢?”

紫铜说：“锡，你也不要伤心了。如果你不嫌弃的话，我们结合在一起吧!”于是，伤心欲绝的锡投入了紫铜的怀抱。

然而，就在它们结合的那一刻，奇迹发生了。锡和紫铜不再软弱了，它们都变得很坚硬，而且它们还有了一个共同的名字——青铜。

生活中总有这样的情景：一个帅气的男孩选择相貌平平的女孩做女友，一个美丽的女人非要嫁个身材矮小的男人做妻子，一个才华横溢的男人甘愿与一名普通的女工过一生……他们看起来如此不般配，却过得很幸福，甚至实现了“执子之手，与子偕老”的梦想。或许你曾质疑过他们的选择，也曾一度想要知道他们幸福的奥秘是什么？此刻，我相信你已经从上面的寓言故事中找到了你想要的答案。

两种同样软弱的金属物质，结合在一起竟然能够变得异常坚硬，这也暗喻了一点：在爱情和婚姻中，最合适的就是最好的。如果把锡比作女人，把紫铜比作男人，那么这两个最合适的人结合起来，就是幸福。这个道理，我们大多都听过，但不是每个人都能在爱情路上作出正确的选择。事实上，往往都是在亲身经历一些事情之后，才能真正领悟到其中的真谛，不过这也总好过执迷不悟。

在我们一生中，谁是最适合我的人？谁是能与我白头到老的人？我们在面临选择时，总是问自己这样的问题，谁能与我相伴一生？

两性之间的捕捉与追逐是最常见的爱情形式。但爱情是追到手的吗？显然不是。爱情是两个人、两颗心的相互靠近。在你喜欢上他的那一刻，也许他已经喜欢上你了。

雨雯是个优秀的女孩，人长得漂亮、工作能力强，身边不乏追求者。不过，雨雯对于选择男朋友的事很谨慎，她的态度就是宁缺毋滥。

雷奥是雨雯大学时代的校友，是个儒雅的男人，对雨雯一直情有独钟；公司的同事乔安是个事业型的男人，对雨雯也颇有好感。两个人对雨雯都展开了猛烈的追求，周围的朋友劝雨雯选择乔安，说这样的成功男人不可多得；雷奥倒是人不错，可总觉得雨雯嫁给他这样一个平常的男人有点委屈……朋友们的话雨雯听在心里，可她有自己的想法。

在雨雯生日那天，她收到了两份特别的礼物。雷奥和乔安都知道雨雯几天后要参加姐姐的婚礼，于是不约而同地为她买了鞋。乔安送了雨雯一双古奇的高跟鞋，是当下最流行的款式；而雷奥却送了一双普通的、看似有点老气的坡跟凉拖。看到这两份礼物之后，雨雯在心里作出了选择。

朋友们笑雨雯傻："乔安那么有品位的男人你不要，非要雷奥这个土老帽。你看看他送的鞋子，怎么能在婚礼上穿呢？"雨雯笑了笑，说雷奥更适合自己。

原来，雨雯的脚一直有伤，每次穿高跟鞋的时候，脚后跟都会疼。在婚礼上，她要给姐姐做伴娘，一天下来肯定会很累，如果穿高跟鞋脚会痛得走不了路，穿坡跟鞋会更舒服一点。雨雯觉得自己在生活中是个粗心大意的人，有时为了工作废寝忘食，她渴望有个人在身边照顾自己，关心自己，这份踏实和细心正是雨雯所需要的。至于乔安，或许他是浪漫的，懂柔情的，但雨雯的世界最需要的并不是这些，她要的是一个贴心的爱人。

爱情里，没有更好的，只有最合适的。朝三暮四，只能一无所获。只有懂得珍惜和知足的人，才能拥有完满的幸福。

不要说“茫茫人海，芸芸众生。只要愿意等，总有一天能找到那个属于我的完美另一半”，也不要总是觉得身边的人不够好，后悔自己当初的选择。在这个世界上，不乏让我们怦然心动的佼佼者，然而，世事可以完满者甚少，恰好两情相悦的事情发生的可能性又有多大呢？

卡耐基认为：在茂密的森林中，如果你看中了一棵树，也许它在别人的眼里枝叶既不茂盛，树干也不是很笔直，但只要是适合你的，你就应该为自己的选择而欣慰。

2. 爱需要真心的付出

爱情之所以为爱情，正是因为双方有爱又有情，而爱与情的体现就必须是舍得将自己的真心付出！有的女人在爱情中总是处于被动，不舍得付出一丁点儿的真心，生怕得不偿失而只是一味地接受。这样吝于流露真心不去做一点努力，只会造成对方长期单方面的付出，长此以往，不管你们的爱情之花开得多么灿烂，总有一天会枯萎。

——卡耐基

曾经，人们都以为爱是最珍贵的拥有，爱是至高无上的礼遇。随着时光的流逝，经过现实的考验，更多的人已经开始改变这种观念，他们渐渐地接受了另一个观念，那就是：会爱，比爱本身更重要。

对于爱情，卡耐基的评价是：人的一生不能没有爱情，一份美好的爱情不仅是浪漫的，更是让人感动的，它能让人学会如何去舍得真心，学会付出。

有付出才有收获，这个道理同样适用于爱情中。爱情是苗圃中盛开的花朵，需要你舍得用自己的爱心去呵护并灌溉它，只有这样才能看到它娇艳的真心；爱情是一首美妙的诗，需要你舍得去体验生活，去丰富并美化它，只有这样才能看到它感人的真心；爱情是一幅多彩的画，需要你舍得自己的精力并去构思描绘它，只有这样才能看到它亮丽的真心。每个人在爱的旅程上，注定要体会一些快乐与磨难。只有舍得付出真心，才能看到对方对你的真心。

去见那个女孩之前，他总会揣上七颗神秘的安定。

他第一次见她，就知道她失眠得厉害。脸色苍白，神情疲惫，这是失眠的主要特征。所以他对她说的第一句话是："也许你需要安定。"他用了"也许"，是因为他见过很多矫揉造作的女孩，明知道自己有病还不肯承认。他不能判断她会不会是其中的一个。

她不假思索地说："是的，我需要。"语气干脆得让他吃惊。她已经从他的双手看出来他是个外科医生，那双手白皙、修长、灵巧，典型的外科医生的手。

那只是一次普通的聚会，他的朋友和她的朋友一扎接一扎地喝啤酒，喧闹得几乎要将屋顶掀开。他和她不约而同地走到阳台上，一人占着一角，从26楼俯瞰广州的万家灯火。毫无疑问，美丽的夜景比屋内那帮吃吃喝喝的朋友更让他们沉醉。扑面而来的风卷起她的裙和发，借着暗淡的灯光，他发现她的脸一下子变得异常生动，舒展如花。这是一个只在夜里绽放的女孩，他想。

第二天，他坐了两个小时的车，敲开她的小屋，递给她一个用处方纸包裹的小东西，打开，是一颗安定。

她按照他的吩咐，换了深色的窗帘，扔了咖啡和茶，喝了一大杯牛奶，然后用白开水吞下那一颗药片。柔和的灯光下，她打开一本闲书，一会儿，书从手中滑落，睡意袭来，她有史以来第一次在半夜十二点前陷入了温暖的睡眠。

翌日，她醒来，看着镜中自己饱满红润的脸，给他打电话："我要一瓶安定。"他来了，却没有带一瓶，只有七颗，用一张处方纸裹着，他说："一天一片，睡眠会自己来找你。"

以后的每个周末，他都会准时出现，递给她一个小包裹。那里面是七颗安定，恒久不变。

开始，他很快就离开，慢慢地，待的时间会长一些。他帮她想办法对付厨房水管里的小飞虫，带她去街头拐角处的一间民房里打游戏，到白云山山顶去吹风，她就像温水里的青蛙，渐渐坠入爱河。

如果你爱上了一个人，请你一定要用尽全力去爱他，不管你们相爱的时光有多短或者多长，若你能尽心地爱，那么，所有的时刻都将如钻石般璀璨，如星辰般永恒。

两年后，他们结婚了。蜜月旅行回来，她突然发现自己已有很多天没吃安定，但照样睡得很香。问他，他才说，给她的那些药片，除了第一颗是安定，其他的都是维生素C。只因每一颗他都做了手脚，她一直都没发现。他做的手脚就是先用小刀磨去"维C"再刻上"安定"。在直径3毫米的药片上动手术，难不倒他这个优秀的外科医生。

她的泪突然滑过他的臂弯，他为她刻写了七百多个"安定"而她竟然不知，为他给她的婚姻，为这世界上最好的"安定"，她幸福得只能用哭来表示。

卡耐基认为，真心是爱情的基石，有了真心才能赢得真正的爱情。但有真心固然是好，也要舍得付出才行。当你为爱情付出很多时，即使你想不爱你的恋人，也是欲罢不能。爱是覆水难收，是可以连生命一起泼出去的，这就是为什么有那么多的人会为爱殉情的原因之一。当你的舍得与付出得到收获时，你会发现自己所做的一切都那么值得，特别是当得到对方肯定时，你一定很愿意为她再付出更多，甚至生命。因此，我们常说爱情的魔力很大，其实正是双方舍得为对方付出而表现出来的潜力。

生活中，有很多人的感情在流离失所中徘徊，爱对方的心在日复一日失望的生活中麻木而起茧。这时就需要一些可以让自己感动的东西来撩拨内心柔软的感情，让自己的感情活跃起来。那就是找出自己的真心，舍得爱、付出爱、收获爱。相信生活会因此变得可爱，每件事也都会因此而变得生动起来，他的真心也会如期而至。有时舍得付出真心也是一种幸福，那至少说明你有爱的能力。你从内心舍得了，这样的话你也就更多一份坦然，即使没有得到回报你也不会后悔，至少你争取过、付出过、爱过。因为，只有舍得付出才会知道自己价值的所在。

人的一生不能没有爱情，一份美好的爱情，就是让人学会如何去舍得真心，学会如何去付出。

3. 别把幸福想得太遥远，它就在此刻

人真奇怪，幸福在眼前时，我们很少能掌握，偏偏等到它消失了，才有机会体会。

——卡耐基

有人说，身边没有风景。卡耐基却认为，风景其实就在你身边，关键在于你是否有欣赏风景的心境罢了。

人类为地球上最高等的动物，贪欲可能也是最大的，明明幸福就握在手上，却不着边际地遐想，可能还有更好的，于是便放弃已握在手的幸福，去追求虚无缥缈的美好。殊不知，这样做只能换来酸涩的苦果，用那原本丰盈甜蜜的果实去换，岂不得不偿失！

他和她结婚整整十年了，夫妻间已经没有了最初的激情，他越来越觉得自己对她已经厌倦了。尤其是单位新调进了一个年轻活泼的女孩，对他发起了疯狂的进攻，他突然觉得这是自己的新希望。经过再三考虑，他决定离婚。她似乎也麻木了，很平静地答应了他。两个人一起走进了民政部门。

手续办得很顺利。出门后，两个人已经是各自独立的自由人了。不知为什么，他心里突然有种空落落的感觉。他看了看她："天已经晚了，一起去吃点饭吧。"

她看了看他："好吧，听说新开了一家'离婚酒店'，专门提供离婚夫妇的最后一顿晚餐，要不咱们到那儿去看看。"

他点了点头，两人一前一后默默地走进了离婚酒店。

"先生女士晚上好。"二人在包间刚坐下，服务小姐便走了进来，"请问两位想吃点儿什么？"

他看了看她："你点吧。"

她摇了摇头："我不常出来，不太清楚这些，还是你点吧。"

"对不起先生女士，我们离婚酒店有个规矩，这顿饭必须要由女士点先生平时最爱吃的菜，由先生点女士平时最爱吃的菜，这叫'最后的记忆'。"

"那好吧，"她理了理头发，"清蒸鱼、熘蘑菇、拌木耳。记住，都不要放葱姜蒜，我爱人……这位先生他不吃这些。"

“先生呢？”服务小姐看了看他。

他愣住了。结婚十年，他真的不知道老婆喜欢吃什么。他张着嘴，尴尬地愣在了那儿。“就这些吧，其实这是我们两个人都爱吃的。”她连忙打起了圆场。

服务小姐笑了笑：“说实话，到我们离婚酒店来吃这最后一顿晚餐，所有的先生和女士其实都吃不下去什么，所以这‘最后的记忆’咱们还是不要吃了吧。就喝我们酒店特意为所有离婚人士准备的晚餐——冷饮吧，这也是所有来的人都不拒绝的选择。”

他与她都点了点头：“那就来冷饮吧。”

很快，服务小姐送来了两份冷饮，两份饮料中一份淡蓝一片，全是冰碴；一份满杯红润，冒着热气。

“这份晚餐名叫‘一半是火焰，一半是海水’，两位慢用。”服务小姐介绍完退了下去。

包房里静悄悄的，两个人相对而坐，一时竟不知道该说什么好。

“笃笃笃！”轻轻一阵敲门声，服务小姐又走了进来，托盘里托着一枝鲜艳的红玫瑰：“先生，还记得您第一次给这位女士送花的情景吗？现在一切都结束了，夫妻不成就当朋友，朋友要好聚好散，最后为女士送朵玫瑰吧。”

她浑身一抖，眼前又浮现出了十年前他给她送花的情景。那时，他们刚刚来到这座举目无亲的城市，什么都没有，一切从零开始。白天，他们四处找工作；晚上，为了增加收入，她去晚市出小摊，他去给人家刷盘子。很晚的时候，他们才一起回到租在地下室的那不足十平方米的小屋。日子很苦，可他们却很幸福。到省城的第一个情人节那天，他为自己买了第一朵红玫瑰，她幸福得流下了眼泪。十年了，一切都好起来了，可两个人却走向了分离。她想着想着，泪水盈满了双眼，她摆了摆手说：“不用了。”

他也想起了过去的十年，他这才记起，自己已经有五六年没有给她买过一枝玫瑰了。他摆了摆手："不，要买。"

服务小姐却拿起了玫瑰，"刷刷"两下撕成了两半，分别扔进了两个人的饮料杯里，玫瑰竟然溶解在了饮料里。

"这是我们酒店特意用糯米制成的红玫瑰，也是送给你们的菜肴，名叫'映景的美丽'。先生女士慢用，有什么需要直接叫我。"服务小姐说完，转身走了出去。

"我……"他一把握住她的手，有些说不出话来。

她抽了抽手，没有挣脱，便不再动弹。两个人静静地对视着，什么也说不出来。

"啪！"突然，灯熄了，整个包房里漆黑一片，外面警铃大作，一股烟味儿飘了进来。

"怎么了？"两个人急忙站了起来。

"店起火了，大家马上从安全通道走！快！"外面，有人声嘶力竭地喊了起来。

"老公！"她一下子扑进了他的怀里，"我怕！"

"别怕！"他紧紧搂住她，"亲爱的，有我呢。走，往外冲！"

包房外面灯光通明，秩序井然，什么都没有发生。

服务小姐走了过来："对不起，先生女士，让两位受惊了。酒店并没有失火，烟味儿也是特意往包房里放的一点点，这是我们的另一道菜，名叫'内心的选择'。请回包房。"

他和她回到了包房，灯光依旧。他一把拉住她："亲爱的，服务小姐说得对，刚才那才是你我内心真正的选择。其实，我们谁都离不开谁，明天咱们复婚吧！"

她咬了咬嘴唇："你愿意吗？"

"我愿意，我现在什么都明白了，明天一早咱就去复婚。小姐，埋单。"

服务小姐走了进来，递给两人一人一张精致的红色清单："先生女士好，这是两位的账单，也是本酒店的最后一道赠品，名叫‘永远的账单’，请两位永远保存吧。”

他看着账单，眼泪淌了下来。

“你怎么了？”她连忙问道。

他把账单递给了她：“亲爱的，我错了，我对不起你。”

她打开账单一看，只见上面写着：一个温暖的家，两只操劳的手，三更不熄等您归家的灯，四季注意身体的叮嘱，无微不至的关怀，六旬婆母的微笑，起早贪黑对孩子的照顾，八方维护您的威信，九下厨房为了您爱吃的一道菜，十年为您逝去的青春……这就是您的妻子。

“老公，你辛苦了，这些年也是我冷落了你。”她也把自己的那份账单递给了他。他打开账单，只见上面写着：一个男人的责任，两肩挑起的重担，三更半夜的劳累，四处奔波的匆忙，无法倾诉的委屈，留在脸上的沧桑，七姑八姨的义务，八上八下的波折，九优一疵的凡人，时时对家对子的真情……这就是您的丈夫。

两个人抱在一起，放声痛哭。

结完账，他和她对经理千恩万谢，手牵手走回了家。看着他们幸福的背影，经理微笑着点了点头：“真幸福，咱离婚酒店又挽救了一个家！”

也许你认为这样的事情不会发生在现实生活中，不过，这无关紧要，重要的是，我们通过这个故事懂得了什么。那就是不要等失去了才知道曾经的美好。

珍惜自己现在所拥有的，就能好好对待自己的爱人，并相信拥有的就是最好的，就是值得自己尽一切力量一辈子去呵护的爱人。

4. 走出情伤，就不会为情所困

上天让你在错误的时间里遇见了他，你哭了；但是，上天又是公平的，让你在正确的时间离开了他，你为何还要哭呢？

——卡耐基

有句谚语说：爱情不是强扭的，幸福不是天赐的。有的东西你再喜欢也不会是属于你的；有的东西你再留恋也注定要放弃，爱是人生中一首永远也唱不完的歌。人的一生中也许会经历许多种爱，但千万别让爱成为一种伤害。

在罗丹第一次见到克洛岱尔时，就爱上了她。这一半由于她那带着野性的美；另一半则由于她罕见的才气。而同时，克洛岱尔也主动地向这位比自己年长24岁的男人，敞开了自己纯净和贞洁的少女世界。这完全是由于罗丹的天才吸引了他，因为男人的魅力就是才华。罗丹的一切天性都从属于雕塑——他炯炯的目光、敏锐的感觉、深刻的思维，以及不可思议的手，全都为了雕塑而生，而且时时刻刻都闪耀出他超人的灵性与非凡的创造力。虽然当时罗丹还没有太大的名气，但他的才气已经咄咄逼人。于是，他们很快地相互征服。正当盛年的罗丹与洋溢着青春气息的克洛岱尔，如同急风暴雨、烈日狂潮般，一同拥入他们爱情的酷夏。同时，罗丹也开始了他艺术创作的黄金时代，而克洛岱尔不过是青涩的学生。

而对于克洛岱尔来说，她所做的，是要投身到一场需付出一生代价的残酷的爱情游戏中去。这是一场赌博。因为，罗丹有他长久的生活伴侣罗丝和儿子，但是已经跳进漩涡而又陶醉其中的克洛岱尔不可能回到岸边重新选择。她和他只得躲开众人视线，在公开场合装作若无其事的样子，寻找任何一个可能的机会，一点空间和时间，相互宣泄无尽的爱与无法克制的欲望。从学院小路到大理石仓库，到莺歌路的福里·纳布尔别墅，再到佩伊思园……在工作室幽暗的角落里、在躺椅上、在满是泥土的地上，两个人沉浸在无比美妙的情爱中。

罗丹曾对克洛岱尔说："你被表现在我的所有雕塑中。"可以看出，克洛岱尔不仅给罗丹一个纯洁而忠贞的爱情世界，还给了他感悟艺术的一切。无论是肉体的、情感的，还是心灵的，克洛岱尔给罗丹的太多了。

后来，罗丹名扬天下，克洛岱尔却一步步走进人生日渐昏暗的阴影里。克洛岱尔不堪承受长期厮守在罗丹生活圈外的那种孤单与无望，这种感觉竟纠缠了她十五年，最后筋疲力竭，颓唐不堪，终于离开了罗丹，迁到一间破房子里，离群索居，拒绝在任何社交场合露面，天天默默地凿打着石头。尽管她极具才华，却没有足够的名气。人们仍旧凭着印象把她当作罗丹的一个弟子，所以她卖不掉作品，贫穷使她常常受窘并陷入尴尬，还要遭受雇来帮忙的粗雕工的欺侮。这期间，罗丹却已接近成功。他属于那种活着时就能享受到果实成熟的艺术家。他经历了与克洛岱尔那种迎风搏浪的爱情生活后，又返回平静的岸边，回到了在漫长人生之路上与他分担过生活重负与艰辛的罗丝身旁。他买了大房子，过起富足的生活，并且又在巴黎买下了文艺复兴时期的豪宅别墅，以应酬上流社会那些千奇百怪、光怪陆离的人物。这期间，还有几个情人曾进入了他华丽多彩的生活。当然，罗丹并没有忘记克洛岱尔。他与克洛岱尔的那场轰轰烈烈、电闪雷鸣般的恋爱是刻骨铭心的。他多次想帮助她，都遭到高傲的克洛岱尔的拒绝。他只有设法通过第三者在中间迂回，在经济上支援她，帮助她树立名气，但这些有限的支持都对于克洛岱尔而言，都是一种屈辱，是一种更大的伤害。

在绝对的贫困与孤寂中，克洛岱尔真正感到自己是个被遗弃者。这种感觉对于她而言如同刀子，往日的爱与赞美也都化为了怨恨。她本来是激情洋溢的性格，逐渐变得消沉下来。

1905年克洛岱尔出现妄想症，身体很坏，脾气乖戾，狂躁起来会将雕塑全部打碎。1913年3月3日克洛岱尔的父亲去世，克洛岱尔已经完全疯了。她脱光衣服，赤裸裸披头散发地坐在那里。

克洛岱尔从此与雕刻完全断绝，艺术生命就此完结。1943年，她在蒙特维尔格疯人院中去世。

在疯人院里保留的关于克洛岱尔的档案中注明：克洛岱尔死时没有财物，没有任何有价值的文件，甚至连一件纪念品也没有留下。克洛岱尔自己也认为罗丹把她的一切都掠走了。那么克洛岱尔本人留下了什么呢？卡米尔·克洛岱尔的弟弟、作家保罗在她的墓前悲凉地说："卡米尔，你献给我的珍贵礼物是什么呢？仅仅是我脚下这一块空空荡荡的土地？虚无！一片虚无！"

面对逝去的感情时，许多人都只看到了它曾经的美好，只有被这样的感情弄得遍体鳞伤时才明白，原来爱情不仅仅有美好的一面。其实，谁能保证一生只爱一个人，分手是再正常不过的事情。面对失恋，如果总深陷其中，总想做最后的挣扎，甚至认为自己不能生活得幸福，那么谁也别想幸福，在这种念头下，做着最疯狂的事情。这些都是再愚蠢不过的行为。

在日常生活中，人们总是容易沉溺于往事的追忆无法自拔，皆是源于对过去丧失的事物的迷恋。但是爱走了，就要舍得放手。这也是对自己的宽容，为了让自己不再难过，有时候爱情就应该"自私点"。烟花不可能永远挂在天际，只要曾经灿烂过，又何必执着于没有烟花的日子？

5. 不是每一朵花都能如期开放

每个女人都有追逐幸福的权利，每个女人都有让自己幸福的能力。风景是别人的，幸福是自己的。很多人在你的生命中出现，只是为了给你上一课，然后转身，离开。

——卡耐基

不是每一朵花都能够如期地开放，也并非每一朵开过的花都能结出果实来。对于感情来说，当你爱一个人而得不到回报的时候，在你付出千般努力也无法得到一个许诺的时候，在你因爱而受伤的时候，千万不要再继续与自己较劲了，要学会放手，给彼此自由。否则，带给你的只有无尽的痛苦和烦恼。

普希金是俄国著名的民主主义战士，也是俄国历史上极为有名的诗人，深得广大人民的喜爱。可是，一个才华横溢的生命，却在一场爱情的变故中消失，几百年来，仍然让人感到惋惜。

1828年，普希金在一个舞会中认识了18岁的娜达利娅。这位漂亮的女孩子犹如刚刚开放的玫瑰，娇艳欲滴，清香诱人。多情的普希金见到她之后魂不守舍，认为这就是自己寻找陪伴终生的另一半。他当场向娜达利娅求婚，但遭到了拒绝。普希金并没有因为这次的失败而退缩，开始了漫长的追求过程。终于在1830年的时候实现了心中的梦想。才华出众的普希金和倾国倾城的娜达利娅结合，得到了朋友们的祝福，认为这是郎才女貌的天作之合。

结婚之后，普希金陶醉在了幸福之中。而向妻子表达爱意的方式就是他视之为生命的诗歌，可惜，妻子对他的才华并不感兴趣，柔情的诗句在她听来和枯燥的公文一样乏味。有一次，几个朋友来普希金家，朗诵普希金写过的诗歌，娜达利娅只是礼貌地听着，客气而又冷漠地说："朗诵你们的吧，反正我也不听。"对诗歌的冷淡让朋友们面面相觑。

普希金虽然满腹经纶、才高八斗，可是妻子却只贪图物质享受，爱慕虚荣。两个人在一起，很难找到共同语言。普希金把这位貌若天仙的女子娶进门后，幸福的日子持续了没有多长时间，就被娜达利娅无尽的欲望折磨的疲惫不堪。为了维持妻子体面的生活，普希金在短短的几年之内就欠下了六万卢布的巨额债务。高额的债务把这位浪漫的诗人压得抬不起头来，频繁的应酬使他丧失了宝贵的写作时间。他在给朋友的信中写道："对生活的操心使我没时间感到寂寞，我已经没有单身汉时自由自在地用来写作的时间了。我的妻子非常时髦，这一切都需要钱。而钱我只能通过写作来获得。而写作需要幽静，单独一人……"然而，作为家庭主妇的娜达利娅却从不关心丈夫的感受，继续出入于各个交际场中，享受着糜烂的生活。

娜达利娅看到当初崇拜不已的丈夫是一个穷光蛋之后，开始了对他漫长的抱怨。后来感到这位只懂得长吟短叹的诗人无法再支撑她所需要的生活之后，便和一个军官打得火热。妻子的变心让自尊心很强的普希金无法接受，决定采用西方特有的方式——和那个军官决斗，捍卫自己的爱情和尊严。1837年1月27日，两个人的决斗在彼得堡外的黑山进行，在决斗中，普希金的心脏停止了跳动。他的死，让朋友们感到十分的伤心，也让俄国的文学史上失去了最灿烂的明星。

爱情是美好的，人类几千年的历史留下了许多让人热泪盈眶的悲欢离合。一个个美丽的传说激励鼓舞着我们在情感的道路上寻找一份内心深处的幸福。可是，命运总是喜欢捉弄感情丰富而又十分脆弱的人们，小心翼翼地呵护着的情感，瞬间化作了过往云烟，留下一个孤独痛苦的身影在黑夜里徘徊，巨大的心灵创伤让多少痴情的种子暗自饮泣，痛不欲生。生活在世的我们，很可能会因为这飞来的横祸而迷失堕落，丧失了生活的信心，失去了寻求幸福的心情，过着以泪洗面的痛苦生活。在这个时候，我们应该从爱情的心酸之中，选择一种理智的思维。情感生活是重要的，却并不是生命的全部，我们应该及时地抽出身来，告别内心的伤痛。毕竟，生活的道路还很长，生命中还有很多值得欣赏的风景。

人生的风景并不是只有一处，在你为逝去的美景哭泣的时候，眼前可能是一幅更美的画卷。不要沉醉于过去的情感，失去了意味着这段情感不适合你，一段更好的感情正在等待你。不回过头，你怎能看到眼前的美景？不放下过去，你怎么会获得自由？

人生犹如一部戏，我们每个人都是戏里的主角，每个人都不可能把自己的角色演到极致而不留一丝遗憾，没有遗憾的人生不是完整的人生。放下过去，还给彼此自由，让彼此生活得更好，这才是真正一段完美的感情。所以，当你被某些事情缠绕得心力交瘁的时候，一定要告诉自己：只有放下，才能重获快乐和自由！

6. 爱情不是用来比较的

爱情是不能比较的，一味地比较只能证明你对这次的爱情没有信心。除此之外，比较似乎会让人上瘾。只要尝过一次“更好”的滋味，就想寻求更多的“更好”。我们的眼睛总是盯着别处，而看不到自己眼里的风景。

——卡耐基

有很多人在经历了爱情的失败之后，迟迟无法接受下一段美好的爱情，究其原因，往往是因为这些人总是把离开了自己的人当成了以后择偶的标准，每当面临再次选择时，就常常有意无意地把新的对象和以前的恋人进行比较。这种比较对新的对象来说是不公平的。对于大多数人来说，越是得不到的东西，越是弥足珍贵，所以一段失败的感情，反而成就了那个昔日情人在心目中的高大形象，内心深处难以抹去被美化了的初恋情人的幻影，因而会产生对后来者失望和百般挑剔，导致爱情更加不顺利。

也有的人对爱人以前的爱情经历耿耿于怀，总喜欢对对方过去的爱情经历刨根问底，在想象中塑造着对方往日恋人的形象，然后拿来和自己反复做着比较，在这种比较中，常常会产生嫉妒、愤怒、自卑等消极情绪。所以，要想幸福，就别比来比去。

姚宁在大学时代就和同班同学紫琼谈起了恋爱，两个人的感情一直都很稳定，可是大学毕业后，紫琼去了美国留学，姚宁考虑到自己的事业在国内更有前途，所以根本就没有去国外的打算，而紫琼又不想很快回国，所以两个人经过协商，友好地分手了。

一次偶然的机会，一名叫李晓会的女护士闯进了姚宁的视线，经过长时间的观察，姚宁发现李晓会虽然只是中专毕业，但是人长得很漂亮，而且为人热情、大方、善良而又有耐心，觉得这种女孩非常适合做自己的妻子，因为自己是个事业狂，如果能够娶到李晓会这样的女孩做妻子，她一定会是个贤内助，肯定能成为自己发展事业的好帮手，于是在他的狂热追求下，李晓会终于成了他的恋人。

为了避免不必要的麻烦，姚宁从未对李晓会说起自己过去和紫琼的那段恋情。而姚宁和李晓会的感情也越来越热烈，甚至到了谈婚论嫁的地步。也正如姚宁所料，李晓会果然对他的事业帮助很大，休班的时候，李晓会总是到姚宁的住处帮助他打扫房间、洗衣、做饭，有时还帮助他查阅、打印资料，两个人都充分享受着爱情的甜蜜和美满。

可是，有一天，姚宁的一位大学同学从外地来这里出差，晚上在饭店为老同学接风的时候，姚宁带李晓会一起去了。由于久别重逢，姚宁和那位老同学都感到很兴奋，于是两个人都喝得有点过了，那个老同学忽略了李晓会的感受，对姚宁说，他们这些老同学都对姚宁和紫琼的分手感到十分遗憾，因为紫琼是那么才华横溢，将来肯定能在事业上大有作为，老同学原本都以为他们俩是天造地设的一对，在事业上一定会是比翼双飞。

虽然那位老同学也说，今天见了李晓会后，也就不会再遗憾了，因为李晓会的漂亮和善解人意都是紫琼所无法比拟的，但是这丝毫没有减轻李晓会心中的痛苦。她第一次知道在自己之前，姚宁还有过一个聪明而有才华的女朋友，尤其是那个女朋友比自己优秀得多：比自己学历高，而且还去了美国留学。在李晓会看来，姚宁之所以要对自己隐瞒这段感情，一是因为紫琼出国而抛弃了他，他出于一个男人的自尊而不愿意对自己提起；二是因为他至今都忘不了紫琼，而自己则完全是姚宁用来掩饰心灵创伤的一张创可贴罢了，她为自己成了紫琼在姚宁心目中的替代品而感到可悲。

所以那天回来后，李晓会跟姚宁大闹了一场，尽管姚宁百般解释自己是一心一意地爱着她的，至于紫琼，那完全属于过去，自己对她真的已经没有爱的感觉了，但是在李晓会的心目中还是从此产生了疙瘩，在以后两个人交往的过程中，李晓会处处自觉或不自觉地拿紫琼来比较，有时候都让姚宁防不胜防。有时姚宁夸李晓会几句，她就猛不丁地来上一句：“你以前是不是也常常这样夸紫琼？”如果有时候李晓会什么事情没做好，姚宁向她提意见，她常常反唇相讥：“对不起，我就是这种水平，谁叫你放走了才女而交了我这个低学历、没本事的女朋友呢，后悔了吧!”

一次，姚宁要去美国出差，李晓会一边帮他收拾行李，一边问：

“就要见到紫琼了，心情一定很激动吧？”当时姚宁正急着整理去美国要用的一些资料，就没顾得上搭理李晓会，这让李晓会更加误会了，她又说：“好马也吃回头草，如果现在紫琼还是一个人的话，你们这次就在美国破镜重圆了吧。”

这时，姚宁不耐烦地说了一句：“你怎么又拿紫琼说事，烦不烦啊！”不料，李晓会脸色大变：“我学历低，能力差，不能和你比翼齐飞，你当然烦我了，要烦了就明说，别遮着捂着，搞那一套此地无银的伎俩，我不是那种没有自尊、非要赖上一个男人不可的人。”说着转身离去了。

由于第二天就要启程去美国，所以姚宁就想等回国后再去找她解释，可是令他没有想到的是，等他回国后，她已经火速地经别人介绍认识了一个男朋友，她对他说：“我现在的男朋友各方面都不如你，我这么急着另找一个人，也是为了逼自己坚决离开你，我必须自己断了自己的回头之路。”

恋人的前一段感情往往容易导致后来者惦记那个离恋人而去的人，他或她不但自己对以往的人或事耿耿于怀，而且更不断地提醒对方：“永远不要忘记。”如此一来，那个原本已经成为了过去的、跟现在毫不相干的人便长期纠缠在两个人的爱情生活中，最终可能导致情感危机。

爱人的职责，就是支持、帮助自己的另一半实现他们的理想，在这个过程中不要挑剔他，不要拿他来和周围的、过去的某人相比，而是应该温柔地鼓励他、赞赏他，为他加油打气。不幸的是，有些人一心想要自己的爱人超过本身的能力范围而成为自己想象中的样子。这种人虚荣心太强，渴望自己的爱人能比别人更富有，能比别人地位更高、名声更响，于是他们的爱人就永远没有希望满足她们的需要了。

其实，当初男肯娶女肯嫁，都代表着对对方相当的肯定，至少在结婚之初，大家确认对方是自己可以相守一生的伴侣。婚姻是既实在又琐碎的，激情消失之时，双方缺点暴露无遗，此时，切不要拿他恋爱时的模样与现在相比，更不要拿别人跟他比。

7. 给他尊严和面子

与人相处时，切记对方并非理性的生物。我们所面对的是一位充满情绪与偏见的人，只有给他尊严与面子才能打动他的心。

——卡耐基

男人普遍爱面子，即使面对爱情，面对真挚的女人，他也不会将自己的面子放在第二位。当爱情与自己的面子发生冲突的时候，男人多数时候会在不伤害感情的前提下维护自己的面子，在保持面子的前提下对感情做出有限的妥协。

其实这是可以理解的，也是可以原谅的。一个好面子、要强的男人才能取得进步，在自己的事业领域取得发展。如果一个男人连自己的颜面都不顾及，相信他的一生不会有什么作为，甚至很难成为一个合格的男人。

聪明的女人知道怎么维护男人的面子，因为只有保证了男人的虚荣和体面，他才能毫无怨言地为你付出。一个善于维护男人尊严的女人总是会得到男人的格外青睐，她们的爱情和婚姻之路也会走得更为和谐顺畅。

姜哲是个特别要面子的男人，可以不吃饭、不喝酒，但是面子不能不要。这与他的性格和经历是分不开的。姜哲从小就是大人眼里的“神童”，他4岁就可以做算术，9岁就可以熟背唐诗三百首，18岁就考上了北京的某重点大学，22岁出国留学攻读硕士。从小便拥有傲人的成绩让姜哲变得傲气十足，也格外看重自己的面子，当然，他也有理由这样看重自己。

然而，归国就业并与欣然结婚之后的姜哲，却没能显示出他读书时候的过人天赋。自从步入社会之后，智商不再是衡量一个人个人能力的唯一标准，姜哲的情商明显没有其他人的情商高。在实际工作中，在人际关系方面，姜哲似乎还比不上那些普通大学的毕业生。他的薪酬也没有那些出身普通的高管拿得多，更无法与那些自主创业的经营性人才比较了。

对于这一点，欣然表现出了对姜哲的不理解，也时常将自己心中的不满情绪到处发泄；特别是在与好朋友们聚会的时候，欣然就更加难以控制自己的情绪，变本加厉地打击姜哲。

“你看你家赵磊多能干，我们姜哲每个月的薪酬，还没你家赵磊三分之一多呢。我真羡慕你。”欣然向一个朋友说。

姜哲当时听到这句话，脸立刻羞红了，朋友见状，便赶忙替她打圆场，说：“可是你们姜哲有才华啊，这谁也比不上。”

“哪儿啊，”欣然说，“只是不能将知识化成财富，读那么多书管什么用！”

听到这话，姜哲立刻站起身，头也不回地走了，很显然，他的自尊心受到极大的打击。他是那么爱要面子的一个人，生平听到的都是赞美的话，哪里听到过这些“羞辱”的话；何况“羞辱”自己的那个人正是自己的妻子。从此以后，姜哲对欣然越来越冷淡了，他们的婚姻遭遇到了危机。

男人的爱情是脆弱的，它需要许多支撑，面子就是其中很重要的一个因素。为什么人们常说：“女追男，隔层纱”呢？原因就在于男人们都喜欢听赞美的话，愿意把爱情奉献给欣赏自己、维护自己情面的女人。与自己苦苦追求而不得的女人相比，那些恋慕自己、欣赏自己的女人显然更能带给他们更多的尊严和自信，为了维护自己男人的颜面，他们就会转而喜欢那些爱慕自己的女人。

聪明的女人要善于发现男人的优点，人前人后多多地称赞他，让他觉得自己有尊严、有自信。有一个爱护体贴他的妻子，没有什么比这更受用的了。

刚毕业的时候，雨欣和男朋友在同一家公司上班，两个人都没有太多的积蓄，而工资的发放期还在每个月的月底。

一次，她们的同学过来看望他们，当然也免不了要一起吃饭了。当时雨欣的男友身上没有很多的钱，结账的时候，雨欣没有直接去付账，而是悄悄把钱给了男朋友。事后，雨欣的男朋友每次说到这件事情的时候，都显得非常满足，虽然当时那个动作很小，但是却让他有面子。

之后，他们再出去吃饭，男友都抢着付钱，就算雨欣真的不缺那几个钱。而对雨欣的关怀也越发细心了。

在爱情中，每个人的眼睛中是揉不进一点的沙子的，如果女人只是一味地强调自己，不顾虑对方的感受，那么爱情这条路永远都不到达幸福的彼岸。所以，女人遇事要懂得给自己的男人留面子，尤其是在旁人的面前。说话做事情的方式要考虑到男人的自尊，从而男才会更欣赏你。

总之，如果女人够爱自己的男人，那么就需要处处给男人留足面子，学会和男人的自尊做朋友。这样的女人是聪明的，也是惹人怜惜的。不要因为生气和无法忍受把男人的自尊放到地下用来踩，践踏的不止是男人的自尊，还有你幸福和完美气质。女人对于男人的自尊要高抬贵脚。

8. 你的委曲求全，在他眼里一文不值

爱情中不需要委曲求全，委屈了自己换来的爱永远都不可能天长地久。女人如果真的很在乎这段感情，那么就先要做好自己，让自己变得更优秀，有自己独特的魅力，这样才不会让男人小看你，也不会让男人觉得你是没有主见的傻瓜。

——卡耐基

张爱玲曾经说过："遇见你我变得很低很低，一直低到尘埃里去，但我的心是欢喜的，并且在那里开出一朵花来。"可是即便是她低到尘埃里，也换不来胡兰成的爱。

生活中，很多为爱痴狂的女人都对朋友这样说过，也都为了爱而宁愿委屈自己。但是，最后输的那个人还是委曲求全的女人。因为，女人再多的委曲求全，也会在男人的眼里变得一文不值。

两年前，苏佳从师范毕业后被分配到一所子弟小学任教。她父亲是机关干部，母亲是一家大型企业的财务总监。

一个周末的晚上，苏佳和闺蜜在酒吧玩，遇上了心中的"白马王子"——穆白。穆白，一米八的身高，国字脸，古铜色皮肤，剑眉大眼，高鼻梁，清澈的双眸炯炯有神。一刹那，一种不可抗拒的力量使苏佳彻底被征服了。后来，穆白告诉苏佳，他是一家房地产公司的职员，典型的凤凰男。

从此，穆白对苏佳展开了猛烈攻势，可是苏佳的父母极力反对，不愿将自己的宝贝女儿嫁给一个穷小子。为了不让穆白受到伤害，苏佳给穆白了写了一封长长的信，将横在两人之间的差别摆在他的面前。

可是穆白并没有知难而退，在一个细雨飘飞的夜晚，他坚定地告诉苏佳："出身我无法选择。现在，只求你把我当普通朋友，别回避我。"

穆白对苏佳呵护有加，每次过马路时，总是牵着苏佳的手。久而久之，苏佳感动了，正式做了穆白的女朋友。

不久，穆白跳槽去了一家保险公司做了一名销售员。苏佳知道穆白在为自己努力着，他想尽快挣到一笔钱，让苏佳的父母能瞧得起他。为了扩大业务量，穆白日夜奔波，与苏佳见面少了。穆白对苏佳说："佳佳，为了你，我必须加倍努力，我要向你的家人和朋友证明，你选择我没有错，爱情是没有门第之差的。"这番肺腑之言，深深打动了苏佳。

可是，他们的相爱就像一枚炸弹，引发了一场家庭大战。苏佳的父母发现他们的地下恋情后，非常愤怒，于是百般阻挠，为此苏佳还和家里闹翻了，彻底与家里决裂了。她从家里搬了出来，搬到了穆白租的房子里过起了幸福的生活。

情人节的前一天，苏佳打算用自己的工资给穆白买一件西装，作为情人节的礼物。于是就和闺蜜约好一起去逛商场。可是，刚走进商场的时候，就看见穆白陪着一个女人正在购物，苏佳彻底懵了。她整了整情绪，给穆白打电话，问他在哪？穆白在电话里告诉她，他正在加班。苏佳顿时眼泪就落了下来。晚上，苏佳并没有质问穆白，她想也许穆白陪领导挑选礼物吧。因为前不久穆白刚刚升职为经理，也许陪客户呢。苏佳也知道自己这个理由太牵强，但是苏佳太爱穆白了。她想穆白应该不会做对不起自己的事情。

尽管穆白最近回来越来越晚，周末也常常不在家。可是一想到穆白正在努力为他们的未来奋斗，苏佳所有的疑虑都没有了。

可是一天上午，一个女人来找苏佳。她告诉苏佳，穆白是自己的情人，希望苏佳能离开穆白，她可以给苏佳一笔钱作为补偿。苏佳气愤极了，就去质问穆白。可是刚一说，穆白就立刻跪在苏佳面前，说：

“苏佳，对不起，我真的太爱你了，我害怕失去你，所以才不敢将真相告诉你啊。我想等你家人认可了我，再慢慢告诉你……”

原来，他来自一个偏僻的农村，家里非常贫困。去年母亲的一场大病，让这个家里更是雪上加霜。而他自己也因为家里经济不好，没上过几年学，就出来打工了。可是微薄的工资根本负担不了母亲的手术费。于是他就被一位富婆包养了，做了她的地下情人。他坚决地告诉苏佳会想办法和那个富婆断了联系。苏佳看着眼前跪在她身边的男人，觉得不忍心，于是就不再追究什么了。

苏佳陪穆白找到了那位富婆，希望可以解除那样的关系，富婆答应了，但是提出必须给她30万元。30万元对于穆白和苏佳来说是一笔天文数字，没办法，苏佳只得回家，向父母借了钱，骗父母说她自己想开一家店。

苏佳本想着以后就可以过安稳的日子了。可是，没想到。穆白竟然挪用了客户的保费去炒股。结果东窗事发，一纸诉状将穆白告上了法庭。没办法，苏佳只好向亲戚朋友借钱，终于将挪用的公款补齐了。

随后，苏佳辞了工作，跟随穆白一起去了穆白的老家。在那个偏僻的农村办了一家小型的养鸡场。创业何其难啊，隔行如隔山，养鸡场也不是那么容易的，终于还是倒闭了。他们背负了10万元的债，为了填补这个巨大的洞，穆白和苏佳决定南下深圳。可是，工作没找到，钱却用完了。一天，穆白兴冲冲地回来，说他有个初中同学做了个赚钱的生意，他决定跟着同学做。只要这个生意做成功了，就可以还清这笔债了。穆白让苏佳再想想办法借点钱。苏佳拗不过，最终向父亲借了1万元给了穆白。

一年后的春天，穆白和朋友的生意越做越好了，不但还清所有的欠款，手上还有了些结余。于是，他们衣锦还乡，苏佳的家人终于认可了穆白，他们结婚了。

没过多久，苏佳怀孕了，穆白就让苏佳辞去了工作，做了全职太太。

就当苏佳以为苦尽甘甜来了的时候，一个18岁的女孩找上门，说她怀了穆白的孩子，并扬言要嫁给穆白。当苏佳质问穆白的时候，穆白承认了，并说他喜欢上了那个女孩。苏佳彻底伤心了，于是就和穆白离了婚。

半年后，那个女孩卷了穆白所有的积蓄逃跑了。穆白一下子又回到了那个最初的样子，于是，他找到苏佳要求复婚。苏佳毅然拒绝了。谁知，穆白不死心，常常来骚扰她们母子，甚至还时不时找苏佳要钱。

苏佳带着儿子回到了父母的城市，经过自己的努力，终于有了自己的事业，也收获了一份幸福的婚姻。

卡耐基认为：如果你爱他，你就要先爱自己；如果你在乎他，就要先在乎自己。

女人不要再为了男人的爱，而傻傻地委屈自己了。学会做自己，做自己喜欢的，你得到不仅是爱，而更多的是他对你的尊重。

9. 适度装傻，事事好强未必是爱情的福音

男人面对女强人往往是望而却步的。在聪明能干的女强人面前，男人的自尊心和自信心随时受到挑战，遇到什么问题自己帮不上忙，反而还要靠女人来解决，恐怕是任何一个男人都不愿面对的尴尬。精明的女人懂得巧妙地依靠老公，让男人觉得自己是高大的、不可或缺的，很有成就感。

——卡耐基

常言道“傻人有傻福”，现实中，每件事情都会有它的模糊地带，爱情也是一样的。不管在婚姻中还是在爱情中，女人都应该学会装傻，

太过于精明不会给女人带来任何的好处，反而会让女人失去原本属于自己的那份幸福。

现在很多女人在处理事情的时候都表现得很强势，处处表现得比男人强。无论是大事还是小事都表现得自己很有实力，根本不需要男人的帮助。也许这样可以让对方很省心，但是更多是会让对方感觉不到安全。当男人在一份感情中找不到安全时，那么这份感情也就很快变成他放弃的对象。

林凌有个从小玩到的大的朋友幼南，自幼就聪明过人。因为幼南在当时很聪明，成绩又好，所以，一路的升学都不在话下。名牌大学毕业的她，读书去了外国。在别人的眼中，是个有前途而幸福的人。

可是，今年的同学聚会却让林凌大吃了一惊。年过30岁的幼南如今还是个单身贵族。虽然事业上已经做得很大，但是感情的田野却依然荒芜。林凌关心地问道："不准备找个人照顾你吗？"

"有谁会要我这样的女人呢？"看似很简单的回答，却无法掩饰幼南的无奈。其实，大学那个时候，她的身边根本不缺乏追求者，但都被她一一回绝了。而更多的男生觉得幼南太过优秀了，处处强势的她让男生觉得自己配不上她，于是对于她的爱慕也只能望洋兴叹了。

生活中，女人太过于强势也会让男人生畏。你力大无比，不要男人做你的搬运工；你胆识过人，不需要男人为你操心；你做事周全，不需要男人为你遮风挡雨……所以，你还需要男人为你做什么呢？当男人已经为你无事可做了，那么也只剩下远离的份儿了。

才智过人、精明强干的美国前国务卿赖斯都曾这样说过："现在如果有谁愿意娶我，我情愿做个天天在家里等老公下班的家庭妇女。工作毕竟是有限的，家庭幸福才是陪伴你终生的，我还是赞成女人装点傻，这无伤大雅，也不会触动原则。"所以，女人必要的时候装傻，才会有人疼，也才能感受到爱情的幸福。会经营爱情的女人知道，自己的装傻不是真的傻，而是给男人一个表现自己的机会，成全男人内心潜在的大男子主义。

一直以来，念薇在婚后的生活中表现得很能干，而这样丈夫很快就被她伺候成了“老爷”，家中的大小事务都不过问。为此，念薇也常常和朋友大吐苦水，但是她的男人是她一手惯出来的，怨不得别人。

有一段时间后，大家听不见她的抱怨了。原来她的丈夫在念薇的调整下，也开始干家务活了。很多朋友都问她用了什么绝招，而念薇只是笑着说：“也没有什么，我只是觉得我说自己不行，那么他就会主动把这件事情做得很好，如果我再夸上几句，那么他也会干得很开心。所以，遇到很难做到事情时，我都会让他做，不觉得丢什么面子，反而让我们的生活变得更快乐。”

其实，让女人幸福的道理很简单，那就是让男人做他该做的，甚至是超出他做的范围。现实中，女人越“傻”越“笨”，那么就会越能激发男人的聪明才智和积极性；相反，就会出现“强妻多弱夫”。女人的强势也会让男人觉得自己没有价值，时间久了，也就形成依靠女人的惰性，那个时候女人再“弱”，男人的懒的本性也很难改掉。

所以，只有让男人感觉到自己的价值，意识到女人需要他们，家庭不能没有他们，他们才会发挥自己的聪明才智，才会有用武之地。否则，女人永远都听不到爱情中幸福的福音。这个福音的钟声，是由女人的“装傻”来敲响。

10. 爱需要给彼此留点空间

距离产生美感，彼此间有一点距离的张力，才能营造出一种蒙眬之美，才能将两人的心拴得更紧。距离美要求我们对爱坚持“半糖主义”，双方注意保持一定的距离，给彼此留出空间和自由，这样的爱才会持久，不致令人厌倦。

——卡耐基

一对刺猬在冬季恋爱了，为了取暖，它们想要紧紧地拥抱在一起。可是，每一次拥抱它们都把对方扎得鲜血直流。尽管如此，两只刺猬还是不愿意分开。最后，它们几乎流尽了身上的最后一滴血，奄奄一息。临死前，它们发誓：“如果有来生，一定要做人，要永远在一起。”

上天被两只刺猬的爱情感动了，满足了它们的愿望。来世，它们都化成了人，并永远在一起了。他们每天形影不离，每时每刻都如胶似漆地黏在一起，但他们却一点也不幸福。因为，他们成了一对连体人。

在通往幸福的路上，谁都渴望有心爱之人的陪伴。可是，有些人能一同抵达幸福的终点，有些人却在中途分道扬镳。相爱的刺猬希望朝朝暮暮在一起，彼此亲密无间，最后都付出了生命的代价。如果它们能够记得前世发生的事情，那么转世成为连体人的它们一定会后悔当初太傻，若是那时彼此保持点距离，也许可以一直相互依偎，不会落得如此凄惨。

在爱情的旅途中，到底两个人该怎样相扶相携才能走得远呢？爱是需要距离的，恋人之间不可能时刻都亲密无间，否则爱情之花就会凋谢。只可惜，女人总是后知后觉，很多道理都要等到受伤后才会明白，可是那样是不是太迟了？

甘露跟丈夫以前曾在同一家公司上班，后来甘露辞职去了另一家公司，但两人之间仍旧保持着联系。甘露的丈夫，是一个很上进的男人并且英气挺拔，很有女人缘。公司里也有很多女同事向他暗送秋波，但他唯独喜欢甘露。

后来他们走到了一起，顺理成章地结了婚。他对甘露很关心，甚至比恋爱时更爱护她。

他们都是从外地来京的，他每月的薪水有5000多元，加上甘露的工资2000元左右，在这个房价高得离谱的城市，房子是买了，不过也是因着七拼八凑，加上这几年的存款，刚好够首付。

有了房子，也要过日子。接下来他们都加倍地努力工作，以期更快地结束房奴的日子。

甘露理解他的早出晚归，生怕他工作过于劳累而身体累垮。每天下班后甘露就全身心地投入到家务中去，为他做好坚实的后盾，免除他的后顾之忧。终于贷款还得差不多了，他们的身心都渐渐疲惫。原来这些日子，他们都很少交流，甚至都忘记了彼此的存在。甘露感觉到他们之间的距离在日益疏远。

那次，丈夫又早出晚归回来后，甘露已经睡下，他慢慢地移步到卧室，然后脱了衣服去洗澡，房间里开着灯，灰暗的灯光就像鬼魅，似乎隐藏着某种隐隐的恐惧，令人无法言说。

甘露便穿好衣服起身，打开他的公文包，翻看了一些他的工作日记。又从他上衣口袋里寻到手机，看到一些短信息都是一些黄色的笑话，便以为他一定跟某个女人保持暧昧，心里便开始五味杂陈，有些痛灼。

就在这时，丈夫从洗手间走了出来，看见甘露慌乱中将他的手机掉落在了地上，他便明白甘露在窥探他的隐私。

他有些生气，从地上捡起手机，说："你是不是不相信我，以后没我的同意不要乱动我的东西！”

甘露说：“这些信息是不是一个女人给你发的？”

他说：“是啊，你这么喜欢我外面有女人，那我就去找好了，不然也对不起你的一番猜忌！”

说完便抱起毛毯向沙发上走去。

他在客厅睡下，而甘露泪流满面。

当女人给予的爱让男人感到过分沉重的时候，他们便会想到逃离。“享受”爱情也会变成“索取”爱情，两个人的感情再也没有最初那般纯美。男人是独立的个体，而不是女人的私人物品，他们有自己的交际圈，也有自己的“地盘”，当女人把索要爱情的触角伸向了不该伸的地盘时，男人只会觉得女人不可理喻。

爱情是甜蜜的，但它也有秉性，这就如同仙人掌，它明明不需要太多的水分，而你却因为“爱”拼命地浇灌，结果可想而知。想要呵护自己的爱情，就必须掌握爱的秘诀，那就是适当地保持距离。真正的爱是有弹性的，彼此不是僵硬的占有，也不是软弱的依附。相爱的人给予对方的最好礼物是自由，两个自由人之间的爱，拥有张力，这种爱牢固而不板结、缠绵却不黏滞。没有缝隙的爱是可怕的、令人生畏的，爱情在其中失去了自由呼吸的空气，迟早会因窒息而“死亡”。

如果你爱上一个人，请给他一点独立的空间和隐私的自由吧！让爱像风筝一样在天空中飞翔，只要你握紧了手中的线，在需要时把他拉回来，让他靠近你，这份爱就不会跑掉，而且会长久永恒。

第五章

善待婚姻，别让幸福从指尖流走

1. 婚姻就是一场共同的修行

爱情是什么？仅仅是两个人的对视吗？不，爱情是两个人、四只眼，一起朝着一个方向观望。

——卡耐基

爱情不是花荫下的甜言，不是桃花源中的密语，不是轻绵的眼泪，更不是死硬的强迫，爱情是建立在共同的基础上的。

一个女人很漂亮，有很多男人追求她，但她却喜欢上了平凡的教师。狂热的恋爱，终于带着他们走过了红地毯。丈夫对她宠爱有加，几乎包揽了所有的家务。对她的任性和坏脾气也都包容着，因为他爱她。

日子很平常地过着，有了孩子后，家庭经济明显下降，他们的工资除了养孩子、交房子贷款，仅够维持正常的生活。女人再也没有多余的钱买化妆品和时装，也没有多余的钱去维护从前的浪漫。

她的心里渐渐滋生了不满，牢骚也多了起来，丈夫从不多说什么，只是尽己所能承担着生活的压力，并在业余时间写稿子补贴家用。但这些妻子并没有感觉，她开始怀念那些花前月下的日子，那热烈的爱情才是她最终的追求。

妻子变了，越来越不爱回家，打扮也洋气了起来。丈夫终于从朋友那知道，妻子找了一个有钱人。但他没有吵闹，只是暗示妻子，平凡的日子才是最真实的，不要迷失了自己。

然而妻子此时已经对新的生活有了狂热的喜爱，尽管丈夫对自己很好，但她却无法抵挡有钱人的诱惑，他们出入高级宾馆，买高档时装，吃西餐，打高尔夫……她觉得这样的日子，才是自己希望得到的。

她终于提出了离婚，丈夫平静地签了字，说：保重。

两年后，有钱人并没有离婚娶她，而是找了更漂亮的女人。备受冷落的她又想起了那平淡而幸福的日子，有意想复婚。她找了前夫的好朋友去说情，但朋友并没有带回来肯定的答复，而是带回了一张前夫的纸条。

前夫写道："真正的爱情不是四目相对，而是两个人同视一个方向。如果爱不是建立在共同的追求和价值观的基础上，将来就会很容易出现矛盾。"女人久久地看着，潸然泪下，她知道，自己永远失去了他。

很多女人和男人的感情、生活、工作是两条永不相交的平行线，各有各的圈子，各有各的行为路径，太多的时候两个人不是同视一个方向，久而久之，感情难免会平淡化。

聪明的女子都会选择与自己价值观相似的男人为配偶，在彼此价值观相似的情况下，才可能长期进行密切的交往和深层的沟通，共同向着相同的目标行进，彼此相互配合，使双方产生越来越多的安全感和满足感。共同的目标感、思维习惯和相似的作为，都是感情和谐度提升的加速器。

在杨澜的语录里有这样一段话，“我认为婚姻最坚韧的纽带不是孩子，不是金钱，而是精神上的共同成长。爱情有时候也是一种义气，不光是说这个人得了重病，或者他破产了你仍然跟他在一起。还有另一种是，当他精神上很困惑、很痛苦，甚至在你身上发脾气的时候，你依然知道他是爱你的。我经历过很多困惑，但我丈夫吴征就属于特别讲义气的那种，不管你怎么样，我就要跟你一块儿走。这种力量是蛮强大的。当你走过那段时，回过头你会特别感谢那个人。”而现实中，我们维系婚姻的时候，又做了什么呢？

和玉和她的丈夫杰西走到一起费了不少周折，从两人的相恋，到最后走到一起可以说是共患过难的。

他们毕业后在那个城市租了一间房子，开始了两个人甜蜜的生活。可是在高消费的城市里，他们微薄的工资勉强可以养活两个人。和玉找工作的时候还好点，可是杰西却屡屡碰壁。一个月下来他们的积蓄连每个月500元的房租都付不起，和玉每天只在公司吃一餐，而她的男朋友每天只吃馒头和辣椒来充饥。

那个时候杰西劝过她放弃，可是和玉却认真地说：“我不在乎每天和你吃馒头过日子，我在乎的是你，是你对我的疼爱。而不是那些漂亮的衣服、昂贵的零食。只要有你，我就不怕苦。”

他们结婚好几年之后，杰西每次说到和玉的时候总是带着笑说，“那个愿意陪我吃馒头的女人，让我永远都放不下。”

俗话说“患难见真情”，“贫贱夫妻百日恩”，所以，只有在精神上给过男人支持、安慰的，才会让男人对你更加的死心塌地。很多失败的婚姻或者是男人最后出轨了，都有一个相似的原因，那就是没有共同语言了。这个时候不只是单纯的没有话题了，更多的是男人从女人那里找不到精神上的共同点了。所以，只有女人在精神上和自己的男人共同成长，那么婚姻的城池才会更加牢固。

所以，女人还是把更多的时间放在和男人的精神一起成长上面吧，有一些共同的爱好、一些相同的兴趣，在困难时也不放弃，这样的情谊才会让婚姻的纽带更加有力而富有弹性。

当许晴的事业进入一个高峰期的时候，对待婚姻也有了一个更深的理解："婚姻需要爱情之外的另一种纽带，最强韧的一种不是孩子，不是金钱，而是关于精神的共同成长。那是一种伙伴的关系，在最无助和软弱时，在最落魄和沮丧时，有他/她托起你的下巴，板直你的脊梁，命令你坚强并且伴你左右，共同承受命运。"其实，这样的婚姻生活也是经得起诱惑的。

心理学家兼心理治疗师帕特里克·埃斯特拉德说："对很多夫妻来说，最初的激情过后，在真正的夫妻关系开始时，他们才发现双方在本质问题上不能相容。"而双方不能相容的重要原因之一，就是双方不能同视一个方向，在价值观上不能达成共识。埃斯特拉德认为："价值观由每个人的伦理决定，是我们对待生活的方式，是我们选择的契约原则，支持我们在日常生活中取得进步。如果价值观迥然相反，相互在很多重大问题上不能达成一致，对方说的话、做的事甚至引起另一方的反感，这种婚姻的寿命不可能太长。"

我们不妨试着进入男人的圈子或者试着经营相同的事业，这样不仅每天生活在一起，就连工作也是在一起的。我们在生活上相互体贴和照顾，在事业中也能像林徽因和梁思成一样，相互交流自己的思想和智慧，并从中升华我们的爱情。

我们共同承担生活和事业中的艰辛与磨难，也共同分享工作中的喜悦和成就，我们可以拿出更多的时间和空间去体验生活与爱情、事业和谐共生的美好感受，相亲相爱，相互依偎，相互温暖对方，相濡以沫地走过爱河里所有的时光。

爱是一种高度社会化的情感，它存在于我们生活的方方面面中。如果夫妻之间把各自封闭在自己的小圈子之中，爱的温度是很难维持的。

诚如心理学家埃斯特拉德所说：“只要彼此相爱，就没有什么不可逾越的障碍。如果双方决定共同生活，并让两个不同的内心世界和平相处，他们就会真心实意地接受彼此的差异。”

两个人同视一个方向，让我们拥有相同或相似的价值观，拥抱和谐幸福的生活。

2. 平淡才是婚姻最真切的幸福

> 女人感性，爱追求浪漫本不为过，但是一味地追求，甚至不珍惜眼前的幸福，那么，她的结局就可能是悲剧。
>
> ——卡耐基

婚姻中，需要激情，也需要平淡。两个陌生的男女因为激情相爱了，因为激情结婚了，因为激情有了爱情的结晶。婚姻生活开始了，漫长而持久的生活，想保持永远的激情，真的很难。

所以婚姻中只有平淡才是最真实最永久的，只有平淡才是婚姻生活的真谛。这份平淡中有最初的激情，有爱，有相依相偎的深情。这份平淡不是淡漠，不是疏远，不是无情。

一个浪漫的女人喜欢上了一个学理科的男生，因为他的稳重，她倚靠在他肩上时有种暖暖的踏实的感觉。三年的恋爱，两年的婚姻，日子平淡地过着。

女人渐渐产生了厌倦的心理，甚至当初的喜欢也成了厌倦的根源，她是个感性的女人，敏感细腻，渴望浪漫。而丈夫却天性不善于制造浪漫，木讷的他让女人感觉不到爱的气息。

某天，女人鼓起勇气提出离婚。男人没有回答，抽着烟，一句话也没说。女人的心越来越凉，她想：这个连挽留都不会的男人，也许我真的该放弃了。

很久之后，丈夫问："你认为我该怎么做，才能让你改变主意?"

女人望着丈夫的眼睛，慢慢地说："问你一个问题，你答得让我满意就可以了。比如，我非常喜欢悬崖上的花，而你去摘就会掉下去，你会摘给我吗?"

他沉默了一会，说："明天早晨给你答案好吗?"女人的心彻底凉了。

早晨醒来，他已经不在，她看见了一张纸条，她想：这应该是他最后的留言吧。

"亲爱的，我不会去摘。但我也有我的理由：你出门总忘记带钥匙，我要留着双脚跑回来给你开门；你只会打字，却对程序一无所知，我要留着双手给你整理程序；你总是分辨不清东南西北，我要留着眼睛为你带路；你不爱交朋友，我要留着嘴巴陪你说话；你眼睛近视，我要好好活着，等你老了，我会给你做饭，给你画眉，拉着你的手，到外面享受阳光的温暖；你总是不注意饮食，我要好好活着，维护你的健康，让我和你一起慢慢变老……所以，在我不能确定有人比我更爱你之前，我不会去摘那朵让我丧命的花朵……"

女人的泪流下来。"亲爱的，如果你已经看完了，答案如果让你满意的话，请打开门，欢迎你的爱人归来，因为，我买了你最爱吃的早餐。"

打开门，丈夫有点羞涩地站在门外，但笑得很灿烂。

女人紧紧地拥着木讷的丈夫。女人觉得非常幸福。

是的，被平淡的生活包围着，一些平凡的爱意，总被渴望激情浪漫的心灵忽略。爱从来没有固定的模式，花朵、浪漫，不过是浮杂生活表面的点缀，真实的平淡，才是生活，才是女人真正的幸福。

日子在细水长流，生活中有甘有苦，我们爱的人也不是完美的神。总有一天，我们会有一种疲倦的感觉，觉得生活枯燥无味，觉得身边的人没有当初的狂热和激情。我们会有一种失落感，我们单纯的爱情已经在柴米油盐中化成了简单的句子，甚至是一个眼神，一个动作。我们没有发现爱情的变化，还以为自己或对方失去了年轻的资本，以为爱情被琐碎的生活冲得无影无踪了。

其实爱情并没有离开，激情也没有走远。我们婚姻中的爱情已经升华，已经成熟，已经长大。

3. 记着对方的好，忘记对方的错

> 不管多相爱的夫妻，都会有拌嘴的时候，唯有互相宽容，才能把这些不和抹平。不懂得包容和付出，不懂得珍惜，就算幸福摆在眼前，也只能任它从指缝里溜走。
>
> ——卡耐基

婚姻是需要夫妻双方共同来维护的，只有彼此间的信任与坦诚、深入地沟通才能持久，相互斗气会伤和气，更不能因为一些小误解而断送美满的婚姻。

小秦和小丽结婚三年了。三年来，他们之间经常为一些鸡毛蒜皮的事吵吵闹闹。

有一天小丽回娘家，小秦下班回来发现钥匙弄丢了，进不了门。他费尽周折，最后才在邻居那里找来一个特别瘦小的孩子，让孩子从防盗窗的空隙钻进去，打开房门。

小秦知道小抽屉里还有一把备用的钥匙，他拉开小抽屉，可钥匙却不见了。等妻子回来，小秦就问："小丽，小抽屉里的钥匙呢？"小丽不高兴地说："我把钥匙给我父亲了。怎么，这你也要管？怕我父亲开门来偷东西？你放心吧，我父亲不是贼。"小秦本来想告诉妻子说自己今天掉了钥匙，可听到妻子一开口火气就这么大，他就懒得说了。

之后小丽把小秦追问钥匙的事告诉了母亲。小丽的母亲赶紧对丈夫说："老头子，你快点把钥匙还给小秦，万一他家里丢了什么东西，你跳进黄河都洗不清。"小丽的父亲生气地说："我要他的钥匙是为了送米给他的时候方便进门，谁偷他的东西啦?!"

小丽的父亲最终把钥匙还给了小秦。从此以后，他不再送米到女儿家了。小丽的父亲心中愤愤不平，一见到熟人就把他送米给女婿反而被女婿当做贼的事讲一遍，讲完后总是叹气说："唉，我真是瞎了眼，把女儿嫁给这么缺德的人。"

不久，小丽父亲的话不知怎么传到了小秦的耳朵里，于是他气呼呼地去质问："岳父你怎么骂我缺德？"小丽的父亲说："你就是缺德！我当初让小丽嫁给你真是瞎了眼。"小秦说："嫁错可以离婚嘛！"小丽的父亲说："离就离！"

离婚后的小秦和小丽静下心来想想，到底为什么俩人会离婚呢？好像只为一把钥匙，又好像为了很多。

对小事的疏忽往往是造成婚姻生活不幸福的原因。夫妻间的快乐，是非常细致的结构，绝不可以草率地处理。婚姻就好比是株敏感的植物，它甚至经不起粗重的触摸；它是朵娇贵的花，漠然会使它冷却，猜疑则使它枯萎，必须灌以温柔的情爱，借亲切欢乐的光辉而开放，并以牢不可破、坚不可摧的信心之墙为其守护。

秦可冉正在筹划结婚一周年纪念活动的时候，看到丈夫的包里有一张请柬，原来丈夫的初恋情人正好将在这一天举行婚礼。她想，既然他想去，就让他去吧，于是她放弃了自己筹划的结婚周年纪念活动。

接下来几天，她都不见丈夫有什么动静。婚礼前一天，丈夫打电话给秦可冉，让她一起出席婚礼，并希望她准备一份恰当的礼物。秦可冉假装很大度地答应了。看着她穿高跟鞋跑了几家商场挑选礼物，丈夫心疼极了，回家时一直把她的手攥得紧紧的。回到家，秦可冉又给礼物包上了漂亮包装。一向木讷的丈夫还破天荒地对她说了几句感谢的话。

等到丈夫去洗澡时，她才忍不住哭了出来。丈夫为初恋情人的婚礼那么尽心，做妻子的怎么能不难过呢？

第二天，秦可冉陪丈夫去参加婚礼。丈夫看到穿着婚纱的新娘，还是多少有些失态，喝了好多白酒，还抓住新郎的手不放，要他这辈子好好照顾新娘子。秦可冉明白丈夫心中的失落，也就没有劝他。这一晚，丈夫喝得酩酊大醉。

一大早，睡眼蒙眬的秦可冉起床后，看到餐桌上放着一份煎蛋。丈夫系着围裙从厨房出来，对她说："谢谢你陪我告别一段初恋！以后我的人和我的心都完完全全地属于你了。"

秦可冉听后，流着眼泪开心地笑了。

维持一段婚姻，需要双方的共同努力，离不开双方的相互理解和宽容。理想的婚姻要经得起岁月的考验，夫妻双方也要有包容的胸怀，给彼此一点儿空间，同时还要有共患难的心理准备。夫妻之间要经常进行换位思考，从而加深理解。同时也要加强沟通，把自己的想法如实地告诉对方，这样会减少很多矛盾和误会。只有亲身感受到对方为你做出的努力和牺牲，才能深刻明白对方的爱与关怀。

婚姻不是一个人的事情，婚姻里的人都要对婚姻负责。有这样一句妙语："婚姻是唯一没有领导者的联盟，但双方都认为他们自己是领导。"试想，婚姻中一对陌路相逢的男女，要在同一屋檐下风风雨雨几十年，而且又有着各自的个性。当个性冲突时，往往带来了家庭的摩擦，很多家庭因个性冲突亮起红灯。此时，更需要彼此的理解和包容。爱情如水，婚姻似杯，当婚姻出现了波折，我们该轻轻地摇摇杯子，用理解和包容来维系双方的关系。

既然要理解对方，就不能只停留在口头上，还要表现在行动中。一个幸福、和谐的家庭，需要双方共同努力，所以记着对方的好，忘记对方的错，关键时给予理解和容忍。

4. 争执新花样，婚姻好修养

争吵是很容易的，只要你看不顺眼对方的言行，或者认为自己的权益受到了侵犯，马上就可以升级为争吵。但事实上，争吵只会增加两个人之间的怨恨，而无法解决任何问题，因为人在情绪失控的时候，很容易说出言不由衷的话语，说者无心，听者有意，万一你的某句话伤害了对方，势必会为你们的感情蒙上阴影。

——卡耐基

夫妻之间相互的争执，有时候不是互相对立的，而是把它当做一种开启幸福婚姻的工具；争执有时候不是为了是是非非，而是一种体验感情、培养婚姻的过程。还记得《艺术人生》栏目里，朱军采访一位很年轻的体育健儿，她还是个未婚的姑娘。朱军问她：“你是怎么看待感情和婚姻的？”这位体育明星很直接地告诉朱军：“感情、婚姻都是人生的必修课。既然是必修课，就要有修炼的方法。”

相互之间的矛盾解决、争吵，都是修炼的好方法。有的时候，很多人不自觉地就和自己的丈夫或妻子争吵起来。其实，这样的争吵，就是婚姻自我修复功能的显现。有的时候，当矛盾发生了，甚至会把矛盾转移第三方——亲人、朋友，这都是生活中常见的例子。

当你不想破坏一份感情，试图想避免像其他夫妻一样争吵的时候，你可以选择新的方式和你的配偶进行沟通。当对方看到你用新奇的方式陈述自己内心想法的时候，他会为之感动，因为他知道你是认真的，你对感情、婚姻是在乎的。当你们这样思考的时候，你们的感情已经上升了一个层次，你们的婚姻也将迎来新的活力。

下面我们看一则生活中的真实故事：

结婚不久，小艾惊讶地发现，原来在她心中那个近乎完美的男人，其实有很多小毛病，特别是生活习惯上的。说出来，小艾怕丈夫觉得丢了面子；憋在心里，久而久之很难受，常常感到莫名的郁闷和烦躁。

有一段时间，老公因为工作上的原因，回到家里，对小艾总是横挑鼻子竖挑眼，怎么看她都不顺眼。其实小艾能理解，就像她看他不顺眼一样，但还是忍不住憋了一肚子的怨气，可是又无处发泄。说给朋友听吧，怕丢人；说给长辈听吧，怕他认为她到处去告“黑状”，无奈只好自己独自消化。

终于有一天，彼此都忍不住了，于是开始恶语相向，时间久了难免会伤及感情。一次偶然的机会，小艾的妈妈打电话来说不舒服，小艾急着回家看妈妈，可当时正和老公处于冷战阶段，所以把心里想说的话给老公发了一封邮件。

两天后小艾发现自己的电子信箱里躺了一封邮件，打开一看，竟是老公发来的投诉信，她不由得乐了起来。老公在邮件中历数了她一周来所犯的种种错误，比如上厕所没有关门，下班回家太晚，某晚上的菜太咸，等等。她也不甘示弱，给老公回了一封邮件，细述了他三天来所犯的几大罪状，比如忘记了她的生日，在路上多看了美女几眼，睡前没有洗脚，等等。说出来，心里舒畅了很多。于是两人商定，在小家庭范围内彻底推行这种婚姻投诉制度。

我们看到小艾和他的老公都有意避开了矛盾的焦点，转而以平和且彼此都很容易接受的方式，解决了生活中的矛盾。他们好像两个刚刚认识的朋友一样，有些客套，但又很直白地指出了彼此身上不好的地方，这样的方式既直接又委婉，更有利于矛盾的解决，堪称是夫妻争执技巧的新方法。

很多时候婚姻也需要休养生息。长期带着“火气”运转，总有一天会着火，所以给婚姻找一个发泄点是十分重要的。婚姻不是相互改造，而是相互适应。婚姻不是爱情的坟墓，而是爱情的升华。怎样使婚姻时时处在保鲜状态，使婚姻在幸福的轨道平稳运行，需要我们的聪明和智慧。

吵架虽然是一门艺术，但是，吵架就意味着对一件事情要争执到脸红脖子粗的地步，掌握这门艺术的人，是在用吵架的方式达到双方沟通的目的，而没有掌握这门艺术的人则是用极端的方式发泄自己的怒火，这样的吵架不叫艺术。所以，在双方的婚姻生活中，还是应该尽量避免吵架，即使吵架有其艺术的一面，我们认为，最好的沟通方式还是心平气和地交谈。

5. 多看对方的长处

在婚姻生活中，夫有夫的缺点，妻有妻的不足。如果总是揪着对方的缺点与不足，那么这样的婚姻会裂痕种种，无法长久。金无足赤，人无完人，夫妻间要学会求大同存小异，学会寻找对方的长处，学会包容和欣赏对方。

——卡耐基

每一对夫妻能够走在一起，也就证明他们曾经是互相欣赏的。可是，为什么随着婚姻生活的开始，那些原本相爱而欣赏的人，变成了怨偶，相互看对方不顺眼呢？

处于热恋中的男女，因为没有朝夕相对的时光，没有柴米油盐的琐事，缺点显露得也不那么明显。可在结婚以后，随着在一起时间的增多，日常生活琐事的增多，所有的缺点都会暴露无遗。这个时候，如果不懂得相互理解和包容，一味地指责和抱怨，无限地放大对方的缺点，戴着有色眼镜去挑剔对方，那么幸福感和默契感自然就消失了。

境由心生，心自澄明质自洁。每个人的幸福都是从心开始的，能否从婚姻中享受到幸福，关键在于心态。因为心态决定做法。如果一个女人的心中有爱，她就不会抱怨她的另一半，而是去欣赏对方的优点，用宽容的心去接纳对方的缺点。

在美国马里兰州曾经发生过这样一个幽默故事，一个女人在报纸上刊登廉价出让丈夫的广告，一时之间，引起很多人的关注，事情是这样的：

露易丝·亨勒尔的丈夫查理·亨勒尔只喜欢旅游、打猎和钓鱼。每年从4月开始他便离开家，外出去钓鱼或探险，直到10月初才回来，整整半年都在外头游荡，把不喜欢外出的露易丝一个人扔在家里，孤独寂寞的她越来越不欣赏自己的丈夫了，甚至对他忍无可忍。极其厌倦丈夫的她决定将丈夫廉价卖掉，于是刊登廉价转让丈夫的广告，并在广告上附加了许多优惠条件。收购她丈夫的人可以免费得到他全套打猎和钓鱼的装备，还有丈夫送给她的牛仔裤一条、长筒胶靴一双、T恤衫两件以及里布拉杜尔种的狼狗一条、自制的晒干野味50磅！

广告登出以后，社会哗然，很多女士都打来电话询问详情，其中有很多人诚挚地索要她丈夫的联系方式。这让原本认为这样糟糕的丈夫是没有人要的露易丝大感意外。于是她询问了她们的购买理由。

有人说，她的丈夫喜欢冒险，是一个真正的勇者，这样的男人有安全感，可以依靠；也有人认为她的丈夫崇尚自然，懂得生活情趣，和这样的男人在一起生活一定会丰富多彩……各种理由似乎证明这样的男人简直无处寻觅。露易丝听完她们的理由，仔细地想了想，这些确实是丈夫的优点和魅力，只是自己没有发现而已。她不禁庆幸自己还没有将丈夫卖出去，否则就会永远失去这样的好男人了。

露易丝立刻去报纸上登了这样一则小广告："廉价转让丈夫事宜，因为种种原因取消！"

查理·亨勒尔从外地钓鱼回来，知道了自己差点被妻子廉价处理的事后，忍俊不禁地问妻子最后怎么会改变主意，露易丝充满柔情地说："如果我把你卖出去了，我又能从哪儿再买一个你这么好的丈夫回来呢?"俩人相视而笑，彼此的心里都充满着幸福的味道。

露易丝从那些想要购买她丈夫的女人那里重新认识了自己的丈夫，找回了欣赏与爱。他们的故事也告诉我们，爱其实是一种细心的发现。我们必须学会从不同的角度去欣赏那个与自己相守一生的爱人，因为唯有这样，我们才能保持爱的温度，携手走完我们漫长的一生。

有一个老太太在他们的金婚纪念日里对所有的亲朋好友说："其实

你们不了解我和老头一起经历的坎坎坷坷，有过争吵，有过茫然！我们因为看到对方的优点走到一起，又因为看到对方的缺点有了失落，最后才是优点和缺点都拥有的时候感到了幸福！”老太太的话虽然简单，却道出了婚姻的真谛。

其实，不论是谁的婚姻生活都不会是一帆风顺的，谁不是在吵吵闹闹、磕磕绊绊中一步一步走过来的？生活是一个大舞台，我们每个人都在这个舞台上演绎自己的欢乐悲喜，但是，同样的脚本，因为不同的诠释、不同的演绎，我们却拥有了不同的人生。婚姻是生活的重要组成部分，婚姻也是建立在爱的基础上的，所以，要想让婚姻的大厦更加稳固，就必须要有恒久忍耐的爱，这就需要我们彼此的欣赏。

6. 闭上嘴，停止你的唠叨

在所有的一切烈火中，地狱魔鬼所发明的狞恶的毁灭爱情的计划，即喋喋不休。它像毒蛇的毒汁一样，永远侵蚀着人们的生命。

——卡耐基

卡耐基认为：唠叨其实是投在爱情和婚姻生活中的定时炸弹，一旦时机成熟，它就会毁掉原来幸福快乐的生活。

李丽从大学时就和刘辉谈起了恋爱，大学毕业后一年，他们喜结连理。按说，他们结束了恋爱，走进婚姻，应该是幸福的一对。可是，自打结婚以后，李丽的手中就拿起一把无形的尺子，只要见到丈夫就必须要量一量。丈夫洗衣服时，她会抱怨说："你看看，这领子、这袖口，你连衣服都洗不干净，还能干什么？"丈夫做饭，她会抱怨："哎呀，做饭怎么不是咸就是淡，一点谱都没有，让人怎么吃呀？"丈夫做家务，她会抱怨："怎么这么笨，地也擦不干净。"丈夫办事情，她更是牢骚满腹："看你，连话都不会说，让人怎么信任你呢？"诸如此类，家庭噪音不绝于耳。

刚开始，刘辉常常是黑着脸不吱声，时间久了，他就开了口。他会说："嫌我洗衣服不干净，你自己洗。"然后把衣服往那一扔，摔门而走。他还会说："我做饭没谱，以后你做，我还懒得做呢。"有时候，他也会大发雷霆，和她大吵一通，然后好几天两人谁也不理谁。

过几天，两人和好了，但是李丽仍然改不了自己的习惯，仍然会在他做事的时候唠叨不止，日子就这样在吵吵闹闹磕磕绊绊中过了几年。终于有一天，李丽又在唠叨他碗洗得不干净时，他再也无法忍受，把所有的碗都摔在了地上，大声吼道："你烦不烦，看我不顺眼，干脆离婚算了，看谁顺眼跟谁过去。"

李丽万万没有想到刘辉会提到"离婚"这两个字，她顿时泪如雨下："我说你，还不是为了你好？换了别人我还懒得说呢！要离婚，好，现在就离！"最后，刘辉甩门而去。后来，在朋友的劝说下，李丽终于明白，是自己的唠叨给婚姻带来危机，她渐渐懂得那些唠叨其实并没有必要：衣服有一两件洗不干净很正常；炒菜咸了淡了也没什么；家务活谁都可能出点纰漏；一个人偶尔说错一两句话也是在所难免。可是，不断地抱怨就等于把这些常人都有的小毛病加以无限的放大，而且还养成了习惯。

地狱中的魔鬼为了破坏爱情而发明的恶毒的招数中，无休止的指责、抱怨和唠叨是最厉害的一招。它永远不会失败，就像眼镜蛇咬人一样，总是置人于死命。

托尔斯泰伯爵夫人也发现了这一点——可惜她明白得太晚了。在她去世之前，她向女儿们承认："是我害死了你们的父亲。"她的女儿们没有回答，却抱头大哭。她们知道母亲说的是实话。她们知道，是她们的母亲用不断的埋怨、没完没了的批评和永无休止的唠叨，把父亲害死的。

但是从各方面来说，托尔斯泰和他的夫人都应该是幸福的一对才是。他是最著名的不朽小说家之一。他的两本巨著《战争与和平》和《安娜·卡列尼娜》，在世界文学史中永远闪耀着光芒。

托尔斯泰真是太出名了，当时崇拜他的人日夜地跟随着他，把他所说的每一个字，都速记下来，甚至连"我想我要上床睡觉了"诸如此类的只言片语。

除名望外，托尔斯泰和他的夫人还拥有财富、社会地位和儿女们。天下似乎从来就没有比这更美满的婚姻了。在开始在一起的日子里，他们的幸福似乎是太完美了、太甜蜜了，使人相信一定会白头偕老。因此，两个人跪在一起，祈祷全能的上帝，永远不断地把这种幸福赐给他们。

然而好景不长，怪事发生了。托尔斯泰慢慢改变，变成了一个完全不同的人。他对自己所写的巨著感到羞愧，并从那个时期开始，献身于写些宣传和平，以及废除战争和贫穷的小册子。

托尔斯泰的一生是一场悲剧，而之所以成为悲剧，原因在于他的婚姻。他的夫人喜爱华丽，而他却看不起；她热爱名声和社会的赞誉，但这些虚浮的事情，对他却毫无意义；她渴望金钱财富，而他认为财富和私人财产是罪恶的事。

多年以来，由于他坚持把自己著作的版权无偿地送给别人，她就一直地唠叨着、责骂着和哭闹着，因为她坚持想要那些书本所赚到的钱。

当他不理会她的时候，她就歇斯底里发作起来，在地上打滚，手上拿着一瓶药片，发誓要自杀，或者威胁着说要去跳井。

他们一生中的最后一次倾心相谈，可能历史上最令人怜悯的一幕。当他们刚结婚的时候，他们的确非常的快乐，但过了四十八年以后，他甚至无法容忍自己多看妻子一眼。有一天晚上，这位年华已逝、而心已碎的女人，由于渴望得到热情，走来跪在他的面前，乞求丈夫为她大声读出他在五十年前为自己所写的一段充满浓情蜜意的日记。当他读了那早已永远逝去的美丽的快乐时光后，两个人都悲伤地哭了。现实的生活和他们早先拥有的罗曼蒂克之梦，是多么的不同！又是多么明显的不同啊！

最后，当托尔斯泰82岁时，他再也不能忍受家里那种悲惨的气氛了，于是在一个下着大雪的夜里，他逃离了家庭，逃离到寒冷的黑暗里，不知道该到哪里去才好。

十一天后，他因肺炎病死在一个火车站里。而他临死前的唯一要求是，不许她来到他的身边。

这就是托尔斯泰伯爵夫人唠叨、抱怨和歇斯底里所得到的结果。

爱情的幸福来自于彼此的理解和支持，嫉妒和唠叨不会起到任何的作用，相反，它会使爱情的裂缝越拉越大。

7. 成为对方事业的“亲善大使”

一个妻子所应该做到的，就是帮助丈夫找出生命中最渴望得到的东西，然后才能与丈夫齐心协力去实现这些理想。

——卡耐基

现在是两性平等的社会，男女双方都要努力缔造前程。彼此相互提携，为了共同的方向一起努力迈进、享受成果，这是人生最美好的事。其实，家庭就好比是一辆行驶在路上的马车，有时会陷入泥潭、沼泽，此时你就应当承担起做爱人的责任，及时调整自己，给心爱的人添一份哪怕是微薄的力量。

一天早上，电车里的乘客都突然伸长脖子，注视着一个活泼敏捷、衣着入时的漂亮女士——她扛着一把猎枪跳上了车。

这是个广告噱头？或者她是个怪人？许多乘客内心都感到隐隐的不安，直到这位女士到站下了车，大家才松了一口气。其实，这只不过是丽亚在帮她丈夫客户的忙，把这支赊账买来的猎枪送回到原来的店里去。

她的丈夫梅尔是一家家用电器厂的优秀推销员，丽亚曾经想出许多方法来帮助他拓展业务，由此她被自己的先生戏称为他的“星期五女郎”。

“我先生对工作充满了热情和活力，甚至连他的日常生活，包括吃饭、睡觉与呼吸也都是如此。”丽亚曾自豪地对朋友说，“而我自然也感染到这令人振奋的激情。过去几年来，我曾经想出各种办法来帮助他。直至今天，我一直都很喜欢帮他做些力所能及的事情。”

丽亚认为，让丈夫把全部精力都用到业务的拓展上去十分重要，为此，她就设法不让丈夫为琐事分神。她相信，如果她能够帮助丈夫处理一些细小却又必要的杂务，她的丈夫就能更好地集中精力做事，发挥出他最大的潜能。

梅尔先生有许多信件，必须带回家里处理，丽亚很快就学会了打字。开车跑遍三十多个州，对一个男人来说是很费精力的事情，所以丽亚也学会了开车。“我曾开车把梅尔从纽约时报广场接送到旧金山金门大桥。”丽亚骄傲地说，“对他来说，这是一件很简单的事。对我来说，可就是一个很奇妙的体验了。”

看得出来，丽亚即使是培养嗜好，也都是在为她丈夫的事业着想。她收集了许多旧熨斗，有些甚至已经有上百年的历史了。她还为先生画了许多彩色海报，准备在销售会上将它们展览、陈列出来，这当然也会收到不错的效果。

由于丽亚为自己丈夫的事业付出了不少心血，所以她能从丈夫的成功之中获得更多的成就感。难怪当梅尔先生在田纳西州的一次销售会上发表演说以后，听众中就有人问他："我不知道，今天晚上谁对你的演讲最感兴趣？是推销员还是你的太太？

每个人都无法预料未来会发生什么意想不到的事情，使家庭的经济来源突然中断。面对突如其来的变故，贤惠的妻子不应用谩骂、争吵和指责来解决家庭问题，而应与丈夫一起承担起家庭的责任，不退缩、不逃避。调整方向，目标一致，夫妻才能一起走过生活中的风风雨雨。

美国前总统富兰克林的妻子——安娜·埃莉诺·罗斯福是一个不同寻常的女人。她从本质上改变了白宫女主人的传统形象，成为各种社会活动的积极倡导者、政治活动的热情参与者、丈夫事业的有力支持者和政治合作伙伴，这种现象是前所未有的，并为后来的第一夫人们所效仿。

作为一名政治家的妻子，埃莉诺全力支持丈夫的一切活动。1910年，她支持丈夫竞选成功，当选为纽约州达奇斯县的参议员。1912年，富兰克林由于帮助威尔逊竞选成功而被任命为海军助理部长，政治前途一片光明。此时，埃莉诺认为自己更应该助丈夫一臂之力，当好他政治上的助手。

1928年，富兰克林在埃莉诺的帮助下当选为纽约州州长。从富兰克林瘫痪到当选为纽约州州长的七年里，埃莉诺的政治贡献和出色的组织才能使她成了纽约有重大影响力的政治家之一，其务实精神在民主党内及妇女政治组织中引起了人们的注意。

在富兰克林任纽约州州长的四年中，埃莉诺和富兰克林学会了在政治上互相帮助，接近于一种两个政治家间的专业合作。为了保住丈夫的政治生命，埃莉诺成了他政治上的代言人。在为共同事业进行的奋斗中，他们的夫妻关系变得日益融洽、和谐起来。在四年的州长夫人生涯中，埃莉诺成为富兰克林的“耳目”，及时向他汇报各地的情况，并提出解决问题的办法。这也使埃莉诺在政治上日渐成熟起来，为她长达12年的第一夫人生涯做了充分的准备。

有人形容，夫妻就像筷子，谁也离不开谁，酸甜苦辣一起尝。对于志趣相投、学习与发展途径兼容者，不是简单的夫唱妇随，而是彼此互相协助，共同发展进步。即使不同行，也有许多夫妇从年轻时期就携手共创事业，在编织美丽的梦想后，全力以赴，互相勉励与坚持，这也是值得钦羡的模式。携手共同创业，终必卓然有成。

8. 永远信任你的伴侣

毫无根据的猜疑是婚姻的大敌。它使人自寻烦恼，甚至导致双方感情的破裂。夫妻之间互相信任是不可缺少的一种美德，同时也是维持双方良好情感的前提条件之一。

——卡耐基

幸福美满的婚姻，恰如一部悦耳动听的交响曲，夫妻间的互相信任，如同其中最华美的乐章，没有信任这个乐章，婚姻这部交响曲就会黯然失色，甚至有可能无法继续演奏下去。

信任是生活的基本态度。同样，在婚姻关系中，你们首先要信任你们的配偶是忠诚的、爱自己的。信任，可以让你永远保持清醒的头脑，免受外来因素的干扰与侵袭，同时也充分地保障着婚姻的稳固坚实。试想，夫妻之间如果连最根本的信任都不存在了，还谈得上什么真爱？没有真爱的婚姻又怎么会稳固？信任是基石，宽容是相处之道，猜疑只会损害我们的婚姻。

在婚姻中，信任是一棵树，需要你为它疗伤、浇水……需要你精心爱护才能越长越大。而你的努力所得到的报答，就是爱情的花朵和幸福的果实。

夫妻俩幸福快乐地生活着，白天在外边上班，晚上回来享受二人世界。妻子林冉一直都认为自己是世界上最幸福的女人：袁贺绝对是新时代的模范丈夫，烧得一手好菜，每天早上起来总会做一个林冉最爱吃的三明治，然后热上一杯牛奶。

袁贺的妈妈要来城里看儿子，要住上一阵子，并再三要求承担家务。看着儿子在外边上班挺累的，婆婆随即对儿媳妇产生了一些不满的情绪，心想做饭是女人的天职，媳妇真是被儿子给惯坏了。

之所以再三要求承担家务，一是实在不忍心儿子一天到晚那么辛苦，二是有意做给儿媳妇看。于是，林冉爱吃的三明治没了，换成了婆婆煮的大米稀饭；原来自由的二人世界没了，换成了整天被婆婆唠叨的场面，尽管大多时候也是出于好心。

这一些变化让林冉有些难以适应，吃不惯婆婆煮的大米稀饭，更不习惯累了一天回到家里还要听老人家的唠叨。大多时候她还是忍着，但她和老人家之间还是免不了产生一些摩擦，而袁贺所能做的永远只是在妈妈和爱妻之间和稀泥。

早上醒来，林冉洗漱完，懒洋洋地坐在餐桌前，接着又看到了大米稀饭，婆婆那期待的眼神又迫使林冉强忍着去尝试。这一次，林冉不知为什么再也咽不下去了，跑到洗手间吐得稀里哗啦。当林冉喘息着平定下来时，见婆婆夹杂着家乡话的抱怨和哭声，袁贺站在卫生间门口愤怒地望着她，她干张着嘴巴说不出话，其实她真的想告诉婆婆和丈夫她不是故意的。

林冉和袁贺开始了第一次激烈的争吵，婆婆先是瞪着眼看他们，然后起身，蹒跚着出门去了。袁贺恨恨地瞅了林冉一眼，下楼追婆婆去了。

整整三天，袁贺没有回家，连电话都没有。林冉很生气，想想自从婆婆来后，她够委屈自己了，还要她怎么样？莫名其妙的她总想呕吐，吃什么都没有胃口，加上乱七八糟的家事，心情差到了极点。

婆婆回乡下了，夫妻俩开始了无休止的冷战。

一次上班中，林冉晕倒了，被同事送进了医院，才知道自己怀孕了。

她想回家后就告诉袁贺自己是因为怀孕的关系，所以才吐了婆婆煮的大米稀饭。可是，巧的是夫妻俩居然在医院碰到了，而袁贺身边还跟着一个女人。林冉愤怒了，她想袁贺果然是有了外遇了，所以就没告诉袁贺自己怀孕了。

晚上，林冉接到妈妈的电话。妈妈质问林冉是怎么回事，怎么这么不孝顺。原来婆婆回去非常生气，逢人就说自己的儿媳妇有多么多么的不孝顺，自己辛辛苦苦做饭给儿媳妇吃，儿媳妇不仅不感激，反而还嫌弃地将饭给吐了。林冉听后生气极了，都忘记解释了，于是决定要和袁贺离婚。

而袁贺在医院里碰到林冉之后，也做出了一个看起来更加过分的决定，和林冉分居，而且还分开了两人所有的日常生活用具。几乎每个夜晚都是独自一个人外出，有时候很晚才回来，而且每一次都带着一些东西。

林冉决定和袁贺离婚，于是打算和袁贺摊牌。晚上，她推开袁贺的房间后惊呆了，整个房间里堆满了婴儿的玩具和营养品，正当她沉浸在感动中的时候，忽然发现旁边桌子上还放着一张病历，原来他那天去医院是看病。

林冉激动地冲进袁贺怀里，袁贺抱着她说："对不起，都怪我粗心没注意到你怀孕，那时候我以为你是嫌弃我妈妈，可是我忘记了，我应该相信你的。你不会是这样的人。"林冉也哭着说："我以为你有外遇了，所以才没解释的。"袁贺紧紧地抱着林冉说："看来，我们都忘记了信任了。"

信任的爱好比一朵美丽娇艳的花，她美丽，却很娇嫩，又易枯萎，需精心爱护才是。这中间，猜疑的一方，固然是卑俗的，而轻易做出容易引起对方猜疑事的另一方也是愚蠢的。

猜疑是一种没有一点正面价值的不良心态，人一旦陷进猜疑的误区，必定处处神经过敏、捕风捉影，既损害正常的人际关系，更影响自己的幸福生活和身心健康。

她对婚姻莫名的恐慌好像是从丈夫升职为总经理，回家的时间越来越少的时候开始的。当他说晚上有应酬不回家的时候，她会忍不住想也许是和某个年轻漂亮的女人在一起；他晚归，她会趁他睡熟时查看他的手机短信，像贼一样拎起衬衣仔细地闻仔细地看。

对于她的怀疑和侦查，他不是没有察觉的，他讨厌她疑神疑鬼的样子，争吵日益频繁，她的心情越来越糟糕，开始在朋友的建议下去看心理医生。心理医生听了她的倾诉后说，周末会在公园举行一次活动，到时候带着你丈夫过来吧。

周末的时候，她和丈夫去了，那天去的都是夫妻。心理医生让妻子们面朝他站成一排，然后，命令丈夫们站在后面一排做好救助准备，待他喊了"开始"之后，前一排的妻子就往后一排相对位置的丈夫身上倒。他说，"夫妻是世界上最亲密的人，所以，你们不要有顾忌，要尽力往后倒，好，开始！”女人们都嘻嘻哈哈地笑着，身子一点点地往后倒，她也往后倒着，但是暗自掌握着身体的平衡，她担心，后面的那个人不会好好地接着她。果然，她听到了接二连三的“扑通”声，原来有心实的女人真的往后倒去，结果站在身后的丈夫却没有认真地去抱倒过来的妻子。从地上爬起来的女人眼中都有了泪水，失手的丈夫们也满脸通红。她暗自庆幸自己多了个心眼儿，回过头却看见丈夫脸色阴沉地看着另外几对夫妻。那几对都是妻子真的往后倒，而丈夫倾尽全力接抱的。

心理医生指着那几对抱在一起的夫妻说，他们是这次实验中表现最为出色的人。他说：“在这里，妻子为大家表演了‘信赖’，信赖就是真诚地抽干心里的每一丝猜疑和顾忌，百分之百地交出自己。丈夫为大家表演的则是‘值得信赖’，值得信赖其实是信赖催开的一朵花，如果信赖的土壤过于贫瘠，那么这朵花就不会生长，更不会开放；当然如果信赖的土壤肥沃松软，值得信赖这朵花就会开放得非常美丽。先生们女士们，我知道你们当中有很多人都在婚姻中感到了困惑，常常感叹自己的不幸福。在这里，通过这个活动我想告诉大家的是，信赖别人是一种幸福，值得信赖也是一种幸福，想要幸福，首先学会的就是要懂得信赖！”

她在那一刻恍然明白自己为什么没有真实地向后倒去了。

那天回到家，她和丈夫又玩了一次那个游戏。她问：“亲爱的，你会抱住我吗?”后面的人说：“会，我会的。”她闭上眼睛，直直地向后倒去，她能感觉到丈夫很努力地支撑着她已经发福的身体。泪水从眼里流了出来，她再一次找到了通向幸福的那扇门。

卡耐基认为：感情不是靠一方的强力控制来维持的。猜疑会给双方带来伤害，一旦有了猜疑，信任会像钙一样流逝。一旦婚姻中缺失了钙，就容易出现裂痕。只有彼此信任，感情才会越来越深，亲情也会更加浓郁，家庭才能幸福美满。

信任是幸福生活的前提，也是幸福生活的基础。夫妻之间，家人之间一旦缺少了基本的信任，家庭裂痕也就出现了。所以，我们一定学会相互信任。多一份信任就会少一份猜测，也就会多一份幸福与快乐。

9. 不要强迫对方为你而变

> 现实生活中，没有人愿意被人强迫去做某一件事。当然，现在我要告诉女人的是，你的丈夫同样也不喜欢被你强迫着去做某些事。
>
> ——卡耐基

男人和女人对生活的关注点不同，思维方式也会有差异，因此发生争吵在所难免。发生矛盾时，我们要冷静下来，站在对方的角度去想一想。站在对方的角度，可能你会发现有些事情是合理的，至少可以试着去接受。

苏萨和丈夫小魏谈恋爱的时候，同事都说："小魏是个很专一的人，他能十几年如一日地痴迷于木雕，对你就更不用说了。"苏萨听了心里暖暖的。不久两人便踏上了红地毯。

婚后不久，小两口在银行按揭购买了一套住房，经济上有些拮据，可是丈夫痴迷于木雕，依旧在雕刻工具和模型上大把花钱。对此苏萨颇有微词。

有一次，家里的电视机坏了，苏萨一连十几个晚上没法看韩剧，心情很不好，她打算叫丈夫把影碟租回来。丈夫下班回来，很兴奋地对苏萨说："你猜我带了什么好东西回来？"苏萨暗自高兴："一定是影碟，这呆子原来还是蛮善解人意的嘛！"正想赏他一个吻，突然，电脑荧屏上出现一行字——"民间木雕工艺欣赏"。

苏萨又气又急，张开嘴在他肩上狠狠地咬了一口，趁他还没反应过来，抱着影碟就跑。他忙过来抢，不知怎么把苏萨往外一推，"砰"的一声，苏萨重重地摔在地上，摔得她头皮发麻，眼冒金星。

苏萨借题发挥，坐在地上大哭起来："你买这些东西有什么用？这东西能当饭吃吗？"没想到丈夫却毫不示弱地说："我看见它就可以不吃饭！"

苏萨想，这日子没法过了。她爬起来，拿了两件衣服就往外走。看见她要"离家出走"，丈夫开始心软，急忙追上来说："你知道我对木雕很着迷，大不了我把那些都收起来。"说完便跑进书房，把所有木雕的书籍和工具通通装进纸箱里，放到床底下。看丈夫似乎有悔意，她只好作罢。从那天以后，丈夫把家里的财政大权也交给了苏萨。

自从丈夫与他的爱好"划清界限"之后，就像变了一个人似的，整天一副闷闷不乐、心事重重的样子，吃不好，睡不香，整个人瘦了一大圈。问他是不是病了，他总说没事。苏萨担心他的身体出毛病，想办法找机会跟他沟通，但双休日他总也不待在家里。

一天，苏萨接到朋友打来的电话："晚间新闻看了吗？你们家小魏周末在给一所职业学校上课呢！好羡慕你哟，嫁了一个这么优秀的老公！"

放下电话，朋友的话一直萦绕在苏萨耳边。丈夫在朋友眼里那么优秀，而她却只看到他的不足。供房与他的嗜好之间没有什么必然的矛盾，都怪自己小题大做。

忽然之间，苏萨有了一种感悟："爱他，就不要改变他，而是应该试着去接受他，欣赏他。"她忙从床底下的纸箱里，把丈夫的那套心爱之物都搬了出来，分门别类地重新放上书架，让那些根雕、树雕"重见光明”。

有些人不明白爱人为什么总是埋怨自己，指责自己，而自己的努力对方却视而不见，以至于夫妻双方都很苦恼。其实双方的出发点都是为了家庭着想，只是采取的态度和方式不能让对方接受，因此才会导致矛盾发生。这些问题产生的原因，除了少数确实无法调和，更多的是婚姻中一方只是站在自己的角度看问题，忽略了对方的想法和感受。

卡耐基认为：夫妻双方都应该试着站在对方的角度去考虑问题，感受到对方的艰辛，了解对方的需要，这样才能以更体贴、更温柔、更自信、更乐观的态度去调节好婚姻生活，塑造好丈夫或好妻子的角色，让家庭成为夫妻避风遮雨的港湾。

夫妻之间需要坦诚相待，更需要换位思考。只有不断地换位思考，才会相互理解，相互尊重。只有在不断磨合的过程中，夫妻的兴趣、志向、价值取向、生活习惯才会越来越一致，婚姻生活才会越来越融合。学会换位思考，以一颗平常心去面对婚姻中的一切变化，你会有意外的收获。

10. 用心经营，为爱保鲜

快乐的婚姻，很少是机会的产物。婚姻如同建筑物，必须理智地用心去设计。

——卡耐基

“爱”是孤单的一个字，所以需要两个人相拥。当一个温馨、浪漫的鸟巢能够为劳累、疲倦的鸟儿避风遮雨，爱的港湾就是鸟儿的天堂。不要将工作上的失意、生活中的不顺带到你的家庭中，你的家庭就是爱的港湾。

卡耐基认为：婚姻就是契约，你领到的结婚证，其实就是双方的一个契约。因此我们每一个人都应该理性地维护婚姻，要有强烈的契约意识，积极地经营婚姻。

而关于婚姻是爱情的延续，或婚姻是爱情的坟墓，各执一词，只在于当事人的心了。善于经营的人，自然会把婚姻经营得如爱情般甜蜜和谐，甚至有过之而无不及；而不善于经营的人，爱情只会在婚姻中慢慢地平淡，被生活中的琐事取代，直到消失。

李阳的妻子雅琴是一家大型商场化妆品的导购员，而李阳则是一家文化公司的编辑。妻子雅琴因为职业的原因，通常下班的时间不固定，但是每次回家都准时地为丈夫准备好晚饭。但是李阳只有在吃饭的时候才会和妻子谈话，当然内容都是稿子如何烦琐的问题，吃过饭后就一个人憋在书房里面写稿子。而妻子则是一个人默默地收拾碗筷，然后一个人坐在沙发上发呆。有的时候太累了，就在沙发上打个盹。

雅琴工作一天累得不行，已经好久都没有和丈夫李阳好好地聊一聊天，坐下来看个电视了。两个人看上去一点都不像刚刚结婚几个月的新婚夫妇。雅琴拖着疲惫的身躯，一个人爬到了床上，但是刚刚躺在那里，就闻到了一股烧焦的味道。她立刻爬起来打开灯，原来是李阳大半夜的自己嫌冷，插在客厅里的暖宝忘记拔掉了。

李阳向妻子道歉，雅琴只是嘱咐李阳："注意身体，工作重要，身体更重要。"李阳什么都没说，收拾好"残局"就再一次进入书房忙碌了。雅琴心情很糟糕，因为她觉得丈夫对自己已经完全没有感情了，她刚刚出来的时候，手被烫伤了，但是丈夫完全没有注意到这一点，而是转战去了书房。

雅琴过着这样的日子，持续了一个月以后，终于爆发了。她觉得丈夫完全不需要自己，总是疏远或冷落自己。尽管他们结婚以后，享受着装修精致的房子，但是这些都和丈夫的冷落显得格格不入。雅琴开始陷入长久的抱怨之中，两个人越吵越凶，越闹越厉害，最后不得不离婚。

人其实是很容易满足的动物，除了干净整洁之外，你能够给爱人一种快乐祥和的氛围，能够在下班以后放下自己的工作，和爱人聊聊天，甚至两个人可以回到恋爱时的感觉，互相嬉戏、打闹，即便是白天有再多的繁重工作，那么你的爱人也会感觉到生活是幸福的。因为他时刻都能感受到自己另一半浓浓的爱意、在乎和关心。为自己另一半经营一个爱的港湾，让他在这座爱的港湾里享受到幸福，你自然不应让爱人失望。

男人与女人共同建立的避风港和加油站就是“家”。家是一个能够让身心最为放松的地方，如果没有一个幸福的家庭，再完美的爱情也不过是虚幻。即便是温柔的人也会因为没有一个安全的避风港而变得暴躁不安，再贤惠的人也会骄纵放任。因此，你应该懂得为爱人创造一个充满温馨、安全和舒适的爱的鸟巢。即便是在外飞累了，能有一个避风遮雨的地方，这就是爱的港湾。有句话说：“爱与被爱都不如相爱”，当男人和女人彼此深深地爱着对方时，天使就会从天堂下来，坐在那家人家里，唱起欢乐之歌。

当两个相爱的人迈进婚姻殿堂的时候，学会如何为真爱保鲜，应当是婚姻的第一堂课。拿起你温柔的武器，用聪明慧黠的灵巧心思，经营你婚姻里的爱情之花吧。相信幸福绵长的婚姻，不会再是神话。

第六章

美丽到老，做有魅力的优雅女人

1. 克服懒惰，修炼自己的美丽

人人都有自己独特的美，只要你勤于发掘，善于展示。

——卡耐基

红尘滚滚中，一个美丽的女子能够拥有独立的自我已是不容易的事，却还能绽放美丽，如一朵草丛中的亮丽奇葩，独自盎然开放，独自地美丽着她的美丽，幸福着她的幸福。

美丽是需要绽放的，这一点可能很多人都不怀疑。绽放自己的美丽，起初源于看到自己的美丽、认可自己的美丽和欣赏自己的美丽。

每个女人都是一道风景，每一道风景都有自己的美丽之处。只要你善于打扮和护理，扬长避短，那么众人眼中的美女就是你。

徐薇和冉琳是初中同学。那时的冉琳是同学眼中的花仙子，是男生魂牵梦萦的“梦中情人”，而坐在冉琳旁边的徐薇则恰恰是“以丑称美”的最佳作料。徐薇圆乎乎的小脸蛋，胖嘟嘟的小娇唇，一双乌溜溜的大眼睛灵活地眨巴着，男生们见了她总会哄然大笑地打趣她道：“小胖妞，今天又带什么好吃的啦?”徐薇便会难为情地扭过脸去，生气地回答道：“哼，不要你们管!”

光阴荏苒，一转眼十多年过去了，昔日的“小胖妞”已经出落成亭亭玉立的大姑娘，在北京的一家大型企业担任高级翻译，优雅得体的装扮，温文尔雅的谈吐，为她赢得了无数的鲜花和掌声，还有一大批“慕名而来”的追求者们。

春节时，多年未见的初中同学聚在一起开了个同学会，当徐薇和冉琳出现在众人面前时，大家都毫无准备地“大跌眼镜”，惊叹的是当年小胖妞今日变淑女，当年的花仙子今日却……这究竟是“女大十八变”还是“岁月催人老”?

其实什么都不是，人人都有自己独特的美，只要你勤于发掘，善于展示。

原来，冉琳初中毕业后念了几年中专就回家嫁人开了家副食店，每天起早贪黑，劳累之中便失去了打扮的雅兴，长长的头发随意用皮筋扎在后边，皮肤整天蒙着烟尘也顾不得擦一把，早上匆匆洗把脸就出门，晚上懒洋洋地擦一擦就算了，日久天长，再美的容颜也就这样被“摧残”了。

而徐薇就不一样了，考上大学后，意识到外表是女人的重要资本，开始减肥，每天做大量的运动，并控制饮食。同时，她还注重保养皮肤，每天洗脸护肤执行得一丝不苟。考虑到“面子”在事业、人生中的重要性，她还专门“进修”了一下美容课程，一到重要场合，必定“精雕细琢”“闪亮登场”。当然，要想有个整体和谐的形象，服装也是重头戏，徐薇在这方面也花了不少心血，平时逛商场跑市场，买来时尚杂志潜心钻研，其中的艰辛不说，就是衣物的保养也得占用大量时间。但徐薇坚持下来了。对美的不懈追求，让她的品位与技艺越来越高，通过年年月月的“更新换代”，如今的徐薇，大街上的回头率是100%——这并不是因为徐薇天生丽质，而是她懂得如何扬长避短，在勤勉地装扮护理中，找到了最能彰显自己的方式。

徐薇通过自己的努力实现了从“丑小鸭”到“白天鹅”的蜕变，生活中像她这样的人还有很多很多。我们常看电视上明星光彩照人，国色天香的，其中不少人卸了妆就和普通人一样，有的人甚至连一般人都赶不上，但她们为何能傲立群雄、艳冠群芳呢？对此问题的经典回答是：“没有丑陋的女人，只有懒惰的女人。”

英国作家巴里说：“魅力仿佛是盛开在女人身上的花朵。有了它，别的都可以不要；没有它，别的都管不了事。”而女人的魅力源自气质、修养、内涵、才智等方面。女人要想活色生香，魅力四射，就要克服懒惰。

没有天生丽质不是女人的悲哀，但是懒惰则是你大大的不幸！女人要追求美，就要付出代价，不是要你一掷千金地整容购物，而是要在平时的各个细节上重视自己的形象。即使再忙，也应该每天抽出几分钟时间打理自己。

卡耐基先生曾经说过这样的一句话：只要懂得爱惜自己，你永远不会有变老变丑的一天。因此，各位女性朋友，为了你幸福的人生，请开始投资自己的形象工程吧。

2. 穿出个人风采，塑造独特魅力

时尚变化很快，但是女人自身的风格却会长久存在。想打造属于自己的独特魅力，就在穿衣品位上多下些功夫吧。

——卡耐基

“三分样貌七分打扮。”可见衣着对人们的影响，尤其对于女人来说，如果她们风姿绰约、妩媚动人，那么所到之处定会迎得瞩目和赞美。

不管女人们追求一种什么样的生活，但她们终身的目标，不外乎做个精致美丽的女人，或优雅得美丽，或婉约得温柔，或干练得帅气，或妩媚得风情，或淡雅得飘逸，或清纯得自然、或慵懒得高贵等。每一个女人在心底里，都想着做个千娇百媚的万人迷。

服饰是现代女人说不完道不尽的一门功课，服饰覆盖了一个人身体的大部分，成为个人形象的重要标志。对女人而言，一套合身与不合身的衣服穿在身上效果是截然不同的。一件合适的衣服能令一个女人顾盼生辉，一件不合适的衣服则可能令美女也黯然失色。可以说，服饰是关乎女人漂亮美丑的重要因素，一件合适的衣服穿在一个合适的女人身上，也许将带来妙不可言的效果。

都说，女为悦己者容，女士的穿着打扮不光是为自己，更希望在自己心仪的男士面前有所表现。因此，你需要学习如何穿衣打扮。清新秀丽、简约大方的穿着与配饰，肯定能衬托出一股清新典雅的脱俗气质。

不是每一个女人都有着天然的美丽、混若天成的气质，所幸，先天的容貌虽然很难改变，但服装却是可以修饰的。

温雨馨有一次去外地参加一个会议。在会议上，有一位穿着十分考究的女人，看起来十分年轻，穿着也十分有魅力且不张扬，温雨馨对她过目不忘。

当天刚好安排该女士和温雨馨住在一个房间，温雨馨很高兴，她想认识这位有魅力的女人。

晚上两人回到住处，准备洗漱之后睡觉。等到这位女士卸了妆，穿上睡衣走出来的时候，温雨馨大吃一惊。

虽然她的睡衣也很考究，但是她没有化妆的脸确实和白天的她看上去很不一样。她这会儿相貌平平，只是很平凡的人，根本不像白天那么有魅力、有味道。

温雨馨的表情被该女士看到了。她直接说："女人谁不爱美呢？但是我天生就长这样，只好自个儿补救啦。"

这句话让温雨馨十分欣赏，两人开始了聊天。

其间，她的几句话令温雨馨记忆犹新，也很受用。她说，女人的美总是和衣服联系在一起，女人若穿得得体，就会光彩照人。一个人不太漂亮没关系，只要会穿衣服，就会变得引人注目。

温雨馨恍然大悟。第二天一早，她们出门的时候，温雨馨看着她又换了一套衣服，显得她光彩夺目，加上精致的妆容，给人一种很有魅力的感觉。

卡耐基认为：女人穿衣，是一种选择，一身得体的穿着不仅可以让女性显得更加美丽，还可以体现出一个女人独到的魅力。穿着不仅体现着一个人的审美情趣，更是一个人气质和内在素质的无言的名片。有眼光的女人，无论穿哪件衣服对她们来说都是锦上添花。穿衣得体能够充分展示出她们迷人的身材。会穿衣服的女人，将衣服穿出女人味，使自己看上去更加完美，更加迷人。

女人如花，衣服是人的第二皮肤，对女性来说，无论是其衣服的造型还是制作，都要追求独具匠心，确立自己的着装风格，并通过这种创造演绎出一种令人难忘的个人风情。

其实，衣着打扮并不神秘，任何人只要肯留心，都能掌握最基本的要领。我们平时所讲的“风度”，就是内在气质与外在表现相互衬托、彼此辉映的结果。风格的形成越早越好，因为有了风格，你的体貌特征才能与服饰间出现规律性的结合，使你的形象给人带来无与伦比的贴切感。有风格还不怕老，因为越老风格越成熟、越突出。有风格一定会带来自信，因为风格是个性的东西，别人可以羡慕，却无法效仿，这样，你就可以成为时尚独立的载体。

没错，女人穿衣就要有自己的风格。当时装界为我们打出了“风格是必要的信仰”的口号后，人们对于时装的追逐就变得越来越有选择性了。今天，风格决定了一切，你的衣橱再也不会存在让你不知如何是好的单品，你也不会再犹豫是否该拥有当下最流行的单品，只要打造出你自己的风格，一切存在便合理了。

总之，作为一个现代女性，你应该穿出自己的品位和个性，选择适合自己的服饰，把学会穿衣打扮、塑造最迷人的外表形象当作人生中一件重要的事。我们大可不必刻意地去追随潮流，也不需要特别地去模仿谁，只需要找到属于自己的穿衣风格，色调层次适合自己的个性就行了。有时候简单反而就是一种时尚，是一种属于自己的时尚，是一份与众不同的美丽。

3. 完美妆容，让你脱颖而出

化妆的女人是积极的，懂得如何化妆的女人是智慧的。不美不是女人的错，但是不能把自己变美，女人就要负上一定责任了。

——卡耐基

世界上很少有完美的女人，当上帝赐给你的五官有一些缺憾时，女人们就需要自己对相貌进行修饰了。这并非不自信，恰恰相反，把自己打扮得美丽动人是女人的一项本能，也是一项技能。

虽然我们强调一个人的涵养和气质的重要性，但是这些并不代表对外表就可以忽视了。喜欢美丽的事物是动物的天性；人类也是如此，每个女人都有爱美的权利。

不是每个女人都有天生的好相貌，这时候就需要一点点额外的修饰，让自己变得更加完美一些。在某种程度上，一个女人的内在往往要通过外在来展现。在现代社会，人人行色匆匆，一个女人如果不能在第一面给人留下一个好印象，就很容易失去进一步交往的机会，无从展现自己的内在魅力了。

如果说女人在表现魅力方面有什么占优势的地方，那就是女人可以通过化妆来改变自己的形象，通过妆容来演绎风格迥异的魅力。

钟爱化妆的女人最会借助于化妆品，让漂亮的妆容帮助自己在人群中脱颖而出，淋漓尽致地表现自己的魅力。

看过赫本电影作品的人都知道，赫本在不化妆和化妆后有着明显的不同，通过不同的面孔，她成功地演绎着各类女性的魅力和气质。化妆后的赫本显示出迷人的性感，有一种不可抗拒的魅力；素面时的她则是一位温柔的女人，自然流露出一种女性独特的魅力，观众也许就是在这两者的差别中被她的魅力所迷倒。事实上，观众在潜意识里比较喜欢她的靓丽，因为那种魅力存在着让人不可抗拒的力量。

女人其实都渴望自己的素面和妆容同样具有魅力。也就是说，不能总是一张不化妆的脸，也不能总是一张化着妆的脸，那样会让女人的魅力变得过于单一。女人要在社会上扮演不同的角色，需要以不同的魅力来打动身边的人，这样才能保证女人在生活的各个方面都拥有幸福的感觉。

从某种程度上说，女人在化妆时心情是最好的，涂粉底、口红的瞬间，身心都会因为层层的美丽而大放光彩。

现在虽然都在提倡朴素，朴素的观念更深入人心，但是朴素的外表已经跟不上时代的潮流，满足不了现代人的审美要求，应该改进。

在许多国家中，女人出门前不化妆是对他人的一种不礼貌的表现，由此可以体现女人化妆的重要性。

漂亮而不打扮的美人很少，就连电影中的明星也是靠化妆“造”出来的。化妆能突出一个人的优点，掩饰她的缺点，再穿上合适的服装，就更能显示出优美的线条和妩媚的姿态。想要突出自己的气质，就要勤于打扮，它是增加魅力的重要手段。

林曦在一家外企上班，虽然她说不上天生丽质，但是也还是地地道道的美女。她每天化的妆，虽然不是很精致但是却也自然。用她自己的话来说，成功的妆容不是多么的与众不同，而贵在自然。

林曦喜欢平时化很清淡的妆，因为，淡妆是最起码的礼貌。林曦在化妆时，选择的粉底液也是和自己皮肤很接近的，或者是选择稍微深一点的。一般时候林曦的脸上不会出现颜色对比很明显的粉底。之后简单的在睫毛上面涂点睫毛膏，眼睛看起来会很有神。当然还少不了亮亮的唇彩，而比口红要自然得多。这种简单而清爽的妆容往往只会花费林曦不到十五分钟的时间，就可以轻松搞定。

不管在什么时候，林曦这样的妆容让她更加美丽而不做作。

女人身上的女人味，不仅来自于美丽的眼睛和光滑细腻的皮肤，与自身的妆容效果也密切相关。眼睛和皮肤的美丽常常是一目了然，而好的妆容是女人用智慧和修养精雕细刻出来的。那份与身体的和谐，那份洋溢于周身的风采和风韵，那份内心世界精彩的描述和渴求，是从骨子里散发出来的，是可以用心去表现的。

可以说，爱化妆的女人是积极的女人，会化妆的女人是智慧的女人。

对此，有人可能要说，“清水出芙蓉，天然去雕饰”，这样的自然美，不是更好吗？

这话固然没错，但这只是一种理想的境界，因为现实生活中又有多少人能够做到“清水出芙蓉，天然去雕饰”呢？实际上，天生丽质的人是非常少的。即使是许多电影明星，虽然在屏幕上光彩照人，但是卸了妆，站到人堆里，也看不出有什么特别。这就是化妆的魔力。现代社会，很多人已经认识到了化妆的这种魔力。

只要一个人在社会上活动，和人交往，就有义务在别人面前呈现出整洁、美好的形象，因为这可以让别人眼睛舒服。所谓“养眼”，是对别人的一种尊重。让别人觉得自己很美，也可以增强我们的吸引力，何乐而不为呢？女士素面朝天，不但不美，还让人发现我们懒惰的缺点——像那句话说的：“没有丑陋的女人，只有懒惰的女人。”

因此，就像卡耐基先生所说：为了拥有更多的魅力和幸福，女人要学会装扮自己，花一点时间，把自己最美好的一面留给别人。

当然，化妆是有技巧的，不是说任何化妆都可以美化人；如果妆化得不好，只会适得其反。

也许我们看到过这样的女人：没化别的妆，只涂了一个嘴唇，而且是很红很艳的唇膏，乍看上去好像脸上只有一张嘴；还有的女人单看脸，很漂亮，可是再看脖子就露了馅——脖子和脸不是一个颜色，脸比脖子要白得多，好像戴了个假面具；还有的女人把黑眼圈化得特别突出，不由得让人想起熊猫宝宝，生硬、不自然；还有的女人穿着蓝裙子，却画了个橘红色嘴唇……

但愿我们自己没有犯过这样的错误。这样的化妆，是不协调、不雅观的，反而会丑化我们的形象。那么，女人化妆需要遵循哪些原则呢？

首先，要淡妆。“清水出芙蓉，天然去雕饰”，虽然不能完全达到，但还是要尽量追求那种境界。化妆后自然而然没有痕迹，让别人觉得你是天生美丽，才是化妆的最高境界。

其次，化妆要协调。协调是美的一个重要原则，化妆要兼顾身体其他部位。比如，指甲油和唇彩应该是一个颜色，不能嘴巴是红的，手指甲是绿的，脚指甲是黑的，会让你整个人像个调色板。

最后，不能在别人面前化妆。有的女人上班、开会或等公共汽车，就拿出小镜子美化自己，这样做显得不雅观。化妆是一个修饰自己的个人行为，只适合在私下里做。

4. 形体是女人魅力的法宝

天生的美丽也不是不会失去，重要的是要抓紧时间，不仅要学会享受，更要学会珍惜。

——卡耐基

当人们对女人匆匆一瞥时，瞬间最打动人的是什么？

不是皮肤是否洁白细腻，不是头发是否乌黑富有光泽，也不是眼睛是否大，鼻梁足否高，而是身体的形态，是胖是瘦，是否有美感。

大多数女人都曾经拥有过美丽过人的身材，你也如此——在充满青春活力的少女时代。当青春之神款款降临到你的身上时，你的身体就发生了奇妙而令人欣喜的变化。当你渐渐地拥有了优美的曲线，并且身体的每一个部位都能吸引周围人热切的目光时，你也许会下意识里觉得自己就是维纳斯。

但美妙的身材并不是可以持久地让你轻易拥有的。在你没有好好珍惜的时候，它就会悄悄地变化，变得走样，生活中的很多人总有着这种无法言表的惋惜和遗憾。

爱美之心人皆有之，如何塑造自身的美好形象，已成为广大女性共同关注的问题。高耸的胸、纤细的腰与修长的腿，都是我们共同追求的目标。不用急，只要你在平日里做好日常塑身功课，日积月累，好身材自然随心而来。

第一，胸——做女人“挺”好。

做女人还是“挺”好，柔和而丰满的线条、结实挺秀而有弹性的轮廓，给人无限的视觉美。决定乳房的形态美，主要有形体、大小、位置等要素。女人的乳房，形态大约有三种，即圆锥形、圆盘形与半球形。要想收获自信的“挺胸”，你需要注重这些细节。

（1）胸围保养。一定要戴有较强承托力的胸罩，更不能贪凉快而不戴胸罩，而且要常做胸部运动，让乳房保持长时间的结实和弹性。

（2）按摩。经常按摩乳房可使其丰满挺耸，可收到令人满意的效果。常用的方法有三种：按压大椎穴、旋转按摩法和轻压法。

第二，腰——做个迷人“腰”精。

腰是运动的中心，腰部的动作极富优雅感与韵律。它承上启下，有蜿蜒施展之妙，予人以无限的遐思。因此，细腰成为美人的一大要件，古人以“小腰”“纤腰”“楚腰”等形容美女腰的柔软、纤弱。柳腰迷人，在于腰细能更好地衬托出高耸的胸和丰满的臀，让上高下圆的双曲线更诱人。故有“腰肢风外柳”“纤腰婉若步生莲”之叹。

拥有纤腰是每个女人的梦想，许多健身专家都有这样的结论：相对腿部而言，腰腹部是最容易瘦下去的。纤腰最实际的做法就是做运动，只要动作到位，并结合饮食控制，一个月就能有明显效果。下面介绍几种纤腰运动：仰卧起坐练上腹、抬腿练下肢、支撑左右扭转练侧外斜肌。

第三，腿——美腿自然成。

生活在浮躁都市里的白领丽人，那些除了中午用餐和上洗手间外必须全天坐在写字间的美眉，办公桌上脸庞秀美依旧，办公桌下肢体却臃肿不堪，于是乎，信心与美丽渐行渐远。

跳操——没时间，节食——没毅力，辞职——没勇气。可怜有些女人，为了守住一份高薪舒适的工作，放弃了美丽，透支了健康，甚至失去了与爱人的亲密。

其实，要想让下半身同上半身完美结合，真的是很简单：平时能走楼梯的时候不要坐电梯，能走路的时候不要打车，适度拉伸腿部等。

你还可以参加一些长时间、低强度的有氧运动来减肥，如游泳、慢跑、单车、步行等。此外，你也可以舒舒服服地享受香熏。香熏功效神奇，具有减肥功效。同时适当增加对身体的投资，如各种身体保养、水疗等。

卡耐基认为：形体是女人魅力的法宝，是女人幸福的源泉。而塑造完美的形体并不需要耗费太多的金钱和精力，所需的只是四个字：贵在坚持。只要你对自己有信心，不懈地坚持下去，你也会拥有完美的形体和自信的笑容。

当然，塑造完美形体还是应以健康为前提，注意营养的搭配和均衡。只有健康的女性才能充分地展现活力之美。任何破坏身体平衡的残酷减肥法比如吃药、强迫呕吐等都是我们应该坚决摒弃的。

总之，女性应当珍爱自己的身体，合理控制饮食，均衡营养，坚持锻炼，增强自制力，培养良好的生活习惯。只要付出一些努力，美丽形体离你并不遥远！

5. 将美貌升华为气质

> 魅力女性应具备的七项特质：聪明有教养；管好自己的情绪；具有独特气质；不拜金、不仇富、会理财；充分展示性魅力；释放妻性和母性能量；帮助丈夫取得事业成功。
>
> ——卡耐基

美是什么？不同的人有不同的感受，不同文化的人的理解也有不同的层次。美是一种主观认识，但人类还是有着一些共同的体验与感受。如，见到某个美女，可能大多数人都会认为其是美女，只有一少部分人会认为她不是。这种感觉只可意会不可言传，要说清楚美是什么很难，可以看见，却无法描绘；可以感受，却难以说清。

美貌并不只是一瞬间的，还要经得住岁月的推敲，美，就要美出气质才行。这种气质或许是人淡如菊的优雅，或许是来自于骨子里的自信，也或许是那清爽的走路的样子，以至于全身能散发出不同于他人的精气神。

气质是女人的经典品牌，这是现代人的共识。相对美丽的容貌而言，气质则是厚重的、持久的。气质是文化底蕴、素质修养的升华。现代的女性越来越讲究“内外兼修”，在气质的修炼上纷纷找准从“文化”入手的捷径。于是，女人的气质便演化为高贵、性感、情趣、妩媚，甚至神秘，让人们在欣赏女人时怀着一种敬畏、一种仰慕。

气质是指人相对稳定的个性特征、风格以及气度。性格开朗、潇洒大方的人，往往表现出一种聪慧的气质；性格开朗、温文尔雅，多显露出高洁的气质；性格爽直、风格豪放的人，气质多表现为粗犷；性格温和、风度秀丽端庄，气质则表现为恬静……无论聪慧、高洁，还是粗犷、恬静，都能产生一定的美感。

卡耐基认为：世上最颠倒众生的不是美丽的女人，而是具有吸引力的女人。有人说好女人是一本书，而一个有品位的女人更是一本永远也让人读不够的书。因为她虽然没有靓丽的外表，或者没有炫目的青春，但是在人群里，你总会一眼就可以发现她，因为她身上有一种自信的光彩，这就是女人的气质。

张曼玉刚刚出道的时候，几乎没有什么特色，她的相貌也算不上国色天香。后来张曼玉拍了很多片子，给别人的印象是好看的、有灿烂笑容的女人。

后来，经历过人生的风雨之后，张曼玉懂得了，明星只是一时的，而演员才是永远的。有了这种意识后，张曼玉懂得珍惜更多朴素的东西，从而变得更加豁达。她已经不再是刚刚进入娱乐圈时的那个花瓶了，完成了从美丽到气质的升华，逐渐散发出一种让人难以抗拒的魅力。

正是这样从内而外的升华，使张曼玉成为炙手可热的明星。1991年的《阮玲玉》将她送上了事业的巅峰。在后来的《人在纽约》（又名《三个女人的故事》）中，张曼玉不愠不火的表演令她迅速出线，成为耀眼的明星，也为她赢得了人生中的第一个奖项——第27届台湾金马奖“最佳女主角”奖。此后的她在戏里戏外都成了吸引人的女人，不仅吸引了男人，而且吸引了女人。她那惟妙惟肖、出神入化的表演让她“浑身都是戏”，让人们忘了这是在演戏，仿佛就是发生在我们身边的故事。这正是张曼玉登峰造极的气质带给人心灵的震动。

当她从镁光灯下走出之后，我们看到的那个真实的张曼玉，身上兼有东方的素静神韵与西方的明艳光彩，从无虚饰与矫情，自然流露出她清澈而深沉的内在气质。

2003年，随着张艺谋的大片《英雄》在全国热映，人们看到了一个在大漠风沙中明艳逼人的张曼玉。人们不由感慨她风采依旧，年龄不但没有成为她演艺事业的障碍，反而成为她征服越来越多观众的筹码。

张曼玉的气质来源于内心自我的清醒、独立的认识，时光沉淀下来的苦涩与神韵让她完成了气质的升华。银幕下的张曼玉无论在任何场合都是沉静的、微笑的，淡妆素服，不见一丝浓艳。她从不在媒体面前张扬，只是静静地微笑着。裙裾之间，女人的优雅尽在不言中；举手投足间，巨星风采翩然而至。

这种气质的女人就是花丛中的一朵嫣红，最后变成最精粹的一滴金黄色的花蜜，让你在惊叹中慢慢回味。

在现实生活中，有相当数量的女人只注意穿着打扮，并不怎么注意自己的气质是否给人以美感。诚然，美丽的容貌、时髦的服饰、精心的打扮，都能给人以美感。但是这种外表的美总是肤浅而短暂的，如同天上的流云，转瞬即逝。如果你是有心人，则会发现，气质给人的美感是不受年纪、服饰和打扮局限的。

气质美是丰富的内心世界的外露，包含了文化素质、知识和经验的沉积，以及品德和修养的凝练。为人诚恳、心地善良、胸襟开阔、内心安然是不可缺少的。

卡耐基认为：气质美看似无形，实为有形。它是通过一个人对待生活的态度、个性特征、言行举止等表现出来的。朋友初交，互相打量，立即产生好的印象。这种好感除了来自言谈之外，就是来自作风举止了。热情而不轻浮，大方而不傲慢，就表露出一种高雅的气质。狂热浮躁或自命不凡，就是气质低劣的表现。

气质美还表现在性格上。这就涉及平时的修养了。要忌怒忌狂，能宽容谦让，能关怀体贴别人。宽容并非纵容，更不是逆来顺受，毫无主见。相反，开朗的性格往往透露出大气凛然的风度，更易表现出内心的情感。而富有感情的人，在气质上当然更添风采。

我们常常感叹红颜易逝，美丽的女人虽然总会成为一道迷人的风景线，但是当红颜老去时，能留下的只有对生活那种不停的追求。只有努力地加强自己的内在修养，做一个有气质的女人，美丽才可以保持不变。

如果你是一个聪明的女人，那么从现在就开始培养自己优雅的气质。这样你不仅能找回自信，更能永葆青春，因为只有气质不会随着岁月老去。

6. 优雅是最美丽的外衣

> 优雅不是天生的，也不是夸夸其谈知道几个所谓的时尚名词就优雅了。优雅是一种气质，一种坚持，一种经得起时间考验的内在品质。当优雅成为一种自然的气质时，女性一定显得成熟而有魅力。
>
> ——卡耐基

优雅是女人追求的至高境界。谁也无法抗拒岁月的印痕，青春和美貌不会永驻，优雅却会成为无与伦比的恒久魅力。

优雅，是一种高文化修养的表现，是女人魅力的终极体现。

优雅是一种味道，由内而外散发着迷人的芳香。言语中尽是撩人的思绪，举手投足间散发着成熟女人曼妙的气息。优雅不是先天的，它是悬浮于物质表面一种气度的展示。自信的女人常常带给人一种知性的美，这是后天的塑造，更是优雅的源泉。

优雅是一种内在气质，优雅是一种风度，也是一个人独特的风格。优雅也许带有遗传基因的因素，更重要的是来自后天的修为，靠阅读来培养，靠不断的领悟和思考，更由生活的态度所决定。优雅是装不出来的，举手投足微笑也许不会出卖你，但是言谈行为和思想能决定你是否被别人认可你属于优雅一类。

优雅是一种感觉，这感觉更多地来源于丰富的内心，智慧、博爱，还有理性与感性的完美结合。

一个容貌美丽的女人未必优雅，而优雅的女人一定“美丽”，因为她的知识和智慧让你信任，她的细腻与关爱让你依赖。而这智慧、细腻、关爱，你会从她充满迷人女人韵味的举手投足、一颦一笑间体味。

优雅，仿佛是盛开在女人身上的花朵，芳香四溢；优雅，更像雕塑家手中的刻刀，从内心到外表雕琢着女人；优雅是一种恒久的时尚，不因岁月的流逝而消失，也不因时空的转变而淡漠。

在一次世界文学论坛会上，有一位相貌平平的小姐端正地坐着。她并没有因为被邀请到这样一个高级的场合而激动不已，也不因自己的成功而到处招摇。她只是偶尔和人们交流一下写作的经验。更多的时候，她在仔细观察着身边的人，过了一会儿，有一个匈牙利的作家走过来。他问她：“请问你也是作家吗？”

小姐亲切而随和地回答：“应该算是吧。”

匈牙利作家继续问：“哦，那你都写过什么作品？”

小姐笑了，谦虚地回答：“我只写过小说而已，并没有写过其他的东西。”

匈牙利作家听后，顿有骄傲的神色，更加掩饰不住自己内心的优越感：“我也是写小说的，目前已经写了三四十部，很多人觉得我写得很好，也很受读者的好评。”说完，他又疑惑地问道，“你也是写小说的，那么，你写了多少部了？”

小姐很随和地答道：“比起你来，我可差得远了，我只写过一部而已。”

匈牙利作家更加得意地说："你才写一本啊，我们交流一下经验吧。对了，你写的小说叫什么名字？看我能不能给你提点建议。"

小姐和气地说："我的小说名叫《飘》，拍成电影时改名为《乱世佳人》，不知道这部小说你听说过没有？"

听了这段话，匈牙利作家羞愧不已，原来她是鼎鼎大名的玛格丽特·米歇尔。

这就是优雅的女人，她不经意间所流露出来的优雅，让人佩服得五体投地。正如一位美学家的名言："优雅是一种由积淀而形成的生命气质与气韵，是与美非常接近的概念，是属于姿态与动作的观念，是心灵的优美在生活的注释和延伸。正是在这姿态与动作的自在、完美、雅致之中，才淋漓尽致展现着优雅的全部魅力！"

可见，真正的优雅是来自内心的"神韵"之美，是充实的内心世界、质朴的心灵付诸于外的真挚表现，是自信的完美个性的体现。而所有的这些都来自于你所受的教育、自身修养以及对美好天性的培养与发展。但是同时必须注意的是，真正的优雅是装不出来的，最真诚的往往是最动人的。它是你完美的自信个性的体现，要知道你要做的不是奥黛丽·赫本或张曼玉，而是做你自己，培养那份真正属于你自己的优雅气质。只要你自信自己是优雅的，并时刻提醒自己这一点，那么，你的优雅必定会闪耀出属于自己的光芒。

女人怎样才能够优雅呢？有人说，在丰富的物质面前，女人优雅的气质和内容就会表现出来。其实并非如此，女人的优雅不是物质生活堆积出来的，但优雅的生活多少与物质有一定关系。

你想知道一个女人是否过着优雅的生活，你首先要问她是否有能力创造幸福？她的生活内容是否真实？她的感受是不是自然流露出来的？如果她无法确定，那么她必然是生活在别人设计的图纸上，优雅的生活就无从谈起。其实，只有不断提升自己的品位修养，才能逐渐向优雅靠近。

优雅，是一种知识的积淀，不管是直接还是间接的，都是一种必需的积累；优雅不是一种形式上的东西，需要你在生活中学习，需要你以丰富的人生经历来成就。优雅有着终生学习的特性，是台阶式的，学一点，修一点，修一点也就提升一点。优雅需要女人学一生，坚持一生。只有这样，才会让你受益一生。

女人优雅之树的根要深扎在文化与经济的沃土里才枝繁叶茂。当优雅成为一种自然的气质时，你一定显得成熟、温柔；当优雅代表你的性格时，事实上你已把握了自己的人生。

女人的优雅又像一口泉，智慧之水在涌动中展示充分的人格魅力，散发着令人仰慕的内在品位。生活中的女人们尽量提高自己的品位，多一些优雅，实在是人生中的崇高境界。

有品位做底蕴的优雅女人，不见花开，只闻暗香浮动。

7. 淡淡女人香，美丽一生的灵魂所在

男人大多喜欢有女人味的女人。女人征服男人的不光是美丽的外表，更多的是她的女人味。

——卡耐基

女人味就像上天专门为女人量身定做的永不过时的服饰，既能让芳华已逝的女人将自己的美丽延续下去，又能让充满朝气的女性永远洋溢着柔情。

青春永远只是人生的美丽过客，但女人味却是女人魅力的来源。青春无法把握，失去了无须惭愧，但女人味却是一种精神，若把它丢失

了则是女人自己的错！

林娟是一个知性的中年女人，像所有的传统女人一样，她贤惠、善良，相夫教子，只是性格略显火爆。

一天，她在街上发现丈夫和一个年轻女子亲密地相拥，她简直不敢相信自己的眼睛。那个与自己生活了十几年，甚至有点“懦弱”的丈夫居然背叛了她，甘愿冒着妻离子散、前程毁灭的危险。她无法接受这个可怕的事实，她号啕大哭，大吵大闹，最后换来的却是丈夫一脸漠然地向她宣布离婚。

“为什么？我犯了什么错？我做了对不起你的事吗？”她用颤抖的声音质问丈夫。

丈夫叹了口气说：“没有，你做得很好。你是一个好妻子，也是一个好母亲。”

“那为什么？就因为她年轻、漂亮？”她恨那个夺去她丈夫的狐狸精。

她的丈夫摇了摇头，始终没有说出原因。他们离婚后，她的丈夫在和朋友的一次聊天中，说出了与妻子分手的真正原因，这与第三者并无关系。他说他爱上那个女子是因为她更像女人，如果没有遇见她，他可能还会遇见另外的女人。

更像女人，这就是答案。

失去女人味的女人就像鲜花失去了香味一样可怜可悲。其实，女人味是一首节奏明快、旋律生辉的浪漫诗歌，恰似春光明媚；女人味也更是一篇情愫悠悠、蕴涵深邃的抒情散文，令人会心耐读。“宁可抱香枝上老，不随黄叶舞秋风。”珍惜这份上苍赐予女人的华美礼物吧。让女人味伴随自己一生，应该是每个女人毕生的追求。

对任何一个女人来说，女人味就是上天赐予她们的礼物。一个真正有魅力的女人时刻都应该记住，要以女性角色自居，以女性的气质特点来检验自己的行为举止。

由让·雷诺和广末凉子主演的《绿芥警探》中，有一句台词非常打动人心。剧中那位很有风韵的女人对男主人公说：“我不漂亮，也不会做饭，但我懂得爱。”这样一句女人味十足的话，哪个男人听了不动容呢？

智慧的女人永远不会放弃自己作为一个女人的魅力，她们浑身总是散发着一缕缕令人陶醉的女人味。女人味就是造物主特意送给女人的精美礼物，既能让韶华已逝的女人将自己的美丽延续下去，又能让雷厉风行、刚强坚忍的女性永远洋溢着柔情。聪明的女人永远都珍惜这份礼物，她们在与时间的斗争中懂得了，只有女人味才能使自己永久保持魅力。她们在工作中从不摆出一副冷冰冰的女强人的面孔，而是在柔情似水的外表下，跳动着一颗坚强的心。她们在赢得异性的佩服和尊敬的同时，也赢得了同性的赞同和拥护。

女人味不是某个女人的特质，而是所有女人都具备的特质。它更像一种无形的力量，传达出女人的气息。它所代表的不仅仅是成熟、温柔、美丽和性感，还是一种风度、优雅、韵味和修养。

女人味之所以被称作“味”，是因为它给人的是一种散发的感觉。它是需要慢慢体会的东西，需要品。拥有女人味的女人，性格活泼，但绝不张扬；说话调侃，但从不过分；化妆精致，但绝不浓艳。它是得体深邃的细语，是优雅温情的微笑，是能够让人细细地长久地品味的那种韵味。

女人味就像酒一样，好酒要陈酿，女人味要沉淀。女人味是飘出来的，是没有形状、没有定式的。它是润物细无声的渗透，是若隐若现的美景，是暗香浮动的清风，是枝压群芳的智慧，是淡定从容的宁静。

女人味会随时间的流淌渐渐浓郁。经过生活的磨砺，女人将书本中的智慧提炼出来，日积月累地浸染着她们的节操。她们很懂得语言的艺术，从不会在观点不一时将自己的意见强加于人；她们会轻轻地化解无聊的玩笑，既不会摆起面孔制造麻烦，亦不会不声不响地照单全收。

精致亦是女人味的精髓，那种淡泊名利，不恋奢华，在喧嚣繁乱的世界中独守沉静的特性就显得十分精致。雅致也是女人味的特点，善解人意，不卑不亢，举止适度，不骄不馁；能悦纳别人，也珍爱自己；清高而不高傲，自信而不自负，都是雅致的体现。

卡耐基认为：女人味是女人的魅力所在。女人味对于女性来说就像鲜花的香味、明月的清辉，所以做女人一定要有女人味，做一个幸福的女人更要有女人味。有女人味，三分的漂亮可增加七分；无女人味，七分的漂亮会降至三分。女人味让女人向往，令男人沉醉。男人大多会喜欢有女人味的女人，女人征服男人的不光是美丽，更多的是她的女人味，所以有味道的女人就会更容易获得幸福。

缺少了女人味的美丽是苍白的，所以女人味是女人美丽的灵魂所在。

女人味是从骨子里飘出来的味道，神秘、诱惑、温婉，慢慢地在空气里萦绕，挡不住的魅力便扑面而来……其实，女人味就是女人所独有的、内在的东西。也许是一杯红酒后，两颊上泛起的那两抹红晕；也许是在厨房中忙得不可开交时回头的那一笑；也许是女人身上散发的那种母性的光辉；也许是温柔的眼神中那一点细致的关怀。

要想真正地拥有女人味并非易事。缺少文化、修养、阅历的女人，根本无法调制出醉人的女人味。女人味首先来自于女人的身体之美，朱自清先生曾经有过这样一段对女人的描述：“女人有如温柔的空气，如听箫声，如嗅玫瑰，如水似蜜，如烟似雾，笼罩着我们，她的一举步，一伸腰，一掠发，一转眼，都如蜜在流，水在荡……女人的微笑是半开的花朵，从里面流溢着诗与画，还有无声的音乐。”那么女人味究竟表现在什么地方呢？

具有女人味的女人是有品位的。一个没有品位的女人，不论如何修饰都只能是苍白的。有女人味的女人非常注重学习，但并不整天迷恋时尚杂志和八卦新闻，她一定拥有广泛的兴趣爱好，并以此来积淀内敛的心灵。

具有女人味的女人是有香味的。这种香味不仅仅指女人身体表面散发出来的香味，更是一种自内而外散发出的迷人的气息。女人味可以让这个灰色的城市变得灵性十足，女人的亲切、随和使周围的每个人都愿意和她亲近，与她谈天说地。同时她还会经常给人以人生的启迪，教人努力，感受到生活之美。

具有女人味的女人是雅致的。那是一种淡雅，一种淡定，一种对生活和人生静静追寻的从容。她有独立的人格和独立的经济能力，说话很恰当，笑容可掬，无论在什么场合都能好好地“烹饪”自己，让自己秀色可餐，创造自己的魅力和气质。

具有女人味的女人是有意味的。这种意味是神秘的，缓缓的，是动人心弦且不可捉摸的。有诗赞曰：“万绿丛中一点红，动人春色不需多。”女人味似寒梅，清丽而孤傲；女人味似玫瑰，秀色绝伦；女人味似丁香，妩媚不妖娆；女人味似兰草，淡雅脱俗。

具有女人味的女人是多情的。女人味是一种挥之不去的情调，有情调的女人，会把小家布置得玲珑有致，井井有条。女人味还是一种女人的风情，一种从内到外特有的韵味；穿着中透露着风姿绰约、风情万种，那份散发着古典美的东方神韵像一朵美丽的花，不会随光阴的打磨而凋谢，会永远妖娆地开放。

8. 品位是时间打不败的美丽

有品位的女人会用眼睛发现身边的美，并用心去感受它。其实品位的培养并不复杂，每一个注重细节打造的女人，都有机会成为有品位的女人。一瓶花、一杯茶、一首歌……都可以在无形中烘托出一个品位女人。女人的品位，是时间打不败的美丽。

——卡耐基

有人说，好女人是一本好书，而一个有品位的女人更是一本永远也让人读不够的书，因为品位女人总是不断地为自己充电，让自己更完美、充实，让你总能在人群之中一眼就发现她，发现她身上那夺目的光彩，发现她那犀利如暗夜中的光芒般的独到的眼光。

假如女人是一枝花，那么，品位就是滋养它的水分。

作家黄明坚有一句话："女人是一种指标，如果女人都散发出品位，社会自然成为泱泱大国。"

品位，一个奇妙而美丽的字眼。对现代女性而言，没有什么比"品位"这个词更美好，更时尚，更具有诱惑力了。一个被赞美有品位的女人，即使貌不惊人，财富不能车载斗量，周身也会笼罩上一层耀眼的光芒。

于是，很多女性愈加疯狂地追逐着格调和品位，比如法国巴黎、夏奈尔、钻戒、威士忌……所有算得上值钱的享受和消费品，都被她们列入有品位的范畴。

她们滔滔不绝地讲述对法国高档时装的情有独钟，讨论高级护肤品牌的成效，炫耀无名指上光芒四射的戒指，精心策划下一次前往欧洲的旅程。偶尔也谈及文学、艺术，比如喜欢看什么样的书；喜欢听什么类型的音乐；她们的学识、家世背景，以及她们身边的男人。如果这一切都让她们感到满意和骄傲的话，那么她们应该是属于有品位的女人了。

然而，品位真的就这么简单吗？

亦舒的《圆舞》中，有这样一段耐人寻味的话："真正有气质的女人，从不炫耀她所拥有的一切。她不告诉别人她读什么书，去过什么地方，有多少件衣裳，买过什么珠宝，因为她没有自卑感。"

真正有品位的女人，漂亮是当然的，因为她会打扮，穿着不一定昂贵，但适合自己；真正有品位的女人，健康、快乐，因为她爱惜自己。身材不一定性感，容颜也会老去，但是心态依旧年轻。真正有品位的女人，不一定多么聪明，但学识不能够少，因为她用智慧武装头脑，坚守着属于自己的思想与格调。真正有品位的女人，思维清晰，眼光独到，在人格与文化之间张弛有度，有着独特的视觉和感官……

凌菲菲是一家知名房产集团的副总裁，几年前，她到一个破产拍卖的机械厂考察，这里到处散布着大树和杂草，还有一些废旧的机械和厂房。在别人眼里，这块地方改造难度太大。但凌菲菲决定把这个破旧的花园式工厂彻底改造成一个低密度、高品质、50%原生态绿化覆盖率的大型艺术生态居住小区。

她请来12名国内外知名艺术家，以工厂原有的机器设备、产品零部件为原料开始创作，那些原先看起来毫无用途的破旧厂房和废旧机器竟然成了园区的点睛之笔。为了保护树木，她邀来美国某知名大学景观设计系主任做技术指导，再请来园林工人将这些大树进行全冠移植。造房挖出的土也被她像宝贝一样保存起来，而且还专门安排了两个人每天浇水。土里有很多珍贵的树种和草籽，让新建小区充满了自然的野趣，小山一样的土堆长满了不知名的野花和狗尾巴草。

这就是凌菲菲的品位。她不会跟风去做什么“欧式风”“小镇系列”等楼市概念，而是在复杂细节中融合历史文化和现代技术，使自己的房子既有极高的品质，也凸显出大气的现代风格。这个生态小区一经推出就引发了购房热潮，凌菲菲的事业获得了巨大的成功。

人们常说，做人要有气质，做事要有风格。作为一个女人，也要有自己的特色。纯真的气质洋溢着女性深邃的内涵，高雅的风采闪烁着赏心悦目的光彩，这就是“女人的品位”，就像凌菲菲以独到的品位创造了自己事业的辉煌。

每个女人都渴望成为一个有品位的人，因为真正的品位，会使终日蒙尘的生活闪闪发亮。执着于品位的女人是热爱生活的人，追寻有品位生活的女人，绝对是优雅与别致的女人。

在假日悠闲的午后，把大自然的绿色和鲜花带回家，通过自己动手布置，看着摊开一桌的香艳花草，赏心悦目，为平凡的都市生活增添典雅的意味。沏一壶绿茶，闭上眼睛，步入音乐的世界。想象自己正漫步在斜阳下的山坡上，沐浴着清香的微风；在纯净之余，还会领悟到更多。闲暇时再约三两知己促膝长谈，只谈风月，无关名利，享受这滚滚红尘里片刻的柔软时光。周末享受家里难得的安闲，挽起缕缕长发，走进清淡雅致的厨房，切丝削片，快炒慢炖之间打点出曼妙美味；或是煲一碗好汤，与心爱的人一起分享，又何尝不是女人的另一种韵味呢？为了爱倾尽手艺，烧一桌好菜，更能使女人赢得爱人的心。而腹有诗书的女人，更好比是一坛尘封已久的女儿红，启开来香气扑面而来，令人迷醉。经典的书籍能让你洞察世事，通透人情。你的文字使你与众不同，在你的身上呈现出一种高雅，“可远观而不可亵玩”的清冽，历久弥新，回味悠长。

衣着品位更是要如可可·夏奈尔一般，“永远要以最得体的打扮出门，因为也许就在你转弯的墙角，会遇到今生至爱的人”。这可以理解为女人装扮的最高境界：不能放过每个细节，一秒钟都不能懈怠。装扮是女人的第二语言，哪怕不交谈，它也一目了然地告诉别人你的职业、品位、个人气质和文化层次。所以，即使是周末的午后在阳台的躺椅上小憩，也要穿上最雅致的服装。

9. 幽幽书香，熏染魅力底蕴

读一本好书，就离智慧近一分；写一页读书笔记，就离愉悦生活近一分。多读书吧，你会发现，自己正在一步步变成梦想中的魅力女人。

——卡耐基

一本好书，就像一座灯塔，会在茫茫黑夜中给我们指明奋斗的方向。莎士比亚说过："生活里没有书籍，就好像生命没有阳光；智慧里没有书籍，就好像鸟儿没有翅膀。"由此可见，书籍在我们生活中多么重要。读书可以让女人更优雅，好书可以滋养人们的心灵，让你不断完善自己。

作家毕淑敏在《读书使人优美》中这样写道："读书是最简单的美容之法，读书是在聆听高贵的灵魂自言自语。想要美好的女人，就去读书吧！不需要花费太多的钱，只是需要花费很长的时间。可若能够持之以恒，优美就会像五月的花环，在某一天飘然而至，簇拥女人的颈间。"

不管是终日忙于工作，还是照顾家庭，这些都不该成为剥夺一个女人个人时光的理由。女人想要在岁月的冲刷中保持最初的光华，就要不时地充实思想，在床头为自己放一本书。

曾有人说，假如一个女人有十分的美丽，可若少了书的相伴，她就会失去七分的魅力和韵味。有一种女人虽算不上倾国倾城，却散发着独特的魅力，纵使素面朝天地走进浓妆艳抹的女人中间，也会格外地引人注目。她的吸引力，不在于外表，而在于那份深邃的气质，那份浑身流溢的书卷气息。

高尔基说："学问改变气质。"读书是气质、精神永葆青春的源泉。读书又是不分年龄界限的，年年岁岁都是读书女人的芳龄。和书籍生活在一起，永远不会叹息。知识是最好的美容佳品，书是女人气质的时装。书会让女人保持永恒的美丽。书更是生活中不可缺少的调味品，让你感在其中，品在其中，回味无穷。

当今社会，聪明的女人俯拾皆是，品学兼优、相貌端正、家世显赫、知书达理、个性温和的女子大有人在，她们不管走到哪里都是一道靓丽的风景线。她们可能貌不惊人，但却有一种内在的气质：优雅的谈吐超凡脱俗，清丽的仪态无须修饰，那是静的凝重，动的优雅；那是坐的端庄，行的洒脱；那是天然的质朴与含蓄混合，像水一样的柔软，像风一样的迷人，像花一样的绚丽……这一切都源于读书。要读书，好读书，读好书。女人修内首先要读书，读书可以汲取很多从古到今的精华。时间长了，我们的骨子里会增加更多的从容、淡定、自信与坦然，当岁月老去，收获的是从容与优雅。

她是一个很特别的女孩。无论遇到什么事，哪怕是他人摆出一副咄咄逼人的架势，她也从不会轻易动怒。她总是莞尔一笑，给人以岁月安好的宁静。她的心如水般平静，从不对谁说刻薄的话，也不会议论别人的是非，更不会在心里怨恨任何人。对于情感，她像是一朵洁白的雪莲花，不会给爱情和爱人附加任何条件，爱就是简简单单、纯纯粹粹。

她的房间里，有一面书墙，摆满了各式各样的书。她最喜欢的是一套三毛文集。她说，向往三毛与荷西的爱情，看她的文字，就像领略一段别样的旅行，字字句句都透着真善美，透着对生活的热爱。这一切，无时无刻不在敲打着她的心。

她喜欢那些有深度的作家，就像毕淑敏，向来对生命存着敬畏和关爱，教她领悟活着的可贵以及珍惜的含义。看过《预约死亡》之后，她真的去了附近的临终关怀医院，从那里走出的时候，她满眼含泪，心情沉重之余多了一分对生命的敬重。

书架上的书，是她的天堂，是她的世界。渡边淳一的《失乐园》、塞林格的《麦田里的守望者》、米兰·昆德拉的《生命不能承受之轻》、西蒙·德·波伏娃的《第二性》、鲍·瓦西里耶夫的《这里的黎明静悄悄》……全是她的朋友，她的精神导师。

每读一本书，她都会精心写下一些感悟。这些感悟，或发在豆瓣上，或者自己收藏。她觉得，这是心灵的收获，是生命的无价之宝。

有书陪伴的日子，她觉得生命一直在被养分滋润着，吸取着天地间的精华，让心灵开出动人的花。书，是她精神上的导师，是她心灵上的翅膀，给了她一对能够自在翱翔的翅膀，也给了她水一样温婉性情，透明却真实，温柔却不软弱。

她已经35岁了，有家，有孩子。可这一切，并没有打乱她的书香世界。她的书墙，就是她的精神领地，那是一个没有人能够占据的世界。她坚信，未来的十年，二十年，在书的滋养下，她会比现在更从容、更自信、更优雅。

书香中的女子是温和的、善良的、宁静的。书给了女人富有女人味儿的底蕴，给了女人温文尔雅与善解人意，令女人成为男人心目中永远的亮丽风景。

岁月沧桑，时光荏苒，摧毁的可能是女人的容颜，厚厚的粉底也无法掩盖逝去的青春，曾经的美丽已不再，再好的脂粉恐怕也难修饰布满皱纹的面容。但时间再无情，也削不去“书女”的风姿，也无法冲淡书香里走出来的女子的雅致和轻盈。

一个聪明的女人懂得从书本中增加自己的知识与见识。读书的女人是有魅力的女人，魅力是女人的护身符，是比美丽更有价值的东西。女人的美丽会因岁月的漂洗而褪色，花开花落终有时，而女人的魅力却会因岁月的淘洗而放出耀眼的光华，会因岁月的深藏而散发出醉人的醇香。

总之，坐拥书香是为女人增加魅力的重要砝码。当窗外阳光投射出的阴影仅仅从西边转到东边时，读者已经在书中看到一个时代的兴亡、一种艺术的发展延续、一个人一生的得意与失落。有这些积累在胸，女人怎么会怕自己没有魅力。

10. 因为自信，所以魅力四射

自信的女人是最美丽的女人，她所散发出来的魅力不会因外表的平凡而有丝毫的减少。每个女人都是一道亮丽的风景，要用欣赏的眼光看世界，更要用欣赏的眼光看自己。好好欣赏你自己，因为你是自信的女人，所以你魅力四射，让世界更加五彩缤纷、绚丽多姿。

——卡耐基

何为魅力女性？就是她能让每一个围绕在她身旁的人如沐春风，行为举止间让人感受到尊重，也乐于亲近她。让魅力永驻的元素不是明眸皓齿，而是富有魅力的人格特质和温润的眼神。她们聪明慧敏、人情练达，超越了一般女孩子的天真稚嫩，也迥异于女强人的咄咄逼人。她们在不经意间流露出柔美和知性魅力的同时，也对人群保持一份若即若离的距离和冷漠。

自信是一种顽强的精神力量，拥有它的人能排除各种障碍，克服各种困难。自信往往可以产生意想不到的效果。而对于女人来说，自信使女人更美丽。

女人的自信与沉鱼落雁、闭月羞花的容貌和魔鬼般的身材都没有绝对的关联。沈殿霞和张越，按照一般的审美观，既没有漂亮的容颜，也没有迷人的身材，可是从她们脸上分明可以看到一种独特的自信，正是这种自信加上自身的艺术才华，她们才能在竞争激烈的文艺媒介圈子里立于不败之地。可见，女人的自信源于对自己以及对他人清醒的正确的认识。也只有当女人具备自信但不张狂的内在美时，她才真正称得上是美女。

缺乏自信的美是短暂的，会随着时间的流逝而一点一点地消失在无情的岁月里。而充满自信的女人，她的美会随着时光的脚步越来越耀眼夺目。

自信的女人总是能够坦然地面对生活赋予她的一切，幸福也好、苦难也罢，她总有勇气去承受，即使面对挫折和逆境，仍有前进的动力。自信让她相信自己可以克服所有的困难，并不断地完善自己。她总是精神焕发地投入到生活和工作中去。

据调查，最让男人欣赏的女人就是自信的女人。因为与自信的女人交往，让他们没有压力，虽然千百年的习俗一直把女人放在弱者的位置上，但其实太过娇弱依赖的女人也让男人感觉很累。这里所说的自信并不是强悍，而是一种落落大方的态度，像林徽因就是一个自信的女人，她的美与众不同，带有一种“光环效应”，通身散发着独特的吸引力，自信使她看上去神采奕奕、明艳动人。她总是扬着自信的头颅，嘴角常挂着微笑，炯炯有神的双目流动着光芒。

当代著名作家毕淑敏也曾说过，她不美丽，但她拥有自信。是啊，自信原本就是一种美，一种持久的美。那些天生丽质、拥有花容月貌般的女人固然很漂亮，但若缺少了自信、优雅、从容、淡定，这种美丽也是缺少灵魂的。

所以只有美丽而又自信的女人，才是一幅令人赏心悦目的旖旎画卷，既有迷人的风韵，又有惊人的魄力。对这样的女人而言，人生不是等待而是创造，命运从来都掌握在自己手中。在角逐人生、实现自我的竞技场上，她们更是巧于利用上苍赋予女人的天然姿色进行自我推销、自我展现，获得异性扶助的机缘就较寻常女子要多，赢得成功人生的机遇尤其令人羡慕。

2003年的中国环球小姐吴薇，单从外表来看，清秀纯情，落落大方，普通得就像一个邻家女孩。

吴薇当属那种非常耐看，而且越接触感觉越好的女孩。她淑女式的微笑后面裹挟着的是无比的镇定和自信，她在不同的场合都用真诚的眼神和话语回答着不同的问题，没有一丝的拘谨。让人感觉她的美丽来自她的自信、她的聪慧，以及她的踏实和平淡。

吴薇在参加环球小姐比赛之前，只是一家银行的普通职员。后来多次参加选美比赛，均以卓尔不群、古典的气质和亲和力让评委和现场观众赞叹不已，先后获得过世界福清小姐大赛的第三名和石狮形象小姐冠军。

女孩子去参加选美，多少总会受到身边人的不解和非议，但吴薇认为："选美本身并没有错，它可以把美和爱带给世界上每一个人。而参加选美对于一个女孩子来说也是一种锻炼的过程，比如像我以前如果面对大场面可能会害怕，但是现在不会了，通过这样的大赛，我成熟了。"

吴薇第一次参加选美比赛，由于经验不足，决赛时败下阵来。不过，这个"第一次"无疑对吴薇的心理承受能力是一个很好的考验，也为她日后奠定了良好的参赛基础。

2003年4月，环球小姐中国赛区的比赛在济南举行。23岁的吴薇抱着"最后一搏"的心态再次出征。"当时我想不管结果如何，中国小姐的选拔都是我最后一次参加比赛，我希望趁自己还有比较好的状态时去见识一下五湖四海的女孩。"吴薇注重的是参与的过程而不是结果，所以尽管在分赛区的比赛中，她只得了第四名，还是积极地参与到总决赛的培训中，把自己最好的精神风貌带到总决赛。这次，吴薇笑到了最后，把中国环球小姐的桂冠紧紧握在自己手中。

问到吴薇夺冠的最大优势是什么，吴薇笑着说，自信是对美丽最好的表现。"其实我始终都认为自己是个平常人。环球小姐的比赛就是为我这样的普通女孩准备的，每个自信的女孩子，都能站到这个舞台上来，我得了奖，是我刚好得到了一次机遇。"

有一句话说："自信的女人才美丽。"对女人来说，缺少自信的心理是"扼杀"美丽的凶手，自信不足，就无法体现女性应有的魅力，更不会成就、主导自己的人生。拥有足够的自信的女性，才能展现美丽，描绘自我人生的绚丽，而女性的自信从何而来，不仅仅来自于外貌以及外在的物质的丰足，更来自丰盈的内心世界，来自那颗自信的心灵。

不要怀疑自己不美丽，自信就是女人的魅力。自信不像容貌是天生造就的。自信是后天培养出来的，是在孜孜不倦地追求人生、生命的最高质量和境界中，用内在的灵感和魅力去拥抱和欣赏自己的生活自然形成的。不论在什么场合，能谈笑风生、落落大方、衣着得体、动作恰到好处，定能在众多美女中脱颖而出，成了男人们眼里的一道风景线。

女人拥有了自信，便获得了感染、影响他人的人格力量。自信女人的言谈举止给人一种如沐春风、如饮甘泉的感觉。自信和魅力是女人永远美丽的法宝，拥有自信和魅力的女人一辈子都是美丽的。

每一个人来到这个世界上，都拥有自己独特的东西，拥有别人所不能拥有的东西，同样你也不可能拥有所有你想拥有的东西。例如每个女人都想拥有靓丽的容颜、苗条的身材、惹人爱怜的似水柔情，可这些也往往会成为无法摆脱的重负，将她们羁绊在尘世当中。为了容颜和身材，她们花大把的金钱和时间去美容、健身，为了似水柔情她们放弃自我的个性。其实她们追求的美丽与漂亮是有区别的，真正的美丽，是一种光彩，是自然而然的流露，是一种扑面而来的感觉。美丽就是女人的自信、从容，这样的女人会从头到脚都透出优雅，那是漂亮的脸蛋所比不了的。

自信对于女人是很重要的一种品性，有自信的女人总是能坦然地面对社会，面对生活赋予她的一切，如果你想做个美丽女人，就得拥有自信。只要你有自信，你就拥有了美丽；只要你有自信，你就拥有了世界，拥有一切。

第七章

锦心绣口，做个会说话的智慧女人

1. 幽默的女人更有人气

每个女人都应该学会为快乐添加一些幽默的养分，使自己如一缕春风般轻易地吹开他人心底的花朵，让人感觉眼前的这个女人既充满了智慧又不失风趣。

——卡耐基

聪明的人不一定幽默，但幽默的人一定聪明。卡耐基说，不懂得开玩笑的女人，是不会生活的，是没有希望的人。

美国著名作家阿加莎·克里斯蒂同比她小13岁的考古学家马克斯·马温洛结婚后，有人问她为什么要嫁给一个考古学家，她说：“对于任何女人来说，考古学家是最好的丈夫。因为妻子越老他就越爱她。”这一巧妙的解释，既体现了克里斯蒂的幽默感，又说明了他们夫妻关系的和谐。

英国思想家培根说过：“善谈者必善幽默。”幽默的女人魅力就在于：话不需直说，但却让人通过曲折含蓄的表达方式心领神会。第二次世界大战结束后，英国女皇伊丽莎白到美国访问。当记者问她对美国的印象时，女王回答道：“报纸太厚，厕纸太薄。”一句话让记者们哄堂大笑。但笑过之后，人们开始发现了伊丽莎白语言的意味深长。幽默不仅是女人的说话技巧，更是女人的一种智慧。这种智慧蕴含着一种宽容、谅解以及灵活的人生姿态。

幽默往往是女人有知识、有修养的表现，是一种高雅的风度。大凡善于幽默者，大多也是知识渊博、辩才杰出、思维敏捷的人。她们非常注意有趣的事物，懂得开玩笑的场合，善于因人、因事而开不同的玩笑，令人心情愉悦。

艾伦和安娜是一对刚结婚不久的小夫妻，两个人身上的棱角还没有被磨平，依然由着自己的性子互不相让，总是小吵小闹。

一天傍晚，丈夫艾伦打开电视机要看球赛，安娜立刻挡在电视机前，大喊：“不许看，你都连续看了多天球赛了，该陪我一天了吧。”说着便关上了电视。

艾伦原本挂着笑容的脸骤然色变，也忍不住对安娜大喊：“你这是胡闹，我爱看什么用你管？你爱干嘛干嘛去，快给我闪开！”艾伦的言辞的确有些过分，这让安娜备受打击，甚至开始认为艾伦不爱她了。

安娜转身离开，艾伦接着看自己的电视。

当时的电视正在报道世界杯赛况，画面里一个南非的清洁工正在清理场地。这时，安娜灵机一动，走过去对艾伦说：“你快看啊，他们在清理场地，你知道吗？那些牙齿可不好找了呢，看他们多认真。”开始艾伦没有反应过来，明白过来后随即哈哈大笑起来。

就这样，一个小幽默化解了夫妻间的小矛盾，两人有说有笑地一起看着世界杯，恢复了以往的甜蜜。

说话幽默的女人，对于生活的态度总是积极向上的，对于自身也是充满力量和自信的。因为只有内心满怀希望，才能由衷地发出笑声、彰显魅力。跟这样的女人在一起是轻松的、快乐的、有情调的。

幽默是一种真正的生活智慧，是经历了动荡和挫折，依然保持的一种达观、积极、绝不轻言放弃的人生态度，既不自怜自艾，也不妄自菲薄，现代女性的魅力往往因此而生。一个懂得幽默的女子往往看上去会更加性感，因为这意味着她聪明、善解风情，并且还有勇敢的自嘲精神。

幽默可以使女人在交际场上压倒别人，还可以缓解沉闷紧张的气氛，使大家拥有一个快乐、融洽、亲切、祥和的氛围。幽默是上天赐予女人的美丽法宝，不仅能传递出她们心理的欢愉，也是她们赠送给世界的一份美好礼物，可以让身边所有的人保持愉快心境的同时，也深深折服于女人的美丽智慧。

如果，一个女人很聪明，说明她很有智慧；如果，一个女人吸引别人，说明她很有魅力；而如果一个女人懂得幽默，那么就说明她很有人气。而这样的女人无疑是最有气质的，她幽默的话语不仅可以让异性折服，也可以让同性乐意和自己交往。

蔚蓝是个很幽默的女人，常常一两句幽默的话可以让大家笑上很久。也就是因为这样，她的身边总是有很多的朋友。

一次，几个朋友约好了要去看望高中时候的班主任。可是大家在外面等了好久，一直换衣服的蔚蓝一直都没有出来，足足有半个小时后，她终于出来了。“磨叽什么呢？不知道我们都在等你吗”蔚蓝明显地看到大家不高兴了，于是就苦着脸说：“我的衣服又瘦了，对不起啦，改天把衣服喂胖点好了。”

当她把这句话说完的时候，大家都笑了，而且刚才还在埋怨她的人也觉她很有才。于是，大家一起高兴地去看班主任了。

生活中，大家都愿意和有幽默感的女人交谈。因为有幽默感的女人会让别人感觉到亲切，交流的时候快乐而没有拘束感。懂得适时幽默的女性，在交际的过程中所散发出来的智慧让他人情不自禁地向她靠拢。卡耐基认为，女人可以没有魔鬼的身材、华丽的装束，只要她善于用幽默的语感说话，那么也可以成为众人中的焦点。

培根曾经说过："善谈者必善幽默。"其实，女性的幽默魅力在于，拐个弯的说话，让别人通过含蓄的表达来心领神会。善于创造幽默的女性，都会让女性笑对人生，拥有一份有人气的气质，在职场中如鱼得水，在生活中左右逢源。

许多人认为幽默是上帝赋予人的先天能力，后天无法获得。其实，幽默是可以学习的。生活中幽默无处不在，你得睁大眼睛、竖起耳朵，去观察、去聆听。当你有足够的技巧和用创造性的新意去表现你的幽默时，就会发现不但自己置身于幽默世界中，人际关系也由此顺畅起来了。

2. 赞美是照在心灵里的阳光

每个人都会对来自社会或他人得当的赞美感到自尊心和荣誉感上的满足。每当我们听到别人对自己的赞赏感到愉悦并受到鼓舞时，不免会对说话者产生亲切感，从而使彼此之间的心理距离缩短。

——卡耐基

赞美之于人心，如阳光之于万物。在我们的生活中，人人需要赞美，人人喜爱赞美。这绝不是虚荣的表现，而是渴求上进，寻求理解、支持与鼓励的表现。爱听赞美，出于人的自尊需要，是一种正常的心理需求。经常听到真诚的赞美，如同自身的价值获得了社会的肯定，有助于增强自尊心、自信心。

马克·吐温曾说过：“只要一句赞美的话，我就可以充实地活上两个月。”喜欢被他人赞美是人的天性之一。

如果我们每次见面都被人夸赞，自然而然地会想再见到这位赞美我们的人，这是任何人都会有的心理。因此，每次见面都找出对方的一个优点来赞美，可以很快地拉近彼此间的距离。

法国总统戴高乐于1960年访问美国时，在一次尼克松为他举行的宴会上，尼克松夫人费了很大的劲布置了一个美观的鲜花展台——在一张马蹄形的桌子中央，鲜艳夺目的热带鲜花衬托着一个精致的喷泉。

精明的戴高乐将军一眼就看出这是女主人为了欢迎他而精心设计制作的，不禁脱口称赞道：“女主人为举行一次正式宴会一定花费了很多时间来进行这么漂亮、雅致的计划和布置。”尼克松夫人听了，十分高兴。

事后，尼克松夫人也夸赞戴高乐说：“大多数来访的大人物要么不加注意，要么不屑为此向女主人道谢，而他总是想到和讲到别人。”

在以后的岁月中，不论两国之间发生什么事，尼克松夫人始终对戴高乐将军保持着非常好的印象。

可见，一句简单的赞美的话，会带来多么美好的事情。

卡耐基不止一次地说过：赞美他人是一种良好的修养和明智的行为。赞美是人际交往中最便宜的“投资”，投入少、回报大，是一种非常符合经济原则的行为方式。赞美领导，会让领导更加赏识与重用你；

赞美同事，能够联络感情，使彼此愉快地合作；赞美下属，能使得下属更积极地工作；赞美商业伙伴，能赢得更多的合作机会；赞美男友或丈夫，能使两人更加甜蜜；赞美朋友，能赢得崇高的友谊。

人人皆有可赞美之处，只不过每个人的长处有大有小、有多有少、有隐有显罢了。只要你细心，就能随时发现别人身上的“闪光点”。

罗琳是一位公务员，每年都会应邀参加本地发行量最大的杂志的评定工作，虽然报酬不多，但是能被邀请本身就是一件荣耀的事情。很多人都想参加，但是找不到门路，也有的人仅参加了一两次。但是罗琳却很幸运，这让很多人都很羡慕。

等罗琳退休的时候，有人问她有什么奥秘时，她微笑着向人们揭开了谜底。罗琳说，她的专业眼光和职位并不是每次都能入选的关键，她之所以每年都能被邀请，是因为她懂得赞美他人。她说，在公开的评审会议上一定要把握一个原则：多称赞而少批评。但是在私下，她会找来杂志的编辑人员，告诉他们工作中存在的一些缺点。这样一来，编辑人员在她的巧妙评定下，每个人都保住了面子。因此，罗琳受到大家的普遍欢迎，主办方和杂志方都很满意。

我们可以看到，罗琳在公开表扬之后还会巧妙地指出失误，使得她受到大家的欢迎。

人人都有爱听好话的心理，即使明知道别人说的是奉承话，心里也免不了会沾沾自喜，这是人性的弱点。一个人听到别人对自己的赞美后，一定不会感到厌恶，除非对方说得太离谱了。赞美的魅力是无穷的，但是，最有效的赞美是在背后赞美他人。

背后赞美他人要比当面恭维他人效果好。你完全不用担心你所赞美的人会听不到你的赞美，相反，你对对方的赞美，很容易就会传到对方的耳朵里，对方也会因此对你产生好感。

背后赞美他人不会让你沾上奉承的色彩，你的这种赞美是发自内心的，是诚恳的，会更容易让人相信和接受。

赞美必须是发自内心的，如果只是为了讨好对方或出于某种动机而对他人说些好听的话，那么你将不会得到好的效果，甚至会引起对方的反感。

赞美必须实事求是。比如对漂亮的女孩，可以称赞她美丽；对于不漂亮的女孩，可以称赞她优雅大方；如果一个女孩既不漂亮又缺少气质，可以称赞她可爱；如果一个女孩并不可爱，则可以称赞她聪明伶俐……

归根结底，赞美艺术的根源在于：人们喜欢赞美他们的人；人们不喜欢反对他们的人。

另外，要懂得欣赏周围的人和物，即赞美之前首先要了解对方的优点，否则，赞美就会变得僵硬、不真实。

从今以后，请积极地赞美别人吧！大胆地把你的大拇指伸出来赞美别人。只要你懂得并善于运用赞美的艺术，你就会成为一个受欢迎的人。

3. 倾听是对他人最好的尊重

上帝赐给人类左耳，是为了让人们欣赏世间各种美妙动听的声音；而上帝赐予人类右耳，是为了让人们聆听别人的心声，更好地与人交流。

——卡耐基

在西方有这样一句流行的谚语：上帝给我们两只耳朵，却只给了一张嘴巴，其用意是要我们少说多听。

我们知道，人们往往对自己的事更感兴趣，对自己的问题更在乎，更喜欢自我表现。一旦有人专心倾听我们谈论自己，我们就会感到自己被重视、被尊重、被理解。听话者的态度会直接影响说话者的兴趣。假如你是一个说话者，而你的交流者没耐心听你讲话，或者把你的话当耳边风、随便敷衍，你会感觉良好吗？相反，如果对方相当重视你的谈话，你肯定更容易和对方交流。

美国演员阿丽恩·弗朗茜斯曾主持“我是做什么的？”的电视节目。主持人请来一位观众，向他提出问题，然后从中猜出他的职业。该节目办了二十五年。刚开始办时，阿丽恩对怎样提出生动有趣的问题不得要领，后来她的丈夫对她说：“看你们的节目时，我感到你不能傻等在那里只想提问，而应细心倾听别人在讲什么。最关键的是，你要学会积极主动地倾听。”

阿丽恩接受了丈夫的建议，她说：“这的确是个有效的方法，通过悉心品味他们的谈话，我变得精于此道了。此后，耐心倾听成了我职业的主要内容。”

阿丽恩认为，倾听的作用绝不仅仅是获得信息，还是与你周围人们友好相处的一个途径。她从一个七十多岁的老妇人身上也感受到了这一点。

阿丽恩经常在一个杂货店遇到一位老妇人。她深色的双眼充满了戒备和渴望。但当她见到阿丽恩时，总是喋喋不休，唠叨个没完。有时阿丽恩碰到自己心情不好时，都不得不耐着性子听下去。

“我要去阿肯色了。”一天，老妇人对阿丽恩说，“那里春季的高温气候对我的关节炎有好处。不过我会很快回来的，免得你惦念。”

“只有您一个人去吗？”阿丽恩问道。

“对，只有我一个人。”她说，“我是个孤老婆子，独居很久了。可我遇到了许多像你这样的好人，他们愿意听我唠叨。”

阿丽恩意识到，她就是用无处不在地与人交谈来充实自己晚年枯燥的生活的。聆听的耳朵，就是她的需求，我的耳朵不仅仅属于我自己。从那以后，阿丽恩在与陌生人打交道时，都尽力让自己积极耐心地倾听。

卡耐基说：“做个听众往往比做一个演讲者更重要。专心听他人讲话，是我们给予他的最大尊重、呵护和赞美。”每个人都认为自己的声音是最重要的、最动听的，并且每个人都有迫不及待地表达自己的愿望。在这种情况下，友善的倾听者自然成为最受欢迎的人。

世上许多人之所以不能给人留下良好的印象，正是因为他们不能耐心地做一个很好的听众。所以，如果要别人喜欢你，原则是：首先做个好听众。

经朋友介绍，重型汽车推销员乔治去拜访一位曾经买过他们公司汽车的商人。见面时，乔治照例先递上自己的名片：“您好，我是重型汽车公司的推销员，我叫……”

才说了不到几个字，该顾客就以十分严厉的口气打断了乔治的话，并开始抱怨当初买车时的种种不快，例如服务态度不好、报价不实、内装及配备不对、交接车的时间等待得过久……

顾客在喋喋不休地数落着乔治的公司及当初提供汽车的推销员，乔治只好静静地站在一旁，认真地听着，一句话也不敢说。

终于，那位顾客把以前所有的怨气都一股脑地吐光了。当他稍微喘息了一下时，方才发现，眼前的这个推销员好像很陌生。于是，他便有点不好意思地对乔治说：“小伙子，你贵姓呀，现在有没有一些好一点的车种，拿一份目录来给我看看，给我介绍介绍吧。”

当乔治离开时，已经兴奋得几乎想跳起来，因为他的手上拿着两台重型汽车的订单。

从乔治拿出产品目录到那位顾客决定购买，整个过程中，乔治说的话加起来都不超过10句。重型汽车交易拍板的关键，由那位顾客道出来了，他说："我是看到你非常实在、有诚意又尊重我，所以我才向你买车的。"

因此，在适当的时候，让我们的嘴巴休息一下吧，多听听对方的话。当我们满足了对方被尊重的感觉时，我们也会因此而获益的。

卡耐基说："倾听是对他人最好的恭维，是一种尊重、一份理解，是心与心的交流，是情感与情感的互动。"学会倾听，你才能将自己打造成为人生的智者。在人与人的交往中，每个人都希望别人能倾听自己说话，这是人的一种心理诉求。如果一个人在交际中一直以自我为中心，滔滔不绝地谈论自己，就会让人感到乏味和厌倦。

倾听是一种修养，是一项技巧，是一门沟通的艺术。在生活中，做个听众往往比做一个演讲者更重要。专心倾听一个人讲话是给予他的最大尊重、呵护和赞美。每个渴望事业有成的女性朋友都应该学会倾听。因此，各位女性朋友们，请让自己浮躁的心静一静，去耐心倾听别人的心声，并让倾听成为你化解问题、结交朋友的最有效武器吧。

4. 接受不同的观点，不做无谓的争论

为了争论而争论，本身就失去了争论的意义，而且浪费了彼此的时间，甚至因此失去了一个值得交的朋友。

——卡耐基

人与人交往，每个人都有说话的权利，每个人也都有发表意见的权利。对于那些不聪明的女人来说，当别人的观点与她的观点不同时，她们总试图证明自己的观点是正确的，想尽办法让别人认同自己的观点，这时，就会不可避免地发生争论。其实，有些争论完全是可以避免的，与别人发生无谓的争论，不仅伤害彼此之间的感情，而且也会破坏自己的形象。

休斯欠女明星珍妮100万美元。12个月后，珍妮合理合法地说："我想要我合同上规定的钱。"休斯声明他现在没有现金，但有许多不动产。女明星的立场是她不听辩解只要她的钱，休斯继续指明他现在现金周转不灵，要她等一等，而珍妮一直坚持合同的合法性。双方争论不休，人们都说这桩事要到法庭上一辩是非了。

可最后，事情怎么样了呢？珍妮坐下来仔细考虑了之后，对休斯说："我们是不同的人，有不同的奋斗目标，让我们看看我们能不能在互相信任的气氛下一起分享利益、感觉和需要。"他们正是这样做了，他们之间的纠纷得到了解决，最终满足了双方的需要：把合同改为每年付5万，分20年付清，合同金额不变，但时间变了。一方面，休斯解决了资金周转困难；另一方面，珍妮的所得税逐年分期缴纳，并有所降低。有了20年的年金收入，她就不必为每日的财务问题烦恼了。珍妮和休斯都是胜利者。

女人在与朋友交往的过程中，由于存在好胜心理，有时即使理亏也要与朋友争辩。然而，每个人都渴望被他人认可、被承认，如果你常常在与朋友相处的时候与其争论，时间久了就会被认为是乏味无趣的人，令别人心里反感。

当你意识到自己的想法和意见与人不同时，当你的言行遭人非议时，你的第一反应大概就是奋起辩驳，结果使得双方心生芥蒂，不欢而散。

在一个欢迎罗斯爵士的宴会上，大家谈笑风生，气氛非常融洽。期间坐在卡耐基旁边的一位先生讲了一个有趣的故事。而在这个故事中，他提到了这样一句话：“无论我们如何粗俗，有一个神，就是我们的目的。”然后他非常自信地说：“这句话出自《圣经》。”

这时卡耐基立刻意识到他说错了，因为他十分肯定这句话根本不是《圣经》中的，而是出自莎士比亚的一篇文章。于是，卡耐基就指出了他的错误。但这位先生不仅仅没有意识到自己的错误，还始终坚持自己的说法，并坚定地对卡耐基说：“不可能！这句话不可能出自莎士比亚的一篇文章，它分明就出自《圣经》。年轻人，是你记错了吧?!”

听到那位先生这样的话，卡耐基那种喜欢辩论的执拗劲又上来了，当场和那位先生激烈地争论起来。但是令卡耐基更加懊恼的是，卡耐基虽然知道自己所说的是正确的，但是却拿不出任何证据来。看着对方死不认错的样子，卡耐基简直气坏了，恨不得拿一盆凉水泼到对方的头上。

这时候贝琳达夫人刚好走了过来，贝琳达夫人曾经潜心研究过莎士比亚，她一定知道这件事谁对谁错。于是，卡耐基请贝琳达夫人来做个评判。贝琳达夫人坐到卡耐基旁边，她听完事情经过后在桌子底下用脚轻轻地碰了碰卡耐基，然后对大家说：“戴尔，是你记错了，这句话不是出自莎士比亚的文章，而是出自《圣经》。”随后，大家满意地举起酒杯庆祝这场辩论会的结束。

当晚宴结束的时候，卡耐基略带气愤地对贝琳达夫人说：“你是知道的，这句话分明出自莎士比亚的文章，为什么你要说我错了呢?”

贝琳达夫人微笑着说：“戴尔，不错，这句话的确出自《哈姆雷特》第五幕第二场。但是我们只是一个客人，为什么要指出对方的错误，难道你这样做对方就会喜欢你吗？所以，我们应该保住对方的面子。记住，与人交往要避免正面冲突。”

从这件事情以后，卡耐基认识到了自己的缺点，并且逐渐地改变了自己。的确，与别人争论不休并不是一件好事情，因为这并不能给我们带来任何利益。富兰克林就曾经说过这样一句话：“如果你辩论、争强、反对，或许你有时候会获得胜利，但是这种胜利是非常空洞的，更重要的是你还会失去对方的好感。”这句话能给女性朋友们很多启示：短暂的、口头的、表演式的胜利并没有多大意义，只有那些能够长期获得对方好感的行为才是明智的。

与人做无谓的争辩不能给自己带来任何好处。即使你说的是正确的，也很难改变对方的思想，而且招人厌恶；但当你保持沉默、避免和对方发生冲突时，对方反而能够冷静地倾听你的意见，进而达到良好沟通的目的。

所以，一定要记住避免与人做无谓的争论。这除了给你带来更多消极的影响外，不会有任何积极意义。

5. 尊重对方的意见

尊重他人的意见不仅是一种态度、一种能力，更是一种美德。女人需要摆脱高傲、自私的态度，多设身处地为他人着想、给别人留面子，时刻维护他人的尊严。这样才能与人进行良好的沟通，进而受到大家的喜爱。

——卡耐基

罗斯福曾经对公众说过这样的一句话："如果我的判断有75%是正确的，那么我的行事便会到达更高的期望。"女性朋友们，这样一个伟人都承认自己在判断上最高只有75%的正确率，那你我又当如何呢？

如果你确信自己的判断有55%的正确率，那么恭喜你，你可以跑到华尔街日进斗金了。如果你不能确定自己的判断率能否有55%是对的，那么你不能，同时你也没有资格去指责别人。要知道，当一个人用眼神、语言，或是手势指责别人的错误时，对方是很难接受他的意见的，而且会认为这是一种对自己智力、判断、能力、荣誉等方面的侮辱。所以在这种情况下，大多数被批评者通常会进行反击，那么接下来就是我们不愿意看到的争论不休的场面了。

其实，对于别人的想法和意见，我们不能全盘否定或立刻指出他的错误，要站在对方角度看问题，学会理解和尊重他人的意见。

一对夫妻带着儿子约翰到餐馆吃饭，父亲对侍者说："我们要一份鱼、一份咖喱鸡、一盘青菜，再来一份水果色拉、黄油面包，最后来两瓶啤酒……就这样吧！

母亲说："我还想要一份鸡翅，酒煎的！"

约翰在一旁安静地坐着，眼睛看着菜单一会儿又连忙收回去，最后害羞地低下了头。

"哦，好的，我会尽快把你们想要的送过来。"侍者微笑着说，"还有你！帅气的男孩，你不需要特别要点什么吗？"

约翰似乎吃了一惊："你是在说我吗？"

"对呀！你想来点什么喜欢的呢？我知道像你这个年龄的都喜欢吃炸薯条，价格也不贵！"

"是的，我也很喜欢……"孩子看了看坐在对面的父母。

"我们点的已经足够我们吃的了，约翰！"母亲转身对侍者说，"快点上菜就是了，不要在他身上花时间了……"

“炸薯条，炸薯条……”约翰小声地嘀咕着。

“炸薯条！好的！马上就上来！”侍者没有走，微笑着对他说，“你是我重要的客人！”

约翰听后激动地冲自己的父母说：“我是重要的！我是重要的！她当我是存在的！”

一个不谙世事的孩子尚且因为感受到别人对自己意见的尊重而欣喜，可见每个人在内心深处都是希望自己的意见是被人尊重的。

贝蒂是一名服装设计师，她会将自己设计好的草图卖给服装公司或者生产商。三年前，她认识了一位知名的服装公司老板，于是每周都登门拜访对方，希望对方能购买自己的设计图。这位服装公司老板从来没有拒绝过贝蒂，但是每次看完草图，他都会说：“真对不起，贝蒂，你设计的产品不是我需要的。”

“到底什么样的设计才是他需要的呢？”在经历过150次失败之后，这个问题对贝蒂来说尤为重要。贝蒂觉得自己应该换一种做法，她冥思苦想了好久，终于想到了一个好办法。

那天，她带着几张没有完成的设计草图去见那位服装公司的老板。见面时，贝蒂说：“我请你帮我个小忙，我这里有几张没有完成的草图，您能不能帮我把它完成，以便更符合你们的要求。”服装公司老板什么话也没有说，接过设计草图看了一眼，然后对贝蒂说：“你先把这些草图留在这儿，过些天再来找我。”三天后，贝蒂把那些设计草图带回工作室，按照老板的意见把它们重新修改。结果当她再拿着这些设计图见老板的时候，老板很痛快地全部买了下来。

后来，贝蒂一直用这个方法推销自己的设计草图，而这些草图大都被买下来。现在她已经成为一位知名的服装设计师，而且还有了自己的服装公司。

曾经有人对贝蒂的成功感到迷惑，问其成功的秘诀，她是这样回答的："成功的秘诀很简单，就是理解和尊重他人的意见。我之前一心想把我的产品推销给服装公司老板是不对的。当我让他参与设计，让他自己成为设计人，他就能够买下自己设计的最满意的东西了。"

看完上面的故事，你是否已经体会理解和尊重的重要性呢？没错，当我们对别人的意见表示理解和尊重时，首先，别人会认为我们是有礼貌的；其次，他会更容易听取我们的建议；最后，为彼此进一步交往打下良好的基础。

如果你总是过于直率地指出别人的错误，那么再好的意见也不会被人接受，甚至自己也会受到很大的伤害。因为你不但剥夺了别人的自尊，也让自己成为最不受欢迎的人。如果你要使人信服，那么就得记住：永远要对别人的意见表示尊重。

6. 准确地叫出对方的名字

如果你能准确地说出对方的名字，对那个人来说，这无疑是语言中最甜美、最重要的声音了，因为他觉得自己受到了你的重视。而这也是你在人际交往中受欢迎的一种表现。

——卡耐基

人们有个普遍的心理，就是特别在意自己的姓名，希望别人都能尊重自己的姓名，如果有谁把自己的姓名弄错了或者拿自己的姓名开玩笑，心里就会特别窝火，甚至心怀不满。另外，人们还有一种倾向，都渴望自己名扬后世，永垂不朽，也就是人们常说的“雁过留声，人过留名”。

克莱斯勒汽车公司为罗斯福先生制造了一辆特别汽车，张伯伦和一位机械师将此车送交至白宫。张伯伦在他的一篇回忆文章里这样记述：“我教罗斯福总统如何驾驶一辆装有许多特别装置的汽车，而他教我许多关于处理人的艺术。”

当张伯伦到白宫访问的时候罗斯福非常愉快，总统直呼他的名字，使他感到非常惬意。给张伯伦留下深刻印象的是，总统对他要说明及告诉他的事项真切注意。“这辆车设计完美，能完全用手驾驶，”罗斯福对围观的那群人说，“我想这车极奇妙，你只要按一下开关，即可开动，你可不费力地驾驶它。我以为这车极好的，但我不懂它是如何运转的。我真愿意有时间将它拆开，看看它是如何发动的。”

当罗斯福的许多朋友及同人对这辆车表示出羡慕时，他当着他们的面说：“张伯伦先生，我真感谢你，感谢你设计这车所费的时间和精力。这是一件杰出的工程！”罗斯福赞赏辐射器、特别反光镜、钟、特别照射灯、椅垫的式样、驾驶座位的位置和衣箱内有不同标记的特别衣框。换言之，罗斯福注意每件细微的事情，他了解这些有关情况是费了许多心思的。他甚至还对侍者说：“乔治，你特别要好好地照顾这些衣箱。”

当驾驶课程完毕之后，总统转向张伯伦说：“好了，张伯伦先生，我想我该回去工作了。”

张伯伦带了一位机械师到白宫去，并把他介绍给罗斯福。这位机械师没有同总统谈话，他是一个怕羞的人，躲在后面，而罗斯福听到他的名字也只有一次。但总统在离开他们以前，找到这位机械师，与他握手，叫出了他的名字，并谢谢他到华盛顿来。他的致谢绝非草率，却有一种真诚，张伯伦能感觉得到。回到纽约数天之后，张伯伦接到罗斯福总统亲笔签名的照片，并附有简短的致谢信，还对张伯伦给他的帮忙表示感谢。总统的举动令张伯伦感到惊奇无比！

罗斯福知道一种最简单、最明显、最重要的获得好感的办法，那就是记住他人的姓名，使他人感觉重要——但有多少人这样做呢？

很多时候，我们被介绍给一位陌生人，谈几分钟，在临别的时候，连那人姓什么都不记得。

姓名是一个人的记号，代表着一个人的一切，荣与辱，成与败，高贵与卑贱，对于一个人来说，姓名在所有语言中最突出。记住对方的姓名，用最动听的声音，清清楚楚地把它叫出来，等于给对方一个很巧妙的赞美。而若是把他的姓名忘了，或写错了，就会处于非常不利的地位。

记住对方姓名的手段在事业与交际上的重要性，和在政治上差不多同等重要。

安德鲁·卡耐基被称为钢铁大王，其实他自己对钢铁的制造懂得很少。他手下有好几百个人，都比他了解钢铁。但是他知道怎样为人处世，这就是他之所以以一个门外汉的身份创造奇迹的原因。

他小时候，就表现出组织和领导的天才。当他10岁的时候，发现人们对自己的姓名看得惊人的重要。而他利用这项发现，去赢得了别人的合作。他孩提时代在苏格兰的时候，有一次抓到一只兔，那是一只母兔。他很快发现了一整窝的小兔，但没有东西喂它们。可是他有一个很妙的想法。他对附近的那些孩子们说，如果他们找到足够的苜蓿和蒲公英，喂饱那些小兔，他就以他们的名字来替那些兔命名。这个方法太灵验了，卡耐基一直忘不了。

几年之后，他在商界利用这个秘密赚了好几百万元。例如，当卡耐基和乔治普尔门为卧车生意而竞争的时候，这位钢铁大王又想起了那个兔子的事情。

卡耐基控制的中央交通公司，正在跟普尔门所控制的那家公司争生意。双方都拼命想得到联合太平洋铁路公司的生意，你争我夺，大杀其价，以致毫无利润可言。卡耐基和普尔门都到纽约去见联合太平洋的董事会。有一天晚上，他们在圣尼可斯饭店碰头了，卡耐基说："晚安，普尔门先生，我们岂不是在出自己的洋相吗?"

"你这句话怎么讲?"普尔门想知道。

于是卡耐基把他心中的话说出来——把他们两家公司合并起来。他把合作而不互相竞争的好处说得天花乱坠。普尔门注意地倾听着，但是他并没有完全接受。最后他问："这个新公司要叫什么呢?"卡耐基立即说："普尔门皇宫卧车公司。"

普尔门的目光一亮。"到我的房间来，"他说，"我们来讨论一番。"这次讨论改写了一页工业史。

卡耐基这种用他人姓名为企业命名的做法，是他成为商界领袖的一大秘诀。

人的一生要记住的事情太多了，要想准确地叫出每个人的名字确实有点困难，但如果你真正做到了，你必然是一个受欢迎的人。因为任何一个人的名字，对他自己来说都是所有语言中最美妙、最重要的。同样，想要成为一个社交场合的明星，不妨从记住他人的名字这件小事上做起。

7. 要学会给人留台阶

面子是自己挣的，也是别人给的。我们在给自己挣面子的时候，也要学会给别人留点面子。每个人都难免因一时糊涂做一些不适当、错误的事，遇到这种情况，一定要尽量避免触及对方所避讳的敏感区，避免使对方当众出丑。

——卡耐基

人们常说："面子换面子，善用面子好办事。你可以赢得一场战争，但未必能赢得真正的和平。也许你早已忘记伤害过谁，但是被你伤害的人却永远不会忘记你。"其实，给别人留个台阶，不伤人的面子，不仅是给别人留面子，也是给自己留面子。

在广州的一家著名大酒店里，一位外宾吃完最后一道茶点，顺手把精美的景泰蓝筷子悄悄插入自己西装内侧的口袋里。

服务小姐不露声色地迎上前去，双手擎着一只装有一双景泰蓝筷子的绸面小匣子说："我发现先生在用餐时，对我国的景泰蓝筷子颇有爱不释手之意，非常感谢您对这种精细工艺品的赏识。为了表达我们的感激之情，经餐厅主管批准，我代表本店，将这双图案最为精美且经过严格消毒处理的景泰蓝筷子送给您，并按照大酒店的优惠价格记在您的账单上，您看如何？"

那位来宾当然明白这些话的意思，表示了感谢之后，就说由于自己多喝了两杯白兰地，头脑有些发晕，所以误将食筷插入内衣袋里，同时聪明地借此台阶说："既然这种筷子不消毒就不好用，我就以旧换新吧！"说着，取出口袋里的筷子恭敬地放回了桌上，接过服务小姐给他的景泰蓝筷子，不失风度地向门外走去。

这位服务小姐巧妙地指出了对方的错误，既给对方留了个台阶，保住了对方的面子，又在顾客心中树立了良好的服务形象，可谓是一举两得。

卡耐基曾经说过：“给人铺个台阶下，最能显示出一个女人的良好修养。”只有大气的女人，才会懂得体谅别人，宽容别人。在受到伤害时，许多人会与对方针锋相对地吵闹一番，结果使双方都十分难堪。当你给别人一个台阶下，对方会大为感激。

在美国经济大萧条时期，有一位18岁的姑娘好不容易才找到一份在高级珠宝店当售货员的工作。

圣诞节的前一天，店里来了一位30来岁的贫民顾客。他衣衫褴褛，一脸的悲哀、愤怒，用一种不可企及的目光，盯着柜台里贵重的高级首饰。

这时，姑娘要去接电话，一个不小心，把一个碟子碰翻，六枚精美绝伦的金戒指落到地上。她慌忙捡起其中的五枚，但另一枚怎么也找不着。这时，她看到那个30来岁的男子正向门口走去，顿时，她意识到戒指可能在那儿。

当男子的手将要触及门柄时，姑娘柔声地叫道：“对不起，先生！”

那男子转过身来，两人相视无言，足足有半分钟。

“什么事？”他问，脸上的肌肉在抽搐。

“什么事？”他再次问道，充满着一种说不出来的哀怨的神情。

“先生，这是我头回工作，现在找事儿做很难，是不是？”姑娘神色黯然地说，眼眶中充满着哀伤的泪水。

男子长久地审视着她，终于，一丝柔和的微笑浮现在他脸上，“是的，的确如此。”他回答，“但是我想，您在这里会干得不错。”

停了一下，他向前一步，伸手与她相握，“我可以为您祝福吗？”

他转过身，慢慢向门外走去。姑娘目送他的身影消失在门外，转身走向柜台，把手中握着的一枚金戒指放回了原处。

故事中的女孩巧妙地运用暗示，不但保住了自己的饭碗，也使得那位光顾的客人全身而退，让一起盗窃案轻松化解。如若换成其他人的话，就算不大喊抓贼，也会着急而严厉地质问对方，执意追查。但女孩并没有这样做，而是彬彬有礼，巧用暗示，保全了对方的面子。而那名男子也非常珍惜不会东窗事发的时机，很体面地改正了自己的错误。

8. 娓娓而谈，把话说到心窝里

说话是一门艺术，对于女性来说，更是一种生活的手段，想增加自己的魅力指数就要拥有锦心绣口。

——卡耐基

有时候，短短的一句话就可以触及人的内心深处，让人欢喜让人忧愁。一个有魅力的女人懂得把话说到心窝里，当你可以娓娓而谈，字字珠玑，令周围人因为你的话语愉悦时，就已经获得了无穷的魅力。

耶鲁大学文学教授威廉莱亚·惠勒普斯，在《人性》这篇论文中这样叙述：

我在8岁那年，有一个星期六去斯托拉多姨妈家度周末。记得傍晚时分，来了一个中年男子。他先和姨妈嘻嘻哈哈谈了好一会儿，然后便走近我面前和我说话。当时我正迷上小船，整天抱着小船爱不释手地玩。以为他只是随便和我聊几句，没想到他对我说的全是有关小船的事。等他走了以后，我还念念不忘，对姨妈说：“那位先生真了不起，他懂得许多关于小船的事，很少有人会那么喜欢小船。”

姨妈笑着告诉我，那位客人是纽约的一位律师，他对小船根本没有研究。我不解地问：“为什么他说的话都和小船有关呢?”“那是因为他是一位有礼貌的绅士，想和你做朋友。知道你喜欢小船，所以专门挑你喜欢的话题和你说。”

话说得恰当，就是指能把话说到别人心里。没有人会喜欢一个谈话只讲自己而不关心别人需求的人。人们总是喜欢和那些与自己有共同话题、能够迎合自己兴趣的人交往。

所以，聪明的女人肯定是一个会说话的人，她能做到不说自己想说的话，要说别人想听的话。也正因为如此，会说话的女人说出来的话总是能让人高兴地接受，听着心里也舒坦。

有魅力的女性应当有一副好口才。她不需要滔滔不绝，不需要脱稿演讲三个小时，而是要善于倾听，判断出对方有兴趣的信息是哪些，从而把话说到听话人的心里。懂得管好自己嘴巴的女人才是成熟的女人，才能获得成功和幸福。在中国有一句很有道理的话叫做“祸从口出”，是说不恰当的言辞会招惹事端，同理，稳妥、适时的话语也可以带来好运。

卡耐基说，会说话的人说得人“笑”，不会说话的人说得人“跳”。事实上也是如此，一个会说话的女人总是讨人喜欢的，同样的话，在她们嘴里，就像是一颗甜丝丝的糖果，而在那些不会说话的女人嘴里就是一把伤人的刀。

一位在社会上工作十几年的女士深有体会地说：“最好的方法是以对方作为话题，如服装、发式、化妆等，尤其是初次见面的人都很想知道别人对自己有何观感。”

唐瑞茜是马来西亚一家电气公司的销售人员。这一天，她按照上级指令到一个偏远的乡村去开拓电气业务。唐瑞茜叫开了一所富有农家的门，户主是一位老太太。她一开门见到是电气公司的，就猛然把门关上。直到唐瑞茜多次叫门之后，老太太才勉强开了一条门缝来应付她。

唐瑞茜客气地说："很抱歉，太太，打扰您了。我知道您对我推销的东西不感兴趣，所以这一次登门并不是来向您推销的，而是来向您买些鸡蛋。"老太太消除了一些戒意，把门开大了一点，探出头，用怀疑的目光望着唐瑞茜。

唐瑞茜继续说："您喂的山鸡吧？我看见它很漂亮，想买一打新鲜的鸡蛋带回城。"接着唐瑞茜充满诚意地说，"我们城里的鸡下的蛋是白色的，我的妈妈喜欢做蛋糕，但她说白鸡蛋做出来的不好看，所以就要我来买些棕色的蛋。"这时候，老太太从门内走出来，态度比以前温和了许多，并且和她聊起了鸡蛋的事。唐瑞茜又指着院子里的牛棚说："老太太，我敢打赌，您养鸡肯定比您丈夫养牛赚钱多。"老太太被说得心花怒放。长期以来，她丈夫不承认这个事实。她把唐瑞茜视为知己，并高兴地把她带到鸡舍参观。唐瑞茜一边参观，一边赞扬老太太的养鸡经验，并说："您的鸡舍，如果能用电灯照射，鸡的产蛋量肯定还会更多。"

两个星期后，这位老太太联系唐瑞茜说："虽然我知道你还是在向我推销，但你很会说话，说的话让我很高兴。为此，我决定成为你的客户。"

是的，你通常会夸奖这样的女人会说话，她们说出来的话总是能让人高兴地接受，听着心里也舒坦。比如，两个女人说同样一件事，其中一个说："她皮肤很白，但是长得太胖了。"另一个则说："她稍微有点胖，但是皮肤很白。"假如这两句话是说你的，你更喜欢哪一种说法呢？是不是后者让人感觉更舒服？可见，同样一句话，只是稍微改变一下说法，就可能产生完全不同的效果。

再比如，你要找一个同事帮你办事，而这个同事正忙着工作，她对你的要求不耐烦地说："没看见我忙成什么样了！都快忙死了！"这时，你千万不要因为她不友好的态度而与她争吵，你可以说："啊！对不起，我正闲着呢，如果您有事尽管吩咐我办吧……"在那一瞬间，你的回答必可缓和紧张的气氛，对方也会感觉自己说话太过分，必会道歉："真抱歉，对你实在太不客气了。你有什么事说吧，我一定尽力。"

其实，要成为一个会说话的女人并不难，以下几点是卡耐基提醒大家必须要注意的。

不说粗话。一直以来，我们都是要求女人在说话的时候一定要文雅，不能说粗话。但是现代的一些新新女性，在人格特质和行为上都喜欢效仿男性，而有些男性喜欢讲粗话的特点，也被她们一并转接了过来，于是在女性中出现了大量牙尖嘴利的粗口一族。而一个妩媚的女人讲出粗话来，就像一条天鹅绒的晚礼服上被酒鬼吐上了呕吐物一样，让人有种恶心的感觉。身为女性，千万要远离这类话语。

不要过分自夸。谁会喜欢一个夸夸其谈的女人呢？常常夸耀自我的女人是找不到真正的朋友的，并且言语过度的话，也会遭到轻视。

一般来说，人们总是对自己所经历的事情感兴趣，对和自己无关的事不会太关心，因此在与别人交谈时，尽量少谈自己，不要喋喋不休地夸耀自己的工作、生活、孩子等，除非双方都感兴趣，否则还是谈点儿别的话题为佳。女人们要知道，别人口中的赞美才是你真正的价值所在，想靠自己的夸夸其谈来让别人对自己另眼相看是不可能的。

避免使用流行语。在交谈中避免使用那些流行用语，比如"哇塞"之类；避免使用那些网络用语，比如"偶"（我），"东东"（东西），等等。有些父母从孩子身上学到青少年所惯用的流行语，以为说了这些话就代表跟得上潮流，实则不然，毕竟年长者说着一口年轻人的流行语，既幼稚且有失身份。更别说一位举止优雅的女性，在社交场合使用这类词汇，只会让人觉得不伦不类。

9. 与对方分享一点无关紧要的秘密

> 一个女人，即便是你已经取得了一定的成功，如果总是举止大方、说话得体，显得滴水不漏，会给人一种神圣不可侵犯的感觉，那么，很多人会对你敬而远之。
>
> ——卡耐基

生活中，有些女人总能讨人喜欢，进而做起事来也是畅通、顺利的，而有些女人却总能令人生厌，做起事来时常遇堵、碰壁。其实，在前者身上存在一种魔力，它像磁铁一样，无形之中在周围产生巨大的磁场，吸引人们不由自主地向她靠近，并乐于与其交往，而这种魔力就是我们所谓的亲和力。只有这样的女人才让人觉得平易近人、受人爱戴。

然而，如何体现你的亲和力呢？一个心思缜密、做事严谨、紧闭心扉的人，总会给人一种错觉，觉得你是个城府很深、有心机、不可捉摸与亲近的人。这样的人就一定不具有亲和力了。相反，如果你能适度地把自己心里那些无关紧要的小秘密拿来和朋友分享，这样自然就会赢得对方的好感，让人更相信你，也更喜欢接近你。

王笑刚毕业的时候，找了好几个工作都因为与同事相处太过压抑而离职了。于是她找到自己的闺中好友彤彤诉苦。她说她在工作上算是比较顺手了，但是，在每一个公司都待不上两个月，就会觉得特别累，与人相处太过生硬，缺少朋友间的亲密。

其实说起来，王笑在生活中也基本上没有什么朋友，她自认为说话做事都很守信，但是就是无法与人适当地拉近距离。彤彤问她：“你对别人说话也像对我这么说吗？”王笑想了想说：“没有。任何人我总是以礼相对，也很少说些自己的事。”彤彤说：“这就结了，问题就出在这里，一个人总是一板一眼的，谁也不敢太接近你，生怕在你面前说错话惹你生气。如果你能像和我一样和别人说话，别人就会愿意接近你了。”

王笑半信半疑，但还是按彤彤说的去试试。在找到下一家公司的时候，她发现办公室有个女孩和自己的爱好很接近，于是她便有意主动去接近她。一段时间后，王笑觉得女孩为人比较踏实、善良。于是就像和彤彤相处那样，偶尔会主动把自己的一些小心事、小秘密说给对方听，对方也觉得自己有种被信任感，后来时间长了，她们不仅成为好同事，更是好朋友。在工作中，有这样一个人相伴，王笑再也不会觉得压抑而换工作了。

因此，我们要想拉近与别人的距离，不妨和对方说一些无关紧要的小心事、小秘密。这样，对方会认为他是你最值得信任的朋友，在与你相处的时候，就多了一些自然和亲和。

然而，你一定要注意一点，不把自己的秘密全盘告诉对方是为人处世的潜规则。这不是说让你不去信任人，只是人际关系本来就很复杂，你要想确保万一，就要多留个心眼，凡事做到适度。

千万不要因为心理的焦虑，而把一些不该说的心事都抖搂出来，这样在人际当中起不了调和作用，还让人以为你不自重，甚至觉得你只是乱发牢骚，更糟糕的是，有可能在某种情况下让你陷入尴尬境地，这就好比是亲手为自己埋下一颗炸药。在任何情况下，都要“逢人只说三分话，未可全抛一片心”。

与人分享自己的心事或秘密，本是为人际交往中注入一份有利双方和谐相处的润滑剂。因此，我们一定要把握好分寸，否则，润滑不成，弄得满身是油可就不妥了。

10.女人的语言魅力源于真诚

女人讲话如果缺乏真挚的感情，开出的也只能是无果之花，虽然能欺骗别人的耳朵，却不能欺骗别人的心。

——卡耐基

女人只有用一颗真诚的心与人交往，才能换来彼此的心灵相通，驱除人为的隔膜，坦诚以待。真诚是一笔宝贵的财富，拥有这笔财富的女人将是这个世界上活得最自在的人，同样，女人的语言魅力源于真诚。

从米歇尔的谈吐之间可以看出她是一个个性健康的明亮女人，因为不论在任何场合她都真挚到诚恳，从不矫情、造作。比如总统竞选期间，她形容丈夫在华盛顿的住所是一间容易着火、“可以吃比萨饼”的小公寓，每次她去看奥巴马，都得一起去住宾馆。记者问她：“那以后住在白宫呢？”她坦然而眉飞色舞地感叹：“白宫真的是太美了，是那种让人产生敬畏的激情的美。在那里走一圈之后，感觉能住在那里真是一种上天的赐予，一种荣耀。”一般选民会觉得，希拉里离自己很远，这也是克里和戈尔等人的政治宿命，都给人疏远感，也让选民厌倦。

而与太太情趣相投的奥巴马给人感觉是那么真实而亲近。当然，这与他太太的感性影响与渲染有关，她是第一个爆料自己丈夫不会整理床铺的第一夫人，这些小细节为奥巴马平添几分人情味。

米歇尔基本不谈政策纲领，而是打人性牌，大谈奥巴马睡觉鼾声大、早上起床时口臭令女儿不敢接近等趣事。即使夫妻一起上电视做节目，也是可以谈笑风生，彼此打趣，不时自然而然地显露出很淳朴、单纯的一面，总之，尽显“不装”的率真一面。奥巴马是理性与感性的统一，既有很强的感染力，也有很强的自控能力。奥巴马所说的“人话”，几乎听不到八股文的味道，最重要的是，他与夫人一样没有故意掩饰自己，或故作神秘状。记者问：“获胜后，太太说了什么？”奥巴马幽默地说：“她说那你明早上还送女儿上学去吗？”第一夫人听后大笑：“我没说，我可没这么说啊！”

夫妇俩眼神里交流的是真挚的感情，默契而生动。这样简单真挚的语言，其实是最能打动人心的。

人与人交谈，贵在真诚。有诗云：“功成理定何神速，速在推心置人腹。”只要你与人交流时能捧出一颗恳切至诚的心，一颗火热滚烫的心，怎能不让人感动？怎能不动人心弦？白居易曾说过：“动人心者莫先乎于情。”炽热真诚的情感能使“快者掀髯，愤者扼腕，悲者掩泣，羡者色飞”。

说话不是敲击锣鼓，而是敲击人们的“心铃”，“心铃”是最精密的乐器。成功的女人总是能用真挚的情感、竭诚的态度击响人们的“心铃”，并刺激之、感化之、振奋之、激励之、慰藉之。对真善美，热情讴歌；对假恶丑，无情鞭挞。让喜怒哀乐，溢于言表；使黑白贬褒，泾渭分明。用自己的心弦去弹拨他人之心弦，用自己的灵魂去感染他人的灵魂，使听者闻其言，知其声，见其心。

由此可见，真诚的语言，不论对说者还是对听者来说，都至关重要。说话的魅力，不在于说得多么流畅，多么滔滔不绝，而在于是否善于表达真诚。最能赢得人心的女人，不见得一定是口若悬河的女人，而是善于表达自己真诚情感的女人。

心理学家认为，人与人之间存在“互酬互动效应”，即你如果真诚对别人，别人也以同样的方式给予回报。道声“谢谢”，看似平常，可它却能引起人际关系的良性互动，成为交际成功的促进剂。

如果一个女人能用得体的语言表达她的真诚，她就能很容易赢得对方的信任，与对方建立起信赖关系，对方也可能因此喜欢她说的话，并因此答应她提出的要求。能够打动人心的话语，才可称得上是“金口玉言”“一字千金”。

说话是一个传递信息的过程，所以要提高自己的说话水平，增强自己的语言魅力，并不完全在于说话者本人能否准确、流畅地表达自己的思想，还在于她所表达的思想、信息能否为听众所接受并产生共鸣。也就是说，要将话说好，关键还在于如何拨动听者的心弦。

在生活中，有些女人长篇大论甚至慷慨陈词，可就是难以提起听者的精神；而有些女人仅仅寥寥数语，却掷地有声。这是为什么呢？

很简单，后者能了解人们的内心需要，能设身处地地站在对方的立场，为对方着想。因此她们的话总是充满真诚，也更容易打动人心。

真诚的语言虽然是朴实无华的，但却是最感人的。有家电视台播放过一个节目，中国女足在一次比赛中获得较好的名次，记者向运动员问道：“你们得了亚军后心情如何？你们是怎么想的？”其中一名运动员不假思索地回答道：“我想最好能睡三天觉！”

这样的回答让人有些出乎意料，但它质朴、没有任何修饰成分，全场顿时爆发出一片赞许的笑声和掌声。如果这位运动员“谦虚”一番，讲一通“我们还有很多不足”之类的话，可能就没有如此强烈的反响了。

情深，才可惊心动魄。语言真诚，即使几句简单的话，也能引起听众的强烈共鸣。

第八章

独立睿智，先爱自己才能被人爱

1. 不做剥夺自己幸福的人

女人的幸福掌握在自己手中，任何人或者任何事都无法让你放弃幸福。哪怕遇到天大的困难，你都要让自己拼命去克服，因为困难是暂时的，但幸福却是永远的。

——卡耐基

女人的一生就像一朵花开的过程，从破土而出，到生出幼芽；从含苞待放，到花开灿烂；从花叶繁茂，到枯萎凋零。这其中想停下一秒钟都不太可能，这是一个必经的过程。生命的过程也是如此，这说起来漫长，却又短暂，我们如何在这有限的花期内把握那些幸福的瞬间，认清幸福的方向呢？其实我们只要把握眼前，活在当下，不做剥夺自己幸福的那个人就可以了。

是的，幸福的感觉会一直存在于你的心中，成为你记忆的一部分，成为你生命的一部分。现实中，很多女人都不明白这一点，她们生活得极尽奢华，但当有一天富贵不再，便了无生机，垂头丧气；她们极得男友宠爱，要星星当月亮，但当有一天爱情远走，她们便失去了自我，哭天怨地，甚至愤世嫉俗。其实她们不知道原来幸福是掌握在自己手中的，不是别人能够影响的，我们只要放弃过去，放眼未来，幸福就一定会不期而至，让你抱个满怀。

意大利著名影星索菲娅·罗兰在半个世纪以来出演了70多部影片，用自己动人的风采、卓越的演技给人们留下了深刻的印象。她的美不是静止的，不是平面的，而是以一种最浓烈的方式留给了电影。1961年，她获得了奥斯卡最佳女演员奖。很多导演都由衷地说，与索菲娅·罗兰的美丽相比，奥斯卡简直不值一提。

然而，她的从影之路并不是一帆风顺的。

16岁时她一个人来到了罗马，但是，成功的路并不平坦，因为她的长相阻碍了她成为一名演员。刚到罗马时，她听到的是自己个子太高、臀部太宽、鼻子太长、嘴巴太大等非议，被说得没有一点做演员的资格。

不过很幸运的是一位制片商看中了她。看中了她并不代表她的事业一帆风顺，索菲娅·罗兰去试了许多次镜，但摄影师都抱怨无法把她拍得更美艳动人。制片商听到了摄影师的抱怨，于是找到了索菲娅·罗兰并对她说：“索菲娅，如果你真想干这一行，我建议你把你的鼻子和臀部‘动一动’，做一次整容手术，那样就更会好些。”对于没有主见的人来说，这是一次千载难逢的机会，一定会按照制片商的说法去做。

但是索菲娅·罗兰是个有主见，不愿意随波逐流的人，她断然拒绝了制片商的要求。在她的心里，始终坚持着这样的一个原则：我就是我自己，只有做好了自己，我才能向他人学习。

索菲娅·罗兰要靠自己内在的气质和精湛的演技来征服观众，于是她找到了制片商，并理直气壮地说："对不起，我不能这样做，我就是我自己，只有做好了自己，我才能向别人学习，这是我的原则。虽然我的鼻子太长，但它是我脸庞的中心，它赋予了我脸庞的独特个性，我很喜欢它。至于别人怎么说，我无法改变，因为嘴是长在他们的脸上。我只要坚持我的原则就够了。"

虽然很多议论对索菲娅·罗兰很不利，但她没有因为别人的议论而停下自己奋斗的脚步，反而越挫越勇。从17岁正式进入电影界，她一生拍了100多部影片。索菲娅·罗兰的演技达到了炉火纯青的程度，她得到了观众的认可，观众很喜欢她的善良和纯情。索菲娅·罗兰在事业上不断取得成功。

她刚出道时遭到的那些诸如鼻子长、嘴巴大、臀部宽等议论都不见了，她得到了更多的好评，以前的缺点成为当时评选美女的标准。20世纪末，索菲娅·罗兰已经60多岁了，她仍然被评为了那时"最美丽的女性"之一。

当后来有人问起索菲娅·罗兰的成功时，她是这样回答的："我谁也不模仿。我不去奴隶似的跟着时尚走。我只要做我自己。当你把自己独特的一面展示给别人的时候，魅力也就随之而来了。"

德国诗人歌德说："谁若游戏人生，他就一事无成，谁不能主宰自己，他永远是一个奴隶。"不要等别人去安排你的人生，因为也许他们会很忙，而且未必就能安排得好。你终究是属于自己的，没有人可以真正对你的人生负全责，哪怕你最爱的人和最爱你的人也不能。

所以，如果你想过好自己的人生，那就要学会主宰自己的命运，即使它会让你失败，那也是属于你自己的人生，当你生命将尽时你才不会后悔，因为你拥有了属于自己的命运。卡耐基认为：你不需要问自己是谁，未来会怎样，你是你自己的，这一切自己决定就好。

乔治·萧伯纳有这样一段名言："征服世界的将是这样一些人——

开始的时候，他们试图找到梦想中的乐园，最终，当他们无法找到时，就亲自创造了它。”生命的精彩在于创造，你的未来掌握在自己手中。

2. 保持自我，他才会更珍惜你

聪明的女人首先懂得生命是自己的，要为自己而活。以自己的本色活着就是对生命的最大尊重。

——卡耐基

相信这句话，不要去为任何人而活，包括你爱的人。你可以为他献出生命、牺牲一切，但一定要坚持独立。

生活中，很多女人对爱情都没有什么免疫力。当爱情降临的时候，她们变成了智力“低能儿”的时候，把自己的全部身心都交给了那个自己以为可以托付一生幸福的男人。然而，聪明的女人，你就不会让自己变成弱智，而是要保持自己的独立让对方更珍惜自己。

小薇是个骄傲的女孩子，天生丽质的她从小在家人和朋友的宠爱中长大。聪慧、美丽的小薇当然不缺乏男人的追求，只是她从未把他们放在眼里，直到她新任上司展鹏飞的出现。只一眼，小薇就知道，展鹏飞是她想要的那一款。

这个不过三十二岁的男人，面部轮廓坚毅而落拓，眼神沉静，笑容淡定，儒雅的背后是一种霸气，把他衬托得越发英挺，站在他的身边，会完全地被他身上所散发出的浓浓的男人气息和成功人士的自信所吸引。台上，鹏飞在给员工们讲话，铿锵有力。台下，小薇望着鹏飞，舍不得把眼睛挪开一点点。所幸的是，妹有情郎有意，两个人站在一起如佳偶天成，不知道有多少人暗地里羡慕着妒忌着。

和鹏飞在一起，小薇的确是快乐的。可是，她的改变也是从和鹏飞在一起的那一刻开始的。鹏飞喜欢女孩子梳长长的直发，小薇就再也没把头发换过其他的发型。大街小巷的女人们如今都烫起了大大小小的卷发，小薇依然如故，虽然也想尝试，想想鹏飞，就忍下了自己的小意愿。鹏飞喜欢女孩打扮得淑女，小薇的衣橱里就变成了各类洋装的展会。鹏飞不喜欢女孩子在外面吃大排档，走过街边看着那些诱人的羊肉串、臭豆腐、酸辣粉……小薇只有羡慕的份儿。

就这样，小薇一点点地在毫无知觉的情况下，变成了另外一个人。变成的这个人，是鹏飞理想中的女朋友的样子，唯独不是小薇本人。

有一天清晨，小薇收拾妥当，出门前最后在镜中照了照自己，那一刻，她突然觉得镜中的那个女孩很陌生。虽然美丽依旧，却仿佛是华美的外衣下包裹着一颗别样的灵魂，小薇突然感觉很空虚，一股莫名的伤感迅猛地向她袭来。

“我还是我自己吗？从前的那个我到哪儿去了？”小薇在心里不停地问自己。

爱上一个人当然没有错，愿意为他做事情当然也没有错，爱本来就是要有所付出，可是，这世上任何事都是有底线的，爱情也不例外。无论何时，爱情当中的主人公都是两个独立的个体，即使情深意浓时也不应该迷失自我。

苒苒的家境不是很好，兄妹又多，大学毕业后回到家乡当了一名教师，可是后来因受人排挤离开了校园。不久苒苒就嫁给了一个大她三岁的男人。男人在外面做生意，一年也回不了几次家。后来，她有了一个女儿，这使她在那个重男轻女的家里彻底失去了地位，婆婆对她的态度变得越来越恶劣。她的丈夫回家的次数也更少了，后来在外面有了外遇，要和她离婚。

离婚后，苒苒自己带着孩子过得很困难。别人都劝她："再嫁个人吧，一个女人带个孩子不容易。"可是她不同意，她怕第二任丈夫对孩子不好。她凭着师范大学毕业的资格，在家办了个幼教班，收了几个学生，以维持生活。30岁的女人，看起来异常苍老，她常说："我这一辈子什么都没有，就指望我闺女了，要是没有她，我早就不活了。"

我们不得不说苒苒是个实实在在的好女人，她以前为了丈夫，现在为了孩子，给自己留下的生活空间变得愈来愈小，以至于最后连自我都失去，更没有了幸福可言。好女人不一定是幸福的。当然，不是说奉献精神不好，而是说女人在关爱孩子和丈夫的时候也不要遗忘了自己。

我们常听一些人无奈地感慨：好累呀！好烦呀！问题是你要懂得如何生活，懂得为自己而活。没有什么比这来得更实在、更重要了。为自己而活，为自己认真过好每一天，为自己全力以赴地去做好每一件事。

每个人都是独立的，聪明女人懂得为自己而活，自尊自强自爱，生活才会更有价值，这样的女人才能赢得男人深厚的爱，也才会最终拥有幸福的人生。

3. 走自己的路，看自己的风景

人们总喜欢羡慕别人，却忽略了自己所拥有的。很多人总是渴望获得那些本不属于自己的东西，而对自己拥有的却不加以珍惜。

——卡耐基

世间的女人风情万种，或娇柔妩媚，或温柔文静，或大气端庄，如繁花般装点着这个世界。女人内心柔软而细腻，感性而又多情，即便是包着女强人外衣的职场“白骨精”，在夜深人静的夜晚，在外衣之下，也会是个感性娇柔的小女人，憧憬着自己的幸福。女人对幸福的渴望就如同虔诚的朝圣者，拥有着孜孜不倦的追求与热情。然而，究竟怎样才算得上幸福？

莎士比亚曾经说过，“一千个人心中会有一千个哈姆雷特”，对幸福每个人会有着不同的理解。感性如女人，对幸福又自会有着自己的见解。

有人说幸福是早上玫瑰花瓣上的露珠，伴随着芬芳浓郁的气息，伴随着朝阳微风，晶莹剔透却短暂；有人说幸福是亲人朋友脸上的笑意，是人生价值的体现，是幸福的源泉；有人说幸福是冬天里的一块烤红薯，简单却能给人恰到好处的温暖；有人说幸福意味着豪宅名车以及华丽的珠宝，是精致的生活以及高贵的姿态。

其实，这不过都是幸福的外相，真正的幸福，是某个时刻你内心的那种或甜如蜜或淡淡的感受，是脸上那止不住的笑意，是用心去感受的点点滴滴。

杨薇是个漂亮高挑的女孩子，有一份体面的工作，有个收入不多却对她宽容宠爱的老公。在很多人眼里，她无疑是个幸运的姑娘。

作为普通家庭出身的姑娘，杨薇所拥有的这些是令人羡慕的。只是很少人知道，杨薇有着并不愉快的童年。童年的记忆中，母亲总是面色凝重，语气严厉，责怪着杨薇这次的成绩不佳，抱怨着杨薇不如院子里的另一个小姑娘聪明伶俐。

大多数时间的杨薇，总是畏缩在墙角，不解地看着母亲，内心也抱怨着那个母亲口中的小姑娘。在很长一段时间内，杨薇的内心是自卑而胆怯的，不敢在众人面前大声说话。

这样的心理伴随了杨薇很多年，直到离开母亲，独自在异地求学，她才渐渐地找到了人生的自信，后来老公的爱和宽容给了她更多的自信和勇气，慢慢蜕变成了今天这个面若桃花、坚强独立的现代女性。

白莹是杨薇的大学好友。毕业后直接嫁了个富二代，过着少奶奶的日子。有空的时候，她总会约杨薇一起吃饭，逛街，做美容，在豪华的商场里挥金如土。最初的杨薇面对着白莹的阔绰，只是淡淡一笑。时间久了，杨薇的内心发生了变化，她开始羡慕起白莹如今的少奶奶生活，抱怨着老公的收入普通。

在一段时间里，和白莹欢聚过后回到家的杨薇，就开始对老公有了诸多抱怨，抱怨老公在事业上的不思进取，抱怨他的不懂浪漫，平静的日子里多了一些矛盾和摩擦。也不知道从何时起，相爱的两个人回家以后开始以沉默面对着彼此，仿佛是一栋房子里的陌生人。

直到有一天，满身伤痕的白莹哭着跑去杨薇家。杨薇才知道，原来白莹的婚姻生活中有如此多的不和谐。老公虽有钱，却很花心，甚至有家庭暴力，白莹在大部分的婚姻生活中总是忍受着独守空房的孤独和寂寞。而听着白莹哭诉的杨薇，坐在自己和老公一起去宜家买回的大沙发上，看着在厨房里为她俩忙碌准备晚餐的老公，想着这段时间老公对自己依旧不变的照顾和宽容，想着童年那个在墙角畏缩着的自己，杨薇释然了，原来现在的自己一直是如此的幸福，拥有着自己虽平淡却踏实且独一无二的幸福。

人们总喜欢羡慕别人，却忽略了自己所拥有的。很多人总是渴望获得那些本不属于自己的东西，而对自己拥有的却不加以珍惜。

人生无常，能来到这个世界，感受着这个世界上所发生的一切，诸如花的盛开，草的萌生，天的晴朗，月的明媚，已是人生的一种幸福。每个人所感受到的都是自己独一无二的幸福。幸福无法攀比，无法复制，幸福只是那样或深或浅地存在于你的心里，在某一刻荡漾在你的胸怀，然后化作你脸上那弯弯的嘴角。

一个幸福的女人总是面色红润，眉眼明亮，洋溢着温暖和热情。而通常这样的女人总是宽容的，满足于生活中每一点微小的幸福。不攀比，不抱怨，淡定，从容，在这个嘈杂的世界里，宛如内心里生着一朵洁白的雪莲花，感受着属于自己的小幸福。愿这朵雪莲花也同样生长于每个女人心间，让芸芸众生中的每个女子都可以拥有自己独一无二的幸福。

4. 爱自己是一种责任

要知道，女人一生中最重要的关系是和自己的关系，需要爱的人也是自己。其实，女人爱自己是一种责任，就像爱你的家人和朋友一样。我们只有小心翼翼地保护内心的纯净，才会给所爱的人带来一份真诚的爱，同时也能保证家庭和事业都朝良性而又健康的方向发展，创造真正的幸福。

——卡耐基

爱自己是万爱之源，这是世界上最伟大的一种爱。从出生时起，女人就用数不清的方式去追求爱。有时爱很微妙，就像我们给路人一个善意的微笑；有时爱会持续一辈子，给你长久的幸福；有时爱只把我们唤醒一会儿，就消失了。

有人用一生的大部分时间去追求爱，却很难认识到生活中最重要的东西——自己。要知道，女人一生中最重要的关系是和自己的关系，最需要爱的人也是自己。

只有做到爱自己，和其他人的关系才能真正算是一种爱的关系，而不是建立在需要、依靠、恐惧或不安全的感觉上。

张婷是个活泼开朗的女孩，大学毕业后她终于如愿以偿做了一名快乐的导游，走过了世界上很多的城市。今年，张婷经人介绍，认识了张建，她觉得那就是她心目中的另一半。但是，张婷觉得张建对他若即若离，张婷追问原因，原来，张建觉得她哪里都好，就是工作不够稳定，常常带团一走少则三五天，多则半个月，将来生活在一起，免不了要影响以后照顾家。张建觉得，女孩子嘛，就要在家相夫教子，需要大量的时间照顾家里。为了让喜欢的人高兴，张婷忍痛放弃了自己心爱的职业，辞职了，找了一份文员的工作，朝九晚五，中规中矩，成了张建期待的那种“稳定”的上班族。

张建不喜欢张婷的朋友，觉得太闹腾了，所以张婷渐渐地就和以前的朋友们断了联系，一门心思过起了二人世界。张建喜欢朴素的女孩，于是，张婷也就不再化妆了，甚至连化妆品也不买了……

但是，渐渐地，张婷越来越厌倦现在的生活，上班永远重复着枯燥而又乏味的工作；下了班，永远是柴米油盐，永远是围绕张建转，好像她越来越没有快乐，也越来越没有自己了。

她反问自己：我这样做究竟是为了什么？以前常常带团穿梭在城市之间，虽然辛苦，但是很快乐，似乎每天都有很多乐趣。她静下心来好好思索：恋爱不就是让自己更快乐吗？可是为什么自己恋爱了，找到心中的那个他，为什么自己越来越不快乐了呢？为了讨好张建，她竟然放弃了自己以前的生活，过那种天天重复乏味无聊的生活。这值得吗？爱张建就要用自己的全部快乐做交换，这到底是爱，还是一种得不偿失的交换？

这个念头在心里萌生出来就再也无法遏制。张婷强烈地感觉到，自己“爱”错了。这种放弃自己的快乐而得到的“爱”不是“爱”，而是一桩失败的交易，她应该好好爱自己，过自己想要的生活，做自己喜欢的工作，交自己志趣相同的朋友，而不是为了一段爱情就抛弃这一切。

明白这些后，张婷辞掉了文员工作，并且对张建说："我爱你，但是我不能为了你完全放弃自己以前的生活。做导游，才是我最喜欢的事。可是我为了爱你，将自己弄丢了。所以，今天开始，我想更爱自己一些。"

虽然没能跟心爱的人在一起，但是张婷却不后悔。这段经历让她深深明白一个道理：先爱自己，才能爱别人。

与其低微地去祈求别人的爱，还不如爱自己多一点。卡耐基说：爱的第一步，不是如何去爱别人，而是要学会爱自己。

其实，女人爱自己是一种责任，就像爱你的家人和朋友一样。我们只有小心翼翼地保护内心的纯净，才会给所爱的人带来一份真诚的爱，同时也能保证家庭和事业都朝良性而又健康的方向发展，创造真正的幸福。

女人要爱自己，首先要让自己自由，时时倾听自己的心声，与自己对话，诚实地面对内心深处的各种欲念。这样，当我们置身于各种人、事、物中，才不受约束，才能完全保持平衡。当我们能用这样的态度爱自己时，就能真正了解爱的意义，而且有能力去爱其他人。

美国主持人欧普拉采访奥巴马夫人时，问她是不是觉得很快乐。奥巴马夫人说："没错，我很快乐。"她很注意锻炼和照顾好自己。她说："如果需要，我早晨4点半就会起床锻炼身体，因为每天不锻炼，我就会难受、很压抑。""那么早?""如果我们需要上班，我们会早起；如果我们需要照顾孩子，我们会早起。可是，为什么为了我们自己，就不能呢?"奥巴马夫人希望让女儿看到一个能照顾好自己的妈妈。

如果你在电视上看到奥巴马夫人，只要稍微注意她，你一定会觉得她很健美，因为她每星期锻炼5次，也很注意全家的饮食。

由此而见，女人的精神独立和自爱是对自己的确认。当女人在自己的精神世界里建立起一个美好的王国，当她自豪地感觉到自己是这个王国的女皇时，她就会在现实生活中找到自信和价值，找到爱。

卡耐基认为：人生就像是一出戏。在自己生命的舞台上，我们应该是这出戏的中心，是制片，是编剧，是导演，更是主角。这一出戏的成败，完全是我们自己的责任，四周的人，充其量都只是配角而已。既然我们是自己的主宰，就应该看重自己、爱惜自己、宠爱自己。

5. 不要轻易否定自己

天上的群星千千万，虽然你不确定哪颗才是你的，但一定要相信一定有一颗属于你。

——卡耐基

现实生活中，很多人常常自我否定，哪怕取得不错的成绩，也常常闷闷不乐，觉得自己一无是处。其实，我们要懂得肯定以往自己的努力，这样才有利于正确面对成功与失败。当我们通过努力获得成绩时，要学会及时为自己的努力做出肯定，这样有利于进步。

古希腊哲学家苏格拉底在临终前有一个不小的遗憾——他多年的得力助手，居然在半年多的时间里没能给他寻找到一个最优秀的闭门弟子。

事情是这样的：苏格拉底在风烛残年之际，知道自己时日不多了，就想考验和点化一下他那位平时看来很不错的助手。他把助手叫到床前说："我的蜡烛剩不多了，得找另一根蜡接着点下去，你明白我的意思吗？"

“明白，”那位助手赶忙说：“您的思想光辉是得很好地传承下去……”

“可是，”苏格拉底慢悠悠地说：“我需要一位最优秀的承传者，他不但要有相当的智慧，还必须有充分的信心和非凡的勇气……这样的人选直到目前我还未见到，你帮我寻找和挖掘一位好吗?”

“好的，好的。”助手很温顺很尊重地说，“我一定竭尽全力地去寻找，不辜负您的栽培和信任。”

苏格拉底笑了笑，没再说什么。

那位忠诚而勤奋的助手，不辞辛劳地通过各种渠道开始四处寻找了。可他领来一位又一位，总被苏格拉底一一婉言谢绝了。

有一次，当那位助手再次无功而返地回到苏格拉底病床前时，病入膏肓的苏格拉底硬撑着坐起来，扶着那位助手的肩膀说：“真是辛苦你了，不过，你找来的那些人，其实还不如你……”

“我一定加倍努力，”助手言辞恳切地说，“找遍城乡各地，找遍五湖四海，我也要把最优秀的人选挖掘出来、举荐给您。”

苏格拉底笑了笑，不再说话。

半年之后，苏格拉底眼看就要告别人世，最优秀的人选还是没有眉目。助手非常惭愧，泪流满面地坐在病床边，语气沉重地说：“我真对不起您，令您失望了！”

“失望的是我，对不起的却是你自己。”苏格拉底说到这里，很失望地闭上眼睛，停顿了许久，才又不无哀怨地说：“本来，最优秀的就是你自己，只是你不敢相信自己，才把自己给忽略、给耽误、给丢失了……其实，每个人都是最优秀的，差别就在于如何认识自己，如何发掘和重用自己……”话没说完，一代哲人就永远离开了他曾经深切关注着的这个世界。

那位助手非常后悔，甚至后悔、自责了整个后半生。

肯定自己以往的努力，告诉自己今天是努力得到的，列举一些你所成功的事，重温一下当时的喜悦，一定能从中得到启示。面对生活，有一个良好的心态，充满自信，正确评价自己。这样才能战胜困难取得成功，这样才能在生活中消除不必要的烦恼。

在平凡的生活中做出不平凡的事情的人，往往都是那些坚信自己的人，他们会知道自己有多么重要。相反，那些胆怯、意志不坚的人，即使才华横溢、天赋优良，也往往难以获取很大的成就。自信与金钱、势力、出身、亲友相比，更具有力量的东西。自信是人们从事任何事业时最强大的精神支柱，拥有自信心，会最大限度地减小难度，克服重重阻碍，获得完美的成功。拥有自信的人，外表看起来是那么开朗、活泼，给人一种阳光的气息，而他们内心往往也能够最先感知自己的魅力，并且相信自己的能力。

卡耐基常常告诉自己："我比想象的更为优秀。"他认为，女人要有自信，只要心中拥有一片海，你就会拥有整个世界。

6. 耐得住寂寞，经得起诱惑

人们只有在心灵真正进入到静寂状态时才能找到幸福，当然这种寂寞下的幸福也不是永久的，有时只是瞬间。

——卡耐基

幸福的女人往往都是耐得住寂寞的。因为寂寞与幸福并存。人们羡慕寂寞时的自由，却往往拒绝寂寞的缠绕。实际上，左手是寂寞，右手是幸福，一直都是这样。

寂寞就是一种心情，是幸福过后的沉寂。在曲终人散之时，人们的内心归于平静，以寂寞为伴，痛并快乐着，寂寞并幸福着。

女友说婚后的生活一直很平静，平静得让人可怕。丈夫的应酬很多，大多时候她都是一个人在家陪着儿子。渐渐地她与丈夫的沟通越来越少，渐渐地她与丈夫形同陌路。那种日子让她快要窒息。于是，她走了出去，只为到外面透透气，只为释放一下心里的郁闷，只为缓解一下心里的压力。

可没料到的是，她开始了一段错误的感情游戏。在丈夫与情人之间苦苦挣扎，道德与良心时时撕扯着她的心，她丢不下丈夫也舍不下情人，日日被痛苦折磨。最后她让丈夫来做抉择，毕竟丈夫是她最爱的男人。结果可想而知，丈夫无法原谅她的过错，家庭平静的解体。丈夫临走时留下一句话："女人，你应该守住寂寞。"

女人之后也与情人断了关系。那只是一个错误，一个寂寞的故事。只是这个错误的代价太大了，要她用一生来追悔，要她用余生的寂寞来惩罚自己。

著名作家梁实秋先生曾说："寂寞是一种清福。"能把寂寞当作幸福来享受的必定是大胸怀大智慧之人，常人不会把寂寞当作一种享受。

那么寂寞怎样成为一种清福？

梁实秋在书中写道：

"我在小小的书斋里，焚起一炉香，袅袅的一缕烟线笔直地上升，一直戳到顶棚，好像屋里的空气是绝对的静止，我的呼吸都没有搅动出一点波澜似的。我独自暗暗地望着那条烟线发怔。屋外庭院中的紫丁香还带着不少嫣红焦黄的叶子，枯叶乱枝的声响可以很清晰地听到，先是一小声清脆的折断声，然后是撞击着枝干的磕碰声，最后是落到空阶上的拍打声。这时节，我感到了寂寞。在这寂寞中，我意识到了我自己的存在——片刻的孤立的存在。这种境界不易得，与环境有关，更与心境有关。寂寞不一定要到深山大泽里去寻求，只要内心清净，随便在市廛里，陋巷里，人们都可以感觉到一种空灵悠逸的境界，所谓‘心远地自偏’是也。在这种境界中，人们可以在想象中翱翔，跳出尘世的渣滓，与古人同游。所以我说，寂寞是一种清福。”

这种静寂状态下的寂寞并不是孤独，而是幸福。“在这种境界中，我们可以在想象中翱翔，跳出尘世的渣滓，与古人同游。”梁实秋真正写出了自己的体会。

有一对年轻的夫妻不安于贫困，结婚不久便外出闯荡。初到离家千里之外的地方，一切都是陌生的。没有住处，他们就住铁皮屋。在寒冷的冬天，屋子就成了冰窖。炎热的夏天，屋子便成了火炉。

但是，他们感情非常好。冬天，男人知道女人怕冷，在晚上睡觉时，他先上床暖好被窝，等她睡觉时再把她搂得紧紧的，生怕冻着她；夏天，男人怕女人热，在每次临睡觉之前都会给她准备好洗澡水，然后他不停地往地上洒水，用来降温。没有钱买好吃的，他们一日三餐啃从家里带来的干粮，就着咸菜，喝着白开水。

女人怕男人身体受不了，于是拼命打工赚钱并买了个电饭煲，天天煲他喜欢喝的汤。她看着他大口大口喝她煲的汤，感到幸福至极。她时常感叹，再也没有比那时更幸福的日子了。

男人和女人吃了很多苦，终于赚了很多的钱。然后，他们拥有了漂亮的房子、汽车和公司，拥有了有钱人拥有的一切。冬天有暖气，夏天有空调，男人再也不用担心女人怕冷、怕热了；家里也请了保姆，一日三餐按时做，女人再也不用担心男人吃不好，也不再亲自给男人做饭煲汤了。

都说患难夫妻同甘共苦，可共苦之后的同甘却往往不尽如人意。尽管女人住着男人买的大房子，用男人的钱买名牌化妆品，做美容……可女人心里真正想要的不是这些。她希望还能像当初一样，男人对她嘘寒问暖，关心备至；希望男人晚上陪她一起看电视，或者一起散散步；然后陪她一起睡觉，或者聊聊心事，不要每晚都应酬到深夜；希望男人能在休息日陪她一起去海边漫步或者放风筝，不要总是加班；希望男人……这些别人看来很简单的事情为什么在他身上却难以实现？为什么十几年前都能做到的事情现在却很难做到？

女人做梦都希望回到从前，虽然那时的生活贫穷，但他们都把彼此时时记在心里，尽管没有钱，但很快乐。现在有钱了，快乐却消失了。

男人说，不是他做不到，而是实在没有时间去做，甚至一点时间也要用来处理公司里大大小小的事情，因为竞争太激烈，稍不留神便会前功尽弃。现在，他一天到晚忙个不停，休息的时间都没有，哪里有闲情雅致陪她放风筝、去海边漫步呀。以前没有人际关系，没有应酬，当然能早早地回家陪她。

女人一遍遍地提起，男人一次次地拒绝。时间长了，男人便觉得女人很无聊，而女人却认为连这么简单的事情都不能满足她，男人一定变心了。

女人忘记了，男人虽然不能实现多陪她的愿望，但帮她实现了当初在铁皮屋时的愿望：这一辈子让她吃好，住好，穿好，过上好日子。

于是，男人和女人有了结婚后第一次激烈的争吵，吵来吵去，男人便不想回家了。男人说他太累了，忙于事业、忙着挣钱，没有精力再和她吵。慢慢地男人就成了负心汉。由于女人不停地吵，最后把他们的婚姻吵散了。

其实，女人不明白，幸福有时候需要寂寞，寂寞与幸福成正比。请男人和女人记住，有一种寂寞叫做幸福，也有一种幸福需要付出寂寞的代价。

寂寞的确难耐，但它的难耐正显现出它的美好。寂寞既是对人的一种考验，也是人们在身处困境时的体验。只有身处寂寞，人们才能自我反省，感悟人生，思索生命。

因此，寂寞是人生旅程中必不可少的驿站，人们可以在这里将自己和生活进行调整，迎接更好的明天。从这个角度看，你必须感谢寂寞，是它让你更专注地投入生活，更清醒地认识自己，更珍惜宝贵的生命，让人们拥有幸福，所以，寂寞也是一种幸福。

7. 独立自主，做自己的天使

> 女人的幸福只在女人自己的手上，是自己给予自己的。女人要有自己的生活，要独立。
>
> ——卡耐基

每一个人的一生都是自己的，走怎样的路也只能由自己决定，从没有什么圣人、高人可以帮你。幸福也是一样，每一个人对幸福都有不同的感觉，真正属于自己的幸福，只有自己能感觉得到。

在一个风雨交加的下午，一个女人跌跌撞撞地走进了一家心理咨询诊所。如果你仔细观察这个女人，你会感到非常奇怪。

这个女人大约20岁，面容姣好，衣着华丽，拎着一款名牌手包，身上佩戴的首饰一看就是出自名设计师之手，打扮得非常时尚。

按理说这样一个女人应该举止从容、神采飞扬，可是她却一脸憔悴，双眉紧皱，嘴唇发白，好像快要哭出来了，走路也踉踉跄跄的，像得了一场大病。

这个女人径自推开一间诊室的门就走了进去，根本顾不得身后的护士冲她喊："小姐，你预约了吗？"

诊室里坐着一位心理医生，他抬头看了看闯进来的女人，示意护士不要拦她。

那个女人在医生面前的椅子上坐了下来，神情恍惚，用很迷茫的语气对医生说："对不起，我知道我没有预约，但我必须找个人说说，否则我就要从楼上跳下去了。"

医生示意她不要紧张，用很温和的语气问："我很愿意听你说话，能告诉我发生了什么事情吗？"

女人深吸了一口气，然后开始述说："我觉得自己要崩溃了，我的事业遇到了很大的困难，几乎让我倾家荡产，男朋友却在这个时候要离我而去。我真是失败，这么大了还令爸妈伤心，朋友们也跟着操心。"

医生看着她问："就因为这样，所以你觉得自己很失败，甚至要跳楼？"

"你不了解，"女人望着医生摇了摇头，"我从小就是个好学生，爸妈以我为荣，老师为我骄傲，同学们都很羡慕我，可是现在，我让所有的人失望，连他们的眼睛我都不敢看。"听到这里，医生说："从你进门到现在，你一直在强调别人对你如何失望、如何伤心，那你呢？你对自己怎么看呢？""我？我是一个令所有人失望的人。"女人沮丧地说。

"不对，这仍然是别人的看法，'所有人失望'是别人的感受，而不是你对自己的看法，我想知道你对自己是如何看的。"

"这有什么不同？我令人失望，这就是我对自己的看法。"女人一脸茫然，想不清楚这其中的分别。

医生微笑着看着她说："好了，我们暂时不去讨论这个问题，现在你告诉我，有没有什么办法能使这种糟糕的情况改变？比如恢复你的事业，重建你的信心。"

女人皱着眉想了想，然后摇摇头说："没有了，我现在除了身上的这套穿戴之外已经再没有一点值钱的东西，连车子也已经卖了抵债，谁愿意帮助一个这样落魄的女人呢？大家唯恐我向他们借钱，躲都躲不及。天呐，谁能帮帮我？人们常常说遇事有贵人相助，可是我的贵人在哪儿呢?"

女人这样说的时候，情绪十分激动，好像马上就要崩溃了。医生听到这里，想了想说："虽然我没有办法切实地给你什么帮助，但如果你愿意的话，我可以介绍你见一个人，她可以帮助你还清债务，东山再起，让所有人对你刮目相看。"

"真的吗?"女人听了这话眼前一亮，但她不敢相信这个事实，用疑惑又期待的眼神看着医生。

"当然是真的，跟我来!"医生站起身来，带着这个女人走出了诊室，穿过走廊，来到另一间屋子。

这是一间空屋子，除了墙上挂了一面大镜子外什么也没有。女人疑惑地问："您说的那个能帮助我的人在哪儿呢?"医生请女人站到墙上挂的那面镜子前，镜子中立刻映出了女人憔悴的身影。他指了指镜子说："就是这个人。在这个世界上，只有一个人能让你重整旗鼓，就是她！当然，在她帮助你之前，你必须要彻底地了解她、认识她，就当你以前从未见过她一样。你必须知道她真正在想什么、要得到什么、能做些什么。如果你不能对这个人作充分而彻底的认识，那么很抱歉，真的再没有人能够帮助你了。"

女人听了这话有些愣住了。她缓缓地朝着镜子走了几步，慢慢地伸出手，去触摸镜子里的脸，并对着镜子里的人从头到脚仔细地打量起来。几分钟后她缩回手，摸了摸自己的脸，然后后退了几步，突然大哭起来。

医生不去管她，任由她痛哭着，发泄着。

当女人痛哭完毕，走出心理咨询诊所的大门时，虽然仍旧难掩憔悴，但精神显然振奋了很多，她对医生说："谢谢您介绍我认识了那个可以帮助我的人，我想我会了解她的。"

一转眼半年过去了，那个女人又一次来到这家心理咨询室，仍然找到了那位医生。

医生已经不认得她了，因为她的样子完全变了：衣着虽然没有以前华丽，但是整洁干净，搭配巧妙，最重要的是她的精神状态大不一样了，原来那种茫然、憔悴、失落的神情已经丝毫不见了，取而代之的是阳光般灿烂的笑容。

女人微笑着对医生说："今天来是谢谢您，您让我重新认识了自己，意识到了自己的独立性。我已经重新振作起来了，现在的事业虽然还没有恢复到最理想的状态，但基本已经还完了债务，我相信会越来越好的。"

医生也很为她高兴，但又问："你真的彻底认识了自己吗?"

女人想了想回答说："我不敢说彻底地认识，只是每一天我都去审视自己，聆听自己的心声，重视自己的想法，我想我不会再强调别人重要而忽视自己的力量了。"

作为女人，最应该对自己说的一句话就是："做自己的圣人。"因为只有自己才是自己的圣人，遇到困难，遇到险境，没有人可以帮你，你只能靠你自己。女人要活出自己的自信，活出自己的精彩。

对于成大事者而言，拒绝依赖他人是对自己能力的一大考验。这就是说，依附于别人是肯定不行的，因为这是把命运交给了别人，而失去做大事的主动权。

8. 静下来，学会欣赏自己

每个人都是独一无二的。这个独特的"自己"既有优点，也有不足。一个人只有充分地自我接纳，懂得欣赏自己、包容自己，才能自信地与人交往、出色地发挥自己的才能和潜力。

——卡耐基

人生确实有许多不完美之处，每个人都会有这样或那样的缺憾。其实，没有缺憾我们无法去衡量完美。仔细想想，缺憾其实不也是一种美吗？

一位心理学家做了这样一个实验：他在一张白纸上点了一个黑点，然后问他的几个学生看到了什么。学生们异口同声地回答看到了黑点。于是，心理学家得到了这样的结论：人们通常只会注意到自己或他人的瑕疵，而忽略其本身所具有的更多的优点。是呀，为什么他们没有注意到黑点外更大面积的白纸呢？

苏小小从小就很漂亮，多才多艺，一直学习舞蹈。长大后她成了一个职业舞蹈演员，从事着自己热爱的工作。

然而不幸降临了，在一次彩排的过程中，舞台中央的吊灯突然掉了下来，正砸中苏小小。虽然没有生命危险，但是双腿粉碎性骨折，再也不能进行高强度的训练了，这就意味着苏小小即将与她心爱的舞台永远告别了。

尽管苏小小不愿意接受这个事实，但也无力回天，只能离开心爱的舞台，与舞蹈彻底说再见了。

在刚开始的半年里，苏小小沮丧极了。也许旁人无法理解她的心情，但对于她来说，舞蹈是她生命里最重要的一部分。她从小就热爱跳舞，总是被人夸奖，每次得奖都会引来同学和亲友的羡慕的眼光。现在突然不能跳舞，就等于失去了引以为傲的资本，她认为自己从一只美丽的白天鹅一下子变成了丑小鸭，再也没有人喜欢自己了。因此，她不愿意见人，每次遇见熟人都觉得别人在议论自己，并且用嘲讽的语气说："看她以前神气活现的，不就是会跳个舞嘛。现在看看她，还有什么？连工作都丢了！"

苏小小的一个好友很关心她，经常鼓励她、安慰她，然而苏小小一点儿也不领情，她感到心烦意乱，总是对好友说："你别管我了，反正现在已经这样了，就让我慢慢混日子吧。”

终于有一次，好友被苏小小颓废的态度惹火了，很生气地说：“不就是不能跳舞了吗？不就是没有了工作，难道就变得一无所有了？相比之下，你比很多人要幸福多了。想想桑兰，她不是一样经历了意外，可是她依然微笑着，坚强地继续生活。而你呢，你在干什么？再说，你身边还有那么多的关心你的人，你总觉得别人在同情你或者在嘲笑你，可是你对自己的态度又如何？你自己都不肯接纳自己，还妄想着谁能接纳你呢？”

好友本来只是气话，但却给了苏小小当头一棒，是啊，只不过是不能跳舞了，并不代表自己没有优点、一无是处了。好友走后，她站在镜子前，静静地凝视着自己，并对自己说：“小小，这就是现在的你，再也无法站在舞台上，可是你总要想办法让心灵站着跳舞！”

从那以后，苏小小恢复了对生活的热情，不再消沉，不再自卑。她用多年的积蓄开了一家舞蹈培训中心。通过自己的努力，舞蹈培训中心得到了很多人的认可，她的学生也在多次舞蹈大赛中屡屡获奖。苏小小除了收获事业的春天后，她还收获了属于自己的爱情。

在即将举行婚礼的前一晚，苏小小和一个好朋友聊天。好友既为她祝福又不无感慨地说：“如果没有那次意外，恐怕你已经成为一名优秀的舞蹈家了，你的生活也完全不一样了。”

然而，苏小小却说：“也许现在的我在别人眼里看来有些可惜，但当我肯接纳自己现在的状态时，却发现别有一番美丽。让每一位心怀舞蹈梦想的学生圆他们心中最美的梦，让他们拥有一个最美最炫的舞台，这是我心中最大的幸福。如果不是那次意外，我还不知道自己有做老师的天赋。因为我的乐观开朗，甚至比以前有了更多的朋友……这一切多么美好，谁还能说我不幸呢？谁又会因此不接纳我呢？”

其实，在人世间，很多人注定与“缺陷”相伴而与“完美”相去甚远。渴求完美的习性使许多人做事比较小心谨慎，生怕出错，因此，必然导致其保守、胆小等性格特征的形成。在现实生活中我们不难发现，有的人长得一表人才，举止得体，说话有分寸，但你和他在一起就是觉得没意思，连聊天都没丝毫兴致。这些人往往是从小接受了不出“格”的规范训练，身上所有不整齐的“枝杈”都给修剪掉了，于是便失去了个性独具的风采和神韵，变得干巴、枯燥，没有生机，没有活力。客观地说，人性格上的确存在着“缺陷美”，即在实际生活中，那些性格有“缺陷”而绝对不属于十全十美的人反而显得更具有内在的魅力，也更具有吸引力。

凯丝·黛莉一直想当一名歌手，而老天爷却和她开了一个玩笑，她长着一张阔嘴和一副龅牙。第一次公开演唱的时候，为了显示自己的魅力，她一直想办法用上唇遮住牙齿，以掩饰其突出的门牙。其样子可想而知，她看起来十分可笑，当然注定要失败。

但有一个人听了她的演唱之后，觉得她颇有天赋，便直率地告诉她：“我看了你的表演，知道你想掩饰什么，你不喜欢自己的牙齿!”凯丝·黛莉听了觉得很羞涩。那人继续说道：“这有什么呢？龅牙并不是罪过，为什么要掩饰它呢？张开你的嘴巴，只要你自己不引以为耻，观众就会喜欢你的。何况，你的牙齿说不定会给你带来好运呢!”

凯丝·黛莉接受了这个人的建议，不再去想自己的牙齿。从那时起，她关心的只是听众。她张大嘴巴，尽情地演唱，终于成为一名顶尖的歌星。

学会欣赏自己、包容自己，就是要学会欣赏自己的开朗自信、欣赏自己的聪慧大方、欣赏自己的平凡普通、欣赏自己的独一无二。生活中，或许有不少人会值得自己欣赏，但是最应该欣赏的还是自己。假如一个人不懂得欣赏自己、包容自己，总是以怀疑的、否定的态度看待自己，就有可能限制甚至扼杀自己的创造力。事实上，在我们的身边因为自卑自怜、自暴自弃等各种心理原因而造成的悲剧事例已经太多，不但给家人造成痛苦，而且给社会造成损失。当然，就更别说怎样赢得别人的欣赏和肯定了。

欣赏自己并不是傲视一切的孤芳自赏，也不是唯我独尊的狂妄不羁。因为它不需要大动干戈的气势，也不需要改头换面，它只属于一种醒悟，一种面对困难时的自信，一种推动自己向挫折挑战的动力。

学会欣赏自己，就是在无人为我们鼓掌的时候，给自己一个鼓励；在无人为我们拭泪的时候，给自己一些安慰；在我们自惭形秽的时候，给自己一片空间、一份自信。然后抖落昨日的疲惫与无奈，抚去昨日的伤痛和泪水，去迎接明天崭新的朝阳……只有学会自我欣赏、自我品评，学会在无人喝彩时能照样前行，而且行得更好，才能肯定自己、相信自己、欣赏自己，让自己体会到属于自己的那份幸福。

学会欣赏自己，你会发现生活是如此美好；欣赏自己，你会感受到命运的公正无私；欣赏自己，你会体味前进中的幸福快乐；欣赏自己，你会把握好自己的人生；欣赏自己，你定会抵达成功的彼岸。

9. 活在别人眼里是可悲的

做你认为对的事情，走自己的路，或许会有人称赞你，也可能会有人骂你，但想面面俱到的人，结果是——每个人都笑你。

——卡耐基

生活中，虚心地接受别人的意见有助于自己更快地成长，可是过分地依赖别人的意见会使我们丧失主见，意大利作家但丁说过这样一句话："走自己的路，让别人去说吧。"很多人明白这个道理，但是能够做到这一点的人少之又少。我们总是太过在意别人的眼光，如果有人说我们的衣服难看，我们第二天就会绝不再穿；当别人说你的声音不够甜美，那么你就会很少说话。做完一件事，我们总是依靠别人的评价给自己打分，别人的看法会被我们牢牢印在脑海之中，好的评价总会让我们心情愉悦，而那些不好的则给我们生活带来无尽困扰。

在当今社会，我们不可能独立地存在于这个社会中。可是我们不能因为这些，就让别人的议论成了生活的风向标。总是记得别人的议论，这是没有主见、没有自信的表现。它不但会影响我们的生活、学习，长此以往，还会让我们的心态更加消极，甚至我们不敢自己寻找未来，而是从别人的眼中寻找未来。

美国著名女演员索尼亚·斯米茨的童年是在加拿大渥太华郊外的一个奶牛场里度过的。

当时她在农场附近的一所小学里读书。有一天她回家后很委屈地哭了，父亲就问原因。她断断续续地说："班里一个女生说我长得很丑，还说我跑步的姿势难看。"父亲听后，说："我能摸得着咱家天花板。"正在哭泣的索尼亚听后觉得很惊奇，不知父亲想说什么，就反问："你说什么？"

父亲又重复了一遍："我能摸得着咱家的天花板。"

索尼亚忘记了哭泣，仰头看看天花板。将近4米高的天花板，父亲能摸得到她怎么也不相信。父亲笑笑，得意地说："不信吧，那你也别信那女孩的话，因为有些人说的并不是事实！"

索尼亚就这样明白了，不能太在意别人说什么，活在别人的世界里是可悲的！

她在二十四五岁的时候，已是个颇有名气的演员了。有一次，她要去参加一个集会，但经纪人告诉她，因为天气不好，只有很少人参加这次集会，会场的气氛有些冷淡。经纪人的意思是，索尼亚刚出名，应该把时间花在一些大型的活动上，以增加自身的名气。索尼亚坚持要参加这个集会，因为她在报刊上承诺过要去参加，“我一定要兑现诺言”。结果，那次在雨中的集会，因为有了索尼亚的参加，广场上的人越来越多，她的名气和人气因此骤升。

人生短暂，需要我们把握的东西有很多，如果你的人生总是不停地按着别人的要求来做自己，很显然，这样的人生是没有意义的。我们要知道，在人生道路上，我们只是别人眼中的一道风景，过了，就会很快地被人忘记。当你付出太多的努力来达到别人眼中的完美，别人也许已经丧失了关注你的兴趣。所以，不要过多地纠缠于别人的评价中，要学会做自己的主人。

当我们太过在意别人的评价时，有时候会在别人的逢迎或夸奖中迷失自己，更容易在别人的议论中丢盔弃甲，很难去坚持自己的想法和判断。同时，太在乎别人的评价会让我们经常患得患失，害怕一切可能会产生不好的后果。结果，自己承受的压力越来越大。每天面对着千目所视、万手所指的压力，你总会害怕别人都在注意自己的缺点或疏漏。这可怕的想法会使你退缩，失去积极主动的活力。

拿破仑的妻子玛丽是一位非常著名的人物，然而曾经的她，却每天陷于苦恼之中。她的个子不高，体重却是玛丽莲·梦露的两倍。

身高的缺陷再加上并不漂亮的容貌让玛丽感到很难过。有一次她去美容院，美容师肯定地告诉她，不可能把她的脸变成杰作。听到这句话，玛丽恨不得钻到地缝里去。慢慢地，她不敢去公众场合，害怕别人注意到自己，害怕别人对自己指指点点。

有一天，她一个人在广场上散步，这时她看到了一个矮小而肥胖的老妇人。这个老妇人的脸上擦满了厚厚的脂粉，嘴唇上还涂着鲜红的唇膏，一身名牌的穿戴让她看上去十分高贵。

由于这个老妇人很胖，她手里的手杖支撑了很大的力量。突然，手杖的尖头深深地戳进了地里。当她用力地往外拔时，因为用力过猛，身体一下失去了重心，重重地跌倒在了地上。

一下子，这个老妇人被摔得站不起来了。玛丽心想，她的心情肯定沮丧到了极点，在大庭广众之下摔倒毕竟不是一件优雅的事情。

因为自己也出过这种洋相，玛丽非常同情这个老妇人。然而，这个老妇人却做出令她意想不到的事情，她坚强地站了起来，然后对玛丽笑了笑："瞧我不小心摔了个大跟头。"说完，还冲玛丽做了一个鬼脸。看着她离去的背影，玛丽突然意识到：没有人真正注意到你的所作所为，是你自己心里的"鬼"在作祟。

经历过这件事后，玛丽开始逐渐调整自己的心态，她决定不再考虑别人对自己的看法，也不会再因为别人的嘲笑而闷闷不乐。这时她才领悟到：只有学会释然，学会不计较别人的看法，自己才能活得快乐，赢得别人的尊敬。

就像卡耐基认为的那样，对于别人的评论，我们应当学会释然。太多的时候，我们只是自己给自己不断地施压。许多东西是无法改变的，我们只有坦然接受。无论是在哪种场合，无论我们是否美若天仙，我们都不必活在矫情中，活在别人的世界，处处担心别人怎么想自己，怎么看自己。当你懂得了这种释然，你就会体会到什么才是真实的、无忧无虑的生活。

只有为自己而活，我们的人生才能精彩。每个人都应该坚持走自己开辟的道路，不轻易受他人观点所牵制。活着是为了充实自己，而不是为了迎合他人的旨意。

如果不付诸实施，我们很难验证一个想法正确与否，因此，与其把精力花在一味地去献媚别人、无时无刻不去顺从别人，还不如把精力放在提升自己上。改变别人的看法总是很难，改变自己却很容易。我们可以参考别人的模式，但是中间的精髓一定要是自己的。

10. 自信为王，你比想象的更优秀

常常告诉自己："我比想象的更为优秀。"女人要有自信，只要心中拥有一片海，你就会拥有整个世界。

——卡耐基

你总是在斤斤计较你的平凡，你总是在想方设法证明你的失败，每一天你都在为自己的想法找证据，结果你越来越觉得自己平凡、渺小，处处不如人，越来越消极、郁闷、沮丧……

一个值得思考的问题是：为什么你明明知道这样做会使人生更灰暗，负面的感觉更多，更不知道珍惜人生的天赋美好，却还是执迷不悟？

雅倩是个性格内向、干什么事情都缺乏自信的人。一直觉得自己很丑，也不愿意在穿衣打扮上下功夫，当然也拒绝很多聚会。

不久前整个公司要召开一个系统会议，而会上雅倩是被老总指定发言的，穿什么衣服参加会议，让她很为难。在朋友的带领下，最后选定了一套很流行的套装。当雅倩穿着漂亮的衣服微笑在台上发言时，会议室里的人顿时哗然，虽然雅倩也经常在办公室出没，可是这么有气质的时候还是很少见的。

"哇，真的很有气质，平时怎么没有看出来呢？""老总选定的人就是没有错啊。"此起彼伏的赞美让雅倩的信心大增。发言也讲得深入浅

出，得到了老总和各部门领导的好评。

会议开完之后，雅倩就开始重新打量起自己，并开始发现自己也不是很丑。

是啊，我们都是芸芸众生中的一员，都是平凡的小人物，但我们也有比别人美的地方，所以千万不要自贬身价。要相信你总有比别人出色的地方，一旦有了合适的时机，就会展现出来。

著名诗人鲁藜说过：“把自己看作是珍珠吧，老是把自己看作泥土，就会沦陷在时时被埋没的痛苦中。”

有时候你会发现，你原来比想象中的还要优秀。实际上每个人都会有她最擅长的那一面，如果，你还没有发现自己那个最拿手的，那么就不要把自己看得太轻，说不定什么时候它会自己跑出来。

新东方的创始人俞敏洪说过：“就算自己没有很高的学历，也不是名牌大学毕业，甚至在学校考试时得倒数第一，也永远不要轻看自己。”都知道俞洪敏在北大上学的时候，在班上是最后一名，而认识的成功的企业家有70%都来自普通的高校。所以，你觉得看轻自己还有必要吗？

内心强大的女人会这样肯定自己，也会在心里这样地告诉自己，“没有什么大不了的，就算最后错了，那么我也要用实际来见证我的错误。”或者是“我做不好的，别人未必做得好，我只要尽力了就没有什么可怕的。”

女人千万不要在自己的做的事情还没有结论时，或者是还没有开始办一件事情时，直接对自己说“不”。这样让别人看不到你的自信，也看不到你的能力。如果，对这件事情感兴趣了，或者是有一点点心动时，不妨给自己一个机会，你会发现原来自己也很优秀。很多人小的时候，都堆过积木和玩过拼图。当时看到很多东西都放自己的眼前，而最后要组合起来的时候都觉得很难，但是，最后我们也都完成了，为什么？因为小时候父母告诉过我们：“宝贝儿，慢慢来不急，你是最棒的。”让我们对自己有了信心。伯乐不一定是别人，有时候也是我们自己。永远不看轻自己，做个自信而优秀的女人。

当然，生活中，人不可避免地会遭遇失意、挫折。这时候，怎样重树自信心就显得尤其重要。卡耐基就如何增强自信心，提出了九条建议：

一是早中晚各照一遍镜子，整理自己的仪表，以对自己的仪表放心。

二是要想着自己的长处，忽略自己的缺陷。“金无足赤，人无完人”，不要总把自己的缺陷放在心上。

三是很多你认为是窘态的状况，可能别人并没有注意到，自己也无须过于在意。

四是不要总是批评别人。总是指责别人是缺乏自信的表现。

五是学会沉默是金，不急于表现自己。多数人喜欢的是听众。因此，当别人在讲话的时候，不要急着用机智幽默的插话来赢得别人的好感。你只要当个合格的听众即可，他们就一定会喜欢你。

六是“知之为知之，不知为不知”，不懂装懂不但不能保全形象，还会让人觉得你不够诚实可靠。别人取得了成就，要给以赞赏，而不要装做不在乎，羡慕就说羡慕。

七是为自己找一个能够在任何情况下陪伴你的朋友，这样，无论遭遇怎样的失意，你都不会感到孤独。

八是学会保持沉默。对于有敌意的人，你可以保持沉默。

九是不要让自己处于不利的地位。因为别人的同情也会打击你的自信心。

第九章

心如阳光，让快乐成为生活的主旋律

1. 你要快乐就快乐

要牢记，快乐并非取决于你是谁，或你拥有的东西，它完全来自于个人的思想。

——卡耐基

快乐是我们个人的选择，我们可以通过改变自己的心理来养成快乐的行为习惯。面对同样的一件事情，不同的人会有不同的感受和不同的结论，好坏优劣，大多源自我们不同的心理感受。因此，快乐的习惯是一种自我选择，快乐就掌握在我们自己的手中。

包希尔·戴尔是一位眼睛几乎看不见的不幸女人，但是她的生活却并不是像我们所想象的那样糟糕。她始终坚信，不论是谁，只要来到了这个世界上，就是合理的。用她的话说，就是相信有所谓的命运，但是她更相信快乐。因为她自己就是一个在厨房的洗碗槽里也能寻求到快乐的人。

包希尔·戴尔的眼睛处在几近失明状态很长时间了。她在自己所写的名为《我要看》的一本书中这样写道："我只有一只眼睛，而且还被严重的外伤遮住了，仅仅在眼睛的左方留有一个小孔，所以每当我要看书的时候，必须把书拿起来靠在脸上，并且用力扭转我的眼珠从左方的洞孔向外看。"但是，她拒绝别人的同情，也不希望别人认为她与一般人有什么不一样。

当她还是一个小孩子的时候，想要和其他的小孩子一起玩踢石子的游戏，但是她的眼睛却看不到地上所画的标记，无法加入他们，于是等到其他的小孩子都回家去了之后，她就趴在他们玩耍的场地上，沿着地上所画的标记，用她的眼睛贴着它们看，并且，把场地上所有相关的事物都默记在心里，之后不久，她变成踢石子游戏的高手了。她一般都是在家里读书的，首先，她先将书本拿去放大影印之后，再用手将它们拿到眼睛前面，并且几乎是贴到她的眼睛的距离，以至于她的睫毛都碰到了书本。在这种的情况下，她还获得了两个学位，一个是明尼苏达大学的美术学士，另一个是哥伦比亚大学的美术硕士。

到了1943年，那时她已52岁了，也就在那个时候发生了奇迹。她在一家诊所动了一次眼部手术，没想到却使她的眼睛能够看到比之前所能看到远40倍距离的景象。尤其是当她在厨房做事的时候，发现即使在洗碗槽内清洗碗碟，也会有令人心情激荡的情景出现。她又继续写道："当我在洗碗的时候，我一边洗一边玩弄着白色绒毛似的肥皂水，我用手在里面搅动，然后用手捧起了一堆细小的肥皂泡泡，把它们拿得高高地对着光看，在那些小小的泡泡里面，我看到了鲜艳夺目好似彩虹般的光彩。"

当从洗碗槽上方的窗户向外看的时候，她还看到了一群灰黑色的麻雀，正在下着大雪的空中飞翔。她发现自己在观赏肥皂泡泡与麻雀时的心情，是那么愉快与忘我。因此，她在书中的结语中写道："我轻声地对自己说，亲爱的上帝，我们的天父，感谢你，非常非常感谢你！"

快乐的女人也许不是最出色的，也不一定比其他人拥有更多的幸福，但却是掌握人生真谛的女人。

一个快乐的女人知道怎样热爱生活，知道怎样让生命更有意义。快乐的女人善于在生活中寻找乐趣，日子虽然平凡却活得有滋有味。

卡耐基认为：一个真正快乐的女人应该掌握自己快乐的钥匙，她不期待别人使自己快乐，反而能将快乐与幸福带给别人。每个人心中都有一把"快乐的钥匙"，但我们却常在不知不觉中把它交给别人掌管！

真正聪明的女人都是快乐的女人，女人最美的时刻也是快乐的时候。快乐是很容易得到却又难以把握的，快乐不需要任何庸俗的东西做载体。即使你什么都没有，但只要拥有快乐，那么你就是这个世界上最富有的人。

2. 敞开心扉，战胜孤独

爱情和友情是不会像包装精美的礼物那样由圣诞老人从烟筒扔进你家中的。一个女人若想克服孤独，摆脱自怜的阴影，就要主动结交朋友，努力去赢得别人的认可和喜欢。只有这样，她才能够被人接受，受人欢迎，才能够远离寂寞的生活。

——卡耐基

现实生活中，孤独常常是困扰大多数人的一种感觉。

孤独并不是指独自生活或独来独往。一个人独处，可能并不感到孤独。一个人置身于大庭广众之间，未必就不会产生孤独。

卡耐基讲过这样一个故事：

五年前，安娜的丈夫去世了。从那时起，安娜就染上了一种叫“孤独”的疾病。

安娜丈夫去世的一个月后，在一天晚上，她追问我：“我该怎么办？我应该住在哪里呢？我还会幸福吗？”

我向她解释，女人五十几岁失去了丈夫当然是人生的一种不幸。既然她的丈夫已经去世了，她又担心自己不会幸福，就应该趁自己仍旧能活动自如之时，从悲伤和忧虑中走出来。我告诉她说，她应该重新规划自己的新生活，在过往的基础上重新寻找自己的幸福。

安娜忧郁地说：“不，我相信我再也不会有幸福了。我已经老了，孩子们都成家了，没有谁再需要我了。”

可怜的女人承受着双重打击：一方面是自卑地不能面对现实；另一方面是对于如何同“疾病”作斗争，一无所知。

年复一年，安娜没有任何好转的迹象，一直在自怨自艾。后来，她决定让孩子们给她幸福，于是，她就搬到一个女儿家去了。

那段经历无论对谁来说都是十分恐怖的，冲突最严重的时候，安娜居然毫无顾忌地对别人大肆辱骂和欺侮。结果，女儿跟她闹僵了。她又搬到儿子家，结果也一样。后来，她住进自己的一套公寓里，但还是不行。

一直以来，她都不能让自己开心起来，都在期待别人同情、怜悯她。她是一个自私的、悲剧性人物的典型，即使她已经61岁了，可从情感上来看，还是跟一个小孩儿似的。

故事中的安娜，无疑是不幸的，她困在自己为自己建造的牢笼里，将灿烂的阳光拒之门外。配偶死了，对于生者，并没有法律限制不能追求幸福。我们必须明白，我们要自己去争取自己的幸福，而不是坐等别人的施舍或救济。

卡耐基认为：必须靠自己的努力，让别人喜欢和需要你。然而，许多孤独的人都不明白：友爱不会像包装精美的礼物一样送上门来。想得到别人的欢迎，也不像接到邀请信那样容易。你要自己付出努力才能赢得别人的欢迎。人们不会像履行合同一样给你爱，给你友情，和你开心地去玩。

那么，一个人该如何战胜孤独呢？

一是克服自卑。由于自卑而觉得自己不如别人，所以不敢与别人接触，从而造成孤独状态。这如同作茧自缚，“自卑”这层茧不破，就难以走出孤独。

其实，人与人之间不可相比，每个人都有长处和短处，人人都是既一样又不一样。所以，一个人只要自信一点，就会钻出自织的茧，从而克服孤独。

二是多与外界交流。独自生活并不意味着与世隔绝，虽然客观上与外界交流有困难，但依然可以通过某些方式达到交流的目的。如当你感到孤独时，可翻翻旧日的通讯录，看看你的影集，也可给某位久未联系的朋友写信、打个电话或请几个朋友吃顿饭，聚一聚。当然与朋友的交往和联系，不应该只是在感到孤独时，要知道，别人也和你一样，需要并想要体会到友谊的温暖。

三是“忘我”地与人交往。与人们相处时感到孤独，有时会超过一个人独处时的10倍。这是因为你和周围的人格格不入。例如，你到了一个语言不通的地方，由于你无法与周围的人进行必要的交流，也无法进入那种热烈的情感中，所以，你在周围热烈的气氛中会倍加感到孤独。因此，在与别人相处时，无论是什么样的情境下，都要做到

“忘我”，并设法为他人做点什么，应该懂得温暖别人的同时，也温暖你自己。

四是享受大自然。生活中有许多活动是充满了乐趣的。只要你能够充分领略它们的美妙之处，就会消除孤独。如有些人遇到挫折，心情不好，但又不愿与别人倾诉时，常常会跑到海边或空旷的田野，让大自然的清风尽情地吹拂，心情就会逐渐开朗起来。

五是确立人生目标。现代人越来越害怕自己跟他人不一样，害怕在不幸时孤立无援；害怕自己不被人尊重或理解，这种由激烈社会竞争导致的内心恐慌，无疑使一些人越怕越孤独，心灵也越脆弱。要克服这种恐慌与脆弱，必须为自己确立一些人生目标，培养和选择一些兴趣与爱好。一个人活着有所爱、有所求，就不怕寂寞，也不会感到孤独了。

3. 幸与不幸，只在一念之间

很多情况下，人们的痛苦与快乐，并不是由客观环境决定的，而是由自己的心态决定的。遇到同一件事，有人感到痛苦，有人却感到快乐，看问题的角度不同，就会得出不同的结论。

——卡耐基

一个人的内心往往会关系到一个人的命运，要想时刻都过得愉快，那就得让自己的内心在自己的掌控之中。你拥有什么样的内心，就拥有什么样的生活能量，这种能量将决定你能否获得幸福的人生，幸与不幸全在自己。

有人把世界上的人分为两种：幸福的人和不幸的人。这两种人在本质上并没有什么区别，只是他们在日常生活中所拥有的心情不同，准确地说，自己控制内心的能力有所不同。

一个幸福的人，并不是在人生道路上多么一帆风顺，也不是能力有多么超群，而只是因为善于控制自己的内心，能在狂风暴雨中看到美丽的彩虹，甚至能在一败涂地中看到美好的未来，并时刻保持一种良好的心理状态，不为暂时的困厄而沮丧。

相反，一个不幸福的人，也并不是真的缺少运气，甚至像某些人说的老天无眼，给自己的保佑不够多。原因仅仅是这种人不会控制自己的内心，任自己的情绪跟随发生的事情恣意放纵。

总而言之，幸与不幸全在于内心。内心处于平衡状态，则会感到幸福；相反，则感觉不幸福。平衡的内心是指一个人能够控制自己的思维和情绪，使自己处于一个良好的心理状态。生活中的非理性因素实在是太多了，以至于我们常常会因为这些非理性的因素而控制不住自己的内心，导致了一些原本不该发生的事情。经过分析，这些困扰人类多年的非理性因素有如下几种：嫉妒、愤怒、恐惧、抑郁、紧张，还有狂躁和猜疑。这些都是再平常不过的心理因素了，看似极其平常，却往往可以决定一个人的成败得失。

塞尔玛是一个普通的随军家属。一次，她陪伴丈夫驻扎在一个沙漠的陆军基地里。

丈夫奉命到沙漠里去演习，她一个人留在陆军的小铁皮房子里。天气热得受不了——即使在仙人掌的阴影下也有50多℃。她没有人可以聊天——身边只有墨西哥人和印第安人，而他们不会说英语。她非常难过，于是就写信给父母，说要丢开一切回家去。不久，她收到了父亲的回信。信中只有短短的一句话：“两个人从牢房的铁窗望出去，一个看到泥土，一个却看到了星星。”

读了父亲的来信，塞尔玛觉得非常惭愧，决定在沙漠中寻找“星星”。塞尔玛开始和当地人交朋友。她对他们的纺织、陶器很感兴趣，他们就把自己最喜欢的纺织品和陶器送给她。塞尔玛研究那些引人入迷的仙人掌和各种沙漠植物，观看沙漠日落，还研究海螺壳，这些海螺壳是几万年前当沙漠还是海洋时留下来的……

原来难以忍受的环境变成了令人兴奋、令人流连忘返的奇景。塞尔玛为自己的发现兴奋不已，并就此写了一本书，以《快乐的城堡》为书名出版了。是什么使塞尔玛的内心发生了这么大的改变呢？沙漠没有改变，印第安人也没有改变，改变的只是她的心态，一念之差，使她把原先认为恶劣的情况变为一生中最快乐、最有意义的经历，塞尔玛终于找到了属于自己的“星星”。

同样的半杯水，乐观者会说：“幸好，杯子里还有半杯水。”悲观者看到，会忧郁地想：“糟糕，只剩下半杯了。”一念之差，结果迥异。对于那半杯水而言，无论被人如何看待，都不会为了外界的任何想法而改变它存在的方式。说到底，幸与不幸，一切也只在人心。

如果为了一颗逝去的流星哭泣，失去的可能是整个星空。换一种心态面对生活，让自己快乐起来，也许会发现，自己得到的更多。

俄国作家契诃夫曾写道：“要是火柴在你口袋里燃烧起来了，那你应该高兴，而且感谢上苍，多亏你的口袋不是火药库。要是你的手指扎了一根刺，那你应该高兴，挺好，多亏这根刺不是扎在眼睛里。依次类推……照我的劝告去做吧，你的生活就会欢乐无穷。”

常常听到这句话：“想想你自己的幸福。”是的，如果数数我们的幸福，大约有90%的事还不错，只有10%不太好。如果我们要快乐，就要多想想90%的好，而不去理会那10%的不好。

其实，即使那所谓10%的不好，大部分还是由于自己想象的。如果能突破自己心灵的禁锢，又可以收获不少快乐。

4. 学会微笑，时刻保持嘴角上扬

微笑是一种勇敢，是女人最美的表情，也是生活中最美的一种姿态。

——卡耐基

微笑是女人最迷人的表情，将微笑挂在脸上的女人，才是幸福的女人。

有这样一篇箴言："一个微笑不费分文但给予甚多，它使获得者富有，但并不使给予者贫穷。一个微笑只是瞬间，但有时对它的记忆却是永恒的。一个微笑为家庭带来愉悦，为同事带来友情，也能为友谊传递信息，为疲乏者带来休憩，为沮丧者带来振奋，为悲哀者带来阳光。它是大自然中消除烦恼的灵丹妙药。然而，它却买不到，借不了，偷不去。因为在被拥有之前，它对任何人都毫无价值可言。有人已疲惫得再也无法给你一个微笑，那就请你将微笑赠予他们吧，因为没有一个人比无法给予别人微笑的人更需要一个微笑了。"

卡耐基曾经说过：女人最大的魅力在于她永远微笑着。微笑着面对生活，微笑着走过四季的更迭，微笑着走过岁月的洗练，微笑着爱与恨，微笑着幸福与沉默，把微笑送给身边所有深爱你或者伤害过你的人，永远微笑着，微笑着面对生活，微笑着面对一切。

大笑如含风带沙，失了神秘；傻笑则毫无深蕴，让人看轻；冷笑仿佛冰霜，拒人千里；假笑表里不一，遭人鄙夷。而微笑则是女人的秘密武器，温暖如春风拂面，光亮如阳光普照。微笑能将人与人之间的距离拉到恰到好处，微笑是一种微妙奇特的舒适感觉。

古龙有一句妙语——笑得甜的女人，将来命运都不会太坏。确实如此，幸福的女人绝对不会拉长了脸度日，带着甜美微笑的女人，往往生活得都很快乐。

幸福的女人，永远面带微笑，微笑发自内心，不卑不亢。而聪明的女人则学会让微笑装饰自己，无论遇到什么风浪，无论岁月如何流逝，微笑始终不变，心态永远年轻。相反，常常微笑的女人也会给自己带来幸福，微笑是生活中的一面镜子，你笑它便笑，你哭它便皱眉。

恋爱了7年的男友离她而去，她伤心欲绝，记忆里全是美好的画面，她恨不起来。

就在结婚前一个月，一场针锋相对的争吵后，她泪流满面，男友无奈叹息，摔门而去。而此时，她的枕下放着刚刚怀孕的医院证明，准备给他一个惊喜。

婚礼取消，母亲怕家丑外扬，发疯了一般逼她打掉这个孩子，否则就不许她踏进家门一步。伤心欲绝的她走投无路，可是毕竟是她的孩子，还是个无辜的小生命，她怎么忍心？但如果不顺从母亲，自己又无家可归，穷途末路。

她在纠结，在痛苦中挣扎，甚至有了轻生的念头，这痛苦的世界，还有幸福可言吗？

无意中路过博物馆门前，看到这样的标牌：本馆有监控摄像。人情冷暖，世态炎凉，她绝望地想，这冰冷的令人望而生畏的标语后面必定写着，否则罚款多少元！再一抬头，却得到出乎意料的答案，上面写着：本馆安有监控摄像，请保持微笑。

顿时一股暖流让她不由得停住脚步，这充满善意的忠告，透着人性中的善良与爱心。死亡很容易，活下去却很不容易。肚中有血有肉的生命那么无辜，身为母亲难道不应该给他最好的爱吗？可是生活逼人，绝境如何逢生？那么唯一的办法就是保持微笑，赶走阴霾，鼓足勇气，好好生活。跨过苦难，才有未来。

她试着笑了笑，发现自己轻生的念头太傻。

三年后，男友生意成功回到这里，在博物馆门口遇到她，她在微笑着逗儿子。见她不但没有消沉颓废，反而越发美丽动人。他尴尬地说："我的离开好像对你的生活并没有太大影响，你还是那么美。"

她笑而不语，指指头顶上的标牌，欢快地去追儿子了。

举步维艰的时候，请给自己一个微笑，让阴暗的心情晒晒太阳；遭受委屈的时候，请给自己一个微笑，让豁达和宽容冲走所有的阴郁，带着自己走向远方，走向未来。

人生有两种境界：一种是默而不语；一种是笑而不答。软弱的女人只会以泪洗面抒发自己的悲苦，坚强的女人却用微笑高傲倔强地活着。不是没有受过伤，不是没有失败过，而是不畏惧，不认命，不甘心被打败。幸福永远在那里，虽然遥远，却也并非没有尽头。你只需微笑着面对未来，安静地，淡然地，总有一天，幸福真的就会敲门。

沙拉斯特说，每个人都是自己命运的建筑师。雨果也说，阳光和鲜花在达观的微笑里，凄凉与痛苦在悲观的叹息中。微笑的女人，一定拥有让自己幸福的能力；微笑的女人，内心是充满感激的。她们明白，在心田里种上快乐，就会赶走忧伤。微笑的女人不会让阴霾密布，博人同情，而是微笑相对，让人尊敬。

5. 不要让忧虑染黑你整个生活

再没有什么比忧虑使一个女人老得更快，摧毁她的容貌。

——卡耐基

诺贝尔医学奖获得者尤利西斯·科瑞尔博士说：“如果一个商人不知道怎样抗拒忧虑，他将付出短命的代价。”

女人总是比男人存在更多的顾虑与担心。为了不如意的小事愁眉苦脸，为了他人不礼貌的言行而耿耿于怀，为了不可知的未来而忧心忡忡。那么，这样的忧虑足以让你的容颜失去光泽，在你的青丝中悄悄布下白发，在你的脸上静静画满皱纹……再也没有别的东西比忧虑让女人老得更快的了。

卡耐基说，在医生接触病人中，有70%的人只要能够消除他们的恐惧和忧虑，病就会自然好起来。不要误以为他们都是生了病，他们的病都像你有一颗蛀牙一样实在，有的时候还严重100倍。这些病就像神经性消化不良，某些胃溃疡、心脏病、失眠症、一些头痛症和麻痹症等。

他自己也曾得过12年的胃溃疡，恐惧使你忧虑，忧虑使你紧张，并影响到你的胃部神经，使胃里的胃液由正常变为不正常，因此就容易产生胃溃疡。

一个人只要将内心的态度由恐惧转为奋斗，就能克服任何障碍。忧虑最大的坏处就是会破坏我们的集中力；一旦忧虑产生，我们的思想就会到处乱转，从而丧失做出决定的能力。

接受事实，这是克服随之而来的任何不幸的第一步。能接受最坏的情况，就能在心理上让你发挥出新的能力。如果我们将忧虑的时间用来寻找解决问题的答案，那么忧虑就会在我们的智慧的光芒下消失。我们应该保持热忱与积极的心态，学会用时间和耐心来解决问题。

我们所忧虑的，往往都是些自己无能为力的事情，并且很多时候我们忧虑的“灾难”在来到之前没有想象中的那么可怕、严重。

1943年夏季，世界上大多数烦恼似乎都降临到史密斯先生的头上。40年来，他的生活一直很顺畅，只有一些身为丈夫、为人之父及生意上的小烦忧，通常也都能从容应付。

可是突然间，接二连三的打击向他袭来，他因为下面这些烦恼，整晚辗转反侧，陷入深深的忧虑之中。

他办的商业学校，因为男孩都入伍作战去了，面临严重的财务危机。

他的长子也在军中服役，像所有儿子出外作战的父母一样，他非常牵挂担忧。

俄克拉荷马市正在征收土地建造机场，他的房子正位于这片土地上，他能得到的赔偿金只有市价的十分之一。

最惨的是，他无家可归，因为城市内的房屋不足，他担心不能找到一所遮蔽一家六口的房子。说不定他们得住在帐篷里，连能不能买到一顶帐篷，他也感到担忧。

他农场上的水井干枯了，因为他房子附近正在挖一条运河。再花500美元重新挖个井，等于把钱丢到水里，因为这片土地已被征收了。

他每天早上得运水去喂牲口，可能要搞两个月，说不定后半辈子都得这么累了。

他住在离商业学校十英里远的地方，限于战时的规定，他又不能买新轮胎，所以老担心那辆福特牌老爷车会在前不着村后不着店的荒郊野外抛锚。

他大女儿提前一年高中毕业，下定决心要念大学，他却筹不出学费。

一天下午，史密斯正坐在办公室里为这些事忧虑着，他忽然决定把它们全部写到纸片上，因为这些困难好像已超出他的控制范围。看着这些问题，他觉得束手无策。

一年半以后的一天，史密斯在整理东西时，发现了这张纸片，上面记载着他曾经有过的六大烦恼。但有趣的是，他发现其中没有一件真正发生过：

担心学校无法办下去是没有意义的，因为政府开始拨款训练退役军人，他的学校不久就招满了学生。

担心从军的儿子也没有意义，他毫发无损地回来了。

担心土地被征收去建机场也是无意义的，因为附近发现了油田，不可能再被征收。

担心没水喂牲口是无意义的，既然他的土地不会被征收，他就可以花钱掘口新水井。

担心车子在半路上抛锚是无意义的，因为他小心保养维护，倒也坚持下来了。

担心长女的教育经费是无意义的，因为就在大学开学前6天，有人奇迹般地提供给他一份从事稽查的工作，可以用课后的时间兼差，这份工作帮助他筹足了女儿的学费。

99%的忧虑其实不会发生，直到看到自己的这张烦恼清单，史密斯先生才明白这个道理。

难忘的经历让史密斯体会到，为了根本不会发生的事而饱受煎熬，这是一件多么愚蠢的事啊！

没有人喜欢担心和忧虑，也没有人会喜欢不安全感，因为这与人类本能的自我保护是相悖的。然而忧虑就像天上滴下来的雨水，是你无法抗拒、无法阻止的，你唯一能做的，也许就是找一把伞把自己保护起来，不要让忧虑近身。

今天正是你昨天忧虑的明天。在忧虑时不妨问问你自己：我怎么知道我所忧虑的事真的会发生？

6. 永远保持积极向上的心态

我们内心的平静与快乐，与我们的身份、地位、所处的环境并没有多大的关系，只在于我们的心境。在生活中，无论是风和日丽还是狂风暴雨，只要我们始终保持乐观的心态，生命终将迎来春天。

——卡耐基

生活中，每个人都会遇到困难和无奈的情形，还可能会发生一些令人难以接受的突然变故，这些事给人们心灵带来痛苦和打击，令人产生消极的情绪，甚至有人会因此选择放弃生命。

想来，轻生的人真是愚钝。死亡是早晚要经历的事，而活下来却有无限种可能。不管过去发生过什么，过去的已经过去了，任我们再怎么悲痛欲绝，用多么极端的方式去面对，它也不会改变。更何况，人的一生极其短暂，不过是几个日升日落，几许花开花谢而已。此刻看来过不去的坎儿，放到十年之后再回顾时，或许你也会嘲笑自己为什么如此不堪一击，把问题想得那么糟糕。不论遇到什么困难，都应该保持一种积极乐观的心态，切不可自暴自弃，更不要沉溺在痛苦中不可自拔。既然活着就要用最好的方式，如此才算不辜负人生。

詹姆斯是个经常走霉运的人，可他生性乐观，对任何事情都抱以正面的看法，每天过得都挺开心。当有人问他最近生活得如何时，他总会说：“我快乐无比。”

对此，有朋友问他：“谁都会有悲伤的时候，也不可能总是能看到事物的正面，你是怎么做到的呢？”

詹姆斯说："每天早晨，我一睁眼就会告诉自己，快乐不快乐都是一天，我今天一定要快乐！这就好比发生不好的事情时，你可以选择当一个悲哀的受伤者，也可以选择做一个从不幸当中学到些东西的乐观人。人生就是选择，当你选择了以最好的方式来生活的时候，你才能生活得快乐。"

一天早上，詹姆斯出事了。他看到三个持枪的强盗从邻居家里慌慌张张地跑出来，而后强盗们发现了他，其中一个人对詹姆斯开了一枪。经过18小时的抢救，以及亲人精心的照料，詹姆斯总算是活了下来，可是仍有小部分子弹头留在了他的体内。

朋友们问他感觉怎么样，他说："我感到快乐无比。"

朋友看了看他的伤疤，然后问他中枪时在想什么。詹姆斯答道："当时我躺在地上，我知道自己面临着两个选择：一个是死，一个是活。我理所当然地选择了活。"

朋友问："你当时不害怕吗？"

"医护人员太好了，他们不断地告诉我，我会好起来的。但在他们把我推进急诊室后，我看到他们流露出了'他是个死人'的眼神。我知道，我需要采取一些行动了。"

"那你采取了什么行动呢？"

"有个美丽的女护士问对我什么东西过敏时，我马上回答说'有！'这时，所有的医生和护士都停下来，等我继续说下去。我深深地吸了一口气，然后大声对他们说：'子弹！'在医护人员的一片大笑声中，我又接着说道：'我想活下来，不要把我当成死人来医。'"

就这样詹姆斯活了下来。当詹姆斯身负重伤时，医生们对他都没有抱生还的希望，是把他当作了一个死人来治疗的。詹姆斯最后能侥幸活下来，与其说是医生们的医术高明，还不如说是詹姆斯积极求生的态度感染了医护人员。

生活中的不如意就是这样的，常常会不期而至：失恋、离婚、失业、疾病、失去亲人……所罗门说：人有疾病，心能忍耐，也可承担；精神若已崩溃，一切就会成空。不幸来临，有的女人表现出心灰意冷，自暴自弃，让美丽在岁月蹉跎中枯萎；另一种女人则是直面生活，心在梦在，让精神的美丽永远摇曳在不屈的抗争里。

一个女人有一个最爱的人——她的侄儿。侄儿是她像亲儿子一样从小带大的。一次偶然，侄儿出了意外。那一天，女人接到一封电报，说她的侄儿已经永远不在了。

她悲伤得无以复加。除了这个侄儿，她没有子女。在这件事发生以前，她一直觉得生命是那么美好，有一份自己喜欢的工作，有一个心爱的侄儿。而现在，她的整个世界都粉碎了，觉得再也没有什么值得她活下去。她开始忽视自己的工作，忽视朋友，既冷淡又怨恨。她决定放弃工作，离开家乡，把自己藏在眼泪和悔恨之中。

就在她清理桌子、准备辞职的时候，突然看到一封侄儿以前写给她的信，上面有这样一段话："我永远也不会忘记那些你教我的真理：不论活在哪里，不论我们分离得有多么远，我永远都会记得你教我要微笑，要像一个男子汉一样承受所发生的一切。"

她把那封信读了一遍又一遍，觉得侄儿就在她的身边，正在向她说话："你为什么不照你教给我的办法去做呢？撑下去，无论发生什么事情，把你个人的悲伤藏在微笑底下，继续过下去。"

于是，她重新回到工作岗位，不再对人冷淡无礼。她一再对自己说："事情到了这个地步，我没有能力去改变它，但我可以乐观地对待它。"

人们有时会把一些事情看得很悲观、消极，其实换一个思考的角度，你就会发现海阔天空的美丽。

卡耐基认为：当一个人心理淤积的东西太多时，就会沉浸在那个小圈子里不能自拔。他只盯着那些淤积的痛苦并辗转反侧，根本腾不出精力和时间去顾及其余的事情。

是的，坎伯也曾经写道："我们无法矫治这个苦难的世界，但我们能选择快乐地活着。"

天底下没有绝对的好事和绝对的坏事，有的只是你如何选择面对事情的态度。如果你凡事皆抱着消极的心态来对待，那么就算让你中了一千万元的彩金，也是坏事一桩。因为你害怕中了彩金之后，有人会觊觎你的钱财。

因此，不要总说生活欺骗了你，生活是快乐还是悲伤，由我们自己决定。心情是可以选择的，当我们心情愉悦的时候，自然就会感到快乐，当我们一直怀着美好的心情来做一件事情的时候，就没有不顺利、不成功的可能。

所以，从现在起，珍惜自己所拥有的一切，用积极乐观的态度生活，幸福就会悄然来我们身边。

7. 放低底线，幸福其实很简单

不要忘记，快乐并非取决于你是什么人，或你拥有什么，完全来自于你的思想。

——卡耐基

世界上很多看似复杂的东西其实都是非常简单的：饮食就是能维持我们生命的东西；衣着就是穿上能给我们带来温暖的东西；居室就是能

给我们遮风挡雨的地方；旅行就是迈动双脚从这里走到那里；美术就是得意时在岩壁上刻刻画画；音乐就是高兴了在旷野里拖长嗓子吼叫……

而如今，这一切原本简单的事情变得复杂起来。我们今天享受着高度发展的文明带给我们物质享受的同时，也承受着它所带来的巨大的生存压力和烦躁不安的情绪，越来越多的人在对物质与名利的追求中丢失了自己，丢失了快乐。

有一个外国商人，辛辛苦苦地忙了大半辈子，终于挣足钱过上了好日子，于是他坐船到了西班牙海边的一个渔村度假，想静静地晒晒太阳，享受一下自然的美好，完全地放松一下自己。

在码头上，他看见了一个衣着破烂的渔夫从海里划着一艘小船靠岸，船上有好几尾大鱼。外国商人对渔夫能抓到这么好的鱼表示赞叹，然后问他："您每天要花多少时间就可以抓到这么多鱼？"

渔夫回答："一会儿工夫就抓到了，不用费多大力气。"

商人说："为什么你不再多抓一会儿，这样你就可以抓到更多的鱼了。"

渔夫不以为然地说："这些鱼已经够我一家人一天的生活了，我为什么要抓那么多呢？而且我已经累了，需要回去和孩子们玩一玩，再睡个午觉。黄昏的时候到村子里找几个朋友喝点酒，再弹会儿吉他。"

商人听了摇了摇头，并且帮他出主意："我给你出一个主意你可以挣大钱。你应该多花一些时间去抓鱼，然后攒钱买条大些的船，你就可以抓更多的鱼，再买渔船，到时候你就可以拥有一个渔船队。你直接把鱼卖给工厂，这样可以挣更多的钱，然后你还可以开一家罐头厂。这样你就可以离开渔村，到城市里去做有钱人。"

渔夫问："我要达到这些目标需要花多少年的时间呢？"

商人说："15年到20年。"

"然后呢？"渔夫问。

商人说："然后？然后你就会更加有钱，你可以挣好几个亿呢！"

“再然后呢？”

商人说：“那你就可以退休了，你可以每天睡到自然醒，然后出海抓几条鱼，捕鱼回来后和孩子们玩一玩，再睡个午觉。就像你说的，黄昏的时候到村子里找几个朋友喝点酒，再弹会儿吉他。”

渔夫听完，非常不解，他说：“难道我现在的生活不就是这个样子吗？为什么我还要绕那么大个弯子呢？更重要的是等我做够了那些事，赚到了足够的钱，也许我已经没有时间来晒太阳听海了。”

商人最终无话可说。

商人劳累了一辈子，因为将简单的事情复杂化，结果转了一大圈以后依然没有真的从疲惫的怪圈中跳出来。而渔夫用简单的心态看待人生，却切切实实地享受到了商人为之努力一生的、安然幸福的生活。

幸福，不是任何物质所能取代的。它只是一种感觉，一种让我们快乐、温暖、感动的感觉。卡耐基认为：幸福并不需要那些物质上的满足才能艰难地得到，有时候仅仅是在一念之间。

生活简单就是幸福，不意味着我们放弃了对目标的追逐，而是在忙碌中的停歇，是身心的恢复和调整，是下一步冲刺的前奏，是以饱满的热情和旺盛的精力去投入新的“战斗”的一个“驿站”；生活简单就是幸福，并不意味着我们放弃了对生活的热爱，而是于点点滴滴中去积累人生，在平平淡淡中去寻求充实和快乐。

作为女人，让我们从现在开始抛弃那些束缚心灵的欲望与虚荣吧！让我们开始期盼一种简单快乐的生活状态，真正的简单是繁华落尽的朴素，是悲喜尝遍的领悟，是坎坷过后的坦然，是无求无欲、不矜不躁的大气。

简单的生活就是幸福，欲望少一些，自由多一些，过自己的生活；不要和别人去比。人们之所以不快乐，往往是因为活得不够单纯。其实，不要去给自己塑造形象，因为，简单本来就是幸福。

8. 没有杂草的心灵才会纯净

在我们的日常生活中，越是具有平常心的女人越幸福，而那些整日斤斤计较、患得患失的女人只会苦恼无穷。平常心是一种超脱眼前得失的清静心、光明心。只要我们努力，就能够以平常心对待纷杂的世事和漫长的人生，并跨越人生的障碍。

——卡耐基

人生在世，如果计较的太多，势必难以达到拥有平衡的心态，而不平衡的心理，容易使人处于一种极度不安的环境之中。一旦我们有了时而焦躁、时而矛盾、时而激愤等这些负面的情绪，会使我们误解人生的意义。有时，甚至不惜铤而走险、玩火自焚。生活本来就是柴米油盐酱醋茶这些烦琐而又现实的组合，每个人的生活都是如此。与其看不如意的方面，不如学会寻找乐趣，看生活中美好的一面。

人的一生会遇到很多高兴、幸福、顺心的事，同样也会面对挫折和苦难，此时的你是否还能保持一种积极的人生态度？其实，生活中有些事情并不用太过在意，人一生的得失就像是手中握的沙子，只有以不计较的心态摊开手掌，才能获得更多。

她是一个漂亮的女人，生活在山区，家境贫困，为了给哥哥娶媳妇，父母将她卖给了另一山村的男人。谁知刚刚嫁过去半个月，男人因车祸而亡。婆婆骂她是克星，克死了她的儿子。同村的人们也都对她冷眼相看。回自己父母家，嫂子不容她。她心灰意冷极了……

在媒人的介绍下，她再婚了。她比他小20多岁。她这次再婚时家乡的人都以为她傍上了大款，只有她自己知道他是怎样的一个人。

他长得又丑又黑，一口向上鼓起的黄牙，脸上有着一道深深的烧伤疤痕。媒人提亲时对于他的长相一字也没有提起，只是说他是一个善良、老实、能干、有手艺的人，就是因为家穷耽误了娶媳妇。

草原因为偏僻、封闭、落后，在那个年代娶不上媳妇的男人较多。家里有钱的可以托人到山区去找，有河北的、山西的、四川的……花几千元钱或几百元钱就可以找到。这个男人也托人带一个回来，就是她——一个克死了丈夫的女人。媒人去说亲时，她因为实在在家中无法待下去就急于嫁给了这个50多岁的男人。婚礼过后她才知道他的手艺就是每天在风吹雨淋中修理自行车，再加上他长得丑，她结婚的第一天就有种上当受骗的感觉，但是自己已经没有退路了。

再婚后，男人非常疼爱她、体贴她。她因为对自己的再婚不满，心中时常不快，常常哭泣，男人每每这时总是将她揽入怀中，什么都不问，将她脸上的泪水擦净……男人每隔几天就给她带些小礼物回来，一块纱巾，一盒擦脸油，一块手表，一双手套，一些樱桃……

她长到近30岁从来没有戴过纱巾，更不用说吃樱桃了，樱桃她以前都没有听说过。看着樱桃她突然觉得有一股无比幸福的感觉涌过心间。她吃樱桃，男人在旁边看着她，她说："给你一个吃吧。"男人赶紧推脱说："不吃，我不爱吃，看着你吃我就快乐。"一次，她上街，偶然问问樱桃的价格，竟然70元1斤。她辛酸了，她深知他不是不爱吃樱桃，而是不舍得吃呀！

她从此暗暗发誓要一辈子爱他。她更加疼爱他了，早晨他没起床前她偷偷起来为他烧好早茶，晚上他修自行车回来时她已经为他做好热腾腾的饭。草原的冬天，天气特别寒冷，男人在外面修自行车回到家时，身体冻得直发抖，女人就用自己的身体为男人暖脚。每到此时，男人都很知足，说自己是有福气才娶到这么漂亮、体贴、温柔的妻子。他的知足话语让女人心花怒放。

一天，女人对男人说："你一个人在外面修理自行车太辛苦了，我在家待着没事，我和你一起去修。”男人不答应，说自己挣得钱足够养活她的了。但女人偏要去。

从此大街上总是能够看到一对老夫少妻在修自行车，他们紧紧地挨着坐，有活就男女一块干，没活时他们有说有笑地谈论着。

冬天草原天气风大雪大，女人不禁冻，在外面一会儿的工夫就手脚发麻，脸上发青。每到这时，男人总是跑到对面的快餐店，为女人买来热腾腾的热狗，男人为女人打开皮，之后再为女人打开瓶装的热饮料，女人吃一口热狗，男人再将热饮料递给女人，女人喝完饮料后将热狗塞到男人嘴里，他们就这样你一口我一口地吃着，有说有笑，说笑中充满着关心、体贴、爱和真情……

一天男人对女人说：“总有一天，我会走在你前面的。”女人哭了，她说：“我们一起走，做鬼我们仍是夫妻。”男人说：“不行，你一定要在我走后好好活着。我想从下个月开始中午不回去吃饭了，再在学校门口开个摊位，多挣些钱，等到我走后能够给你多留些钱，保证够你晚年生活的费用。另外，我雇人在自己的草场上为你种植玉米，每年会有万元的收入，还为你买了50只种公羊、10只母羊，等过些年我走了，羊群的数量多了，你每年卖些羊足够你晚年生活的了。”女人再也忍不住扑到男人怀里痛哭起来，她知道从来没有人替她这样着想过，可是眼前这个又丑又老的男人为她想到了年老，她觉得嫁给这个男人她这辈子值了。她觉得自己是世界上最幸福的人。

其实，命运一直都非常公平，它让我们在一处失去什么，必会让我们在另一处得到什么，就像当我们得到了金钱时，便有可能会失去真挚的感情；当我们得到了高位时，便可能会失去对生命的认知；当我们得到了名望时，便可能会失去某些自由。生活中的我们，不应该太过计较得失，因为在或长或短的人生旅途之中，无论是什么样的生命，最终都会得到平衡。

懂得了这一道理，我们便会知道，即使拥有得再多，总会有失去的时候；而即使失去得再多，也总会有得到补偿的机会。所以，在得与失之间，我们无须太计较，而更应该学会以一颗平常心去对待。

当然，卡耐基也认为：平常心并不是与生俱来的，它是经历磨难、挫折后的一种心灵上的感悟，一种精神上的升华。人的内心会时常由于外物的变化而起伏波动，能在如今这样瞬息万变的世界里保持一颗平常心，实在是一种了不起的人生境界。

9. 修炼内心强大的自己

对于内心拥有强大力量的女人，没有任何事情可以将她打倒，也没有人能够伤害她。一个女人只要拥有了强大的内心力量，就可以变得非常自信、非常坚强、非常有魅力，有勇气面对一切挫折。

——卡耐基

有人说美丽的女人是一幅画，色彩艳丽、典雅宜人；温柔的女人是一首诗，清丽婉约、韵味悠长；坚强的女人是一只誓死寻找理想的荆棘鸟，尽管血泪斑斑，伤痕累累，依然会唱出最凄美的歌。世间能有几人，在人生的路上没有受伤，没有挫折，没有跌倒？不要嘲笑眼泪，眼泪并不代表软弱，但怕的是悲无止境、自闭心扉。

女人这一生都在追寻幸福，而在女人追求幸福的过程中，无论处于人生的哪一阶段，都可能遇到一些波折和困扰，尤其是一旦遇到感情问题，很多女人就会变得萎缩，甚至溃不成军，拥有强大的内心对于女人来说相当重要。可以这样说，支撑我们女人走过一生的就是强大的内心。

常常都是这样，同样的事发生在不同的人身上，影响和结果是不一样的。有的人反应剧烈，伤人又伤己，有的人三思而后行，心平气和，结局圆满。

有多少女人在遇事后，会先深呼吸，控制得住自己，能够驾驭自己需要一种强大的内心力量。

其实生活是一座熔炉，而真金是不怕火炼的。女人外表可以柔弱，但是内心却要强大；即使不强大，锻炼也要把自己炼出坚强的品质。只要把自己的内心炼得像钻石一般的坚硬，才经得起困难的打磨；同时，还要让自己像流水一样的柔，才能抵挡世俗的浸淫。

真正强大的内心，是女人最有力的防护。现实世界中，没有什么稳定与不稳定，当然也不存在永恒，自己的心稳定、强大才是最安全的。真正的安全感是自己给自己的，这个事情不能依赖于任何人。

太多女人容易把快乐建立在依赖男人才能获得的基础上，要知道，这是非常危险的。人是会变的，事情是会发展的，如果舵盘不在自己手中，大半都是要卷入到生活的旋涡之中。无论发生什么事，自己都可以担当，并且能够找到令自己快乐生活的方式，这才是真正强大的内心。只有内心真正的强大才能让自己真正地快乐，也才能给别人带来快乐。

1967年夏天，美国跳水运动员乔妮·埃里克森在一次跳水事故中身负重伤，全身瘫痪。

那时，乔妮哭了，绝望了，她不能接受这个残酷的现实。出院后，她叫家人把她推到跳水池旁。她注视着那蓝盈盈的水波，仰望那高高的跳台，忍不住偷偷地哭了起来。她知道她再也不能站立在那洁白的跳板上了，再也无法融入到那蓝盈盈的水波中了。

从此她被迫结束了自己的跳水生涯，那条通向跳水冠军领奖台的路上再也看不见她的踪影。

她一度绝望过，但她的心中还有信念。她拒绝了死神的召唤，开始冷静地思索人生的价值和生命的意义。

她借阅了许多关于励志以及前人如何成功方面的书籍。她虽然双目健全，但读书却十分艰难，只能靠嘴衔根小竹片去翻书。

但每一本书她都认认真真地用心去读，去感悟。有时病痛和疲惫常常迫使她停下来，休息片刻后，她还会坚持读下去。

慢慢地，她阳光了，她释然了：我的身体是残疾了，但是我的心没有残疾，我还有信念！许多人残疾以后，却在另外一条道路上获得了成功。他们有的创造了盲文，有的成了作家，有的创造出美妙的乐曲，我为什么不能？于是，她开始好好地审视自己。

她想起来她除了喜欢跳水之外，对画画也很感兴趣。为什么不能在画画方面有所成就呢？想到这，这位纤弱的姑娘变得更加自信、更加坚强。她捡起了中学时代曾经用过的画笔，用嘴衔着，练习开了。这是一个多么艰辛和痛苦的过程啊。

用嘴画画，这是一个多么“幼稚”的想法。家里人连听也未曾听说过。她们怕她不成功而更伤心，纷纷劝阻她：“乔妮，别那么折磨自己了，用嘴画画怎么可能，我们会养活你的。”可是，他们的话不但没有打消乔妮的热情，反而激起了她学画的决心：“我怎么能让家人养活我一辈子呢?”她更加刻苦了，常常累得头晕目眩，汗水把双眼弄得又辣又痛，甚至有时委屈的泪水把画纸也浸湿了。为了积累素材，她还常常乘车外出，拜访艺术大师。好多年过去了，她的辛勤付出终于有了回报，她的一幅风景油画在一次画展上展出后美术界好评如潮。

1976年，她的自传《乔妮》一经问世便轰动了文坛。她收到了数以万计的热情洋溢的读者来信。两年之后，她的《再前进一步》一书又出版了。该书以作者的亲身经历向身患残疾的朋友讲述了应该怎样战胜病痛，如何立志成才。后来，这本书被搬上了银幕，影片的主角由乔妮自己饰演，她成了千千万万个青年尊崇的偶像和学习的榜样。

乔妮用自己的行动告诉了人们一个深刻的道理：只要你内心强大，这个世界便不存在打败你的对手，除非你自己先投降；有些时候向命运抗争本身就是一种胜利。

卡耐基曾说过："内心的力量是女人的软实力。"在人生的风浪中，我们应该学会去修炼内功——内心的力量。

人生不可能一帆风顺，所以你应当有一个明确的认识，那就是人的一辈子必定有风有浪，不一定会一路阳光。所以当你遇到挫折时，请不要沮丧，而要冷静地看待它、面对它。

当你遇到令人伤心的事情时，你的第一个念头是要告诉自己："它来了，这是必经的过程，只有自己能够帮助自己，所以我要勇敢地面对现实，现在就想办法解决它。"你要不断地用心灵的力量来为自己打气，然后要比平时更坚强，才能让自己走过生命的黑暗期，迎向灿烂的光明。

10. 换个角度看生活，别把不顺总归罪于他人

有些女人总会把生活中的不顺归罪于他人，甚至归罪于虚无缥缈的上天和命运，很少反问自己：我做对了吗？难道这不是自己的错吗？

——卡耐基

人生的很多不顺，往往都是自己在给自己出难题；生活的很多不快，往往都是自己在跟自己过不去！

从前，有个妇人，遇到不顺心的事时就生气，和邻居朋友的关系都搞得很僵。她非常恼火，想改一时又改不了，于是终日闷闷不乐。

有一天，她和一个好友聊天时，说出了心中的苦闷。朋友听完后就对她说："我听说南山庙里的老和尚是个得道高僧，也许他可以帮你解决这个问题！"

于是，她去找那个高僧，对高僧说："大师，我怎么老是生气呢？你能告诉我为什么吗？"

高僧笑而不答："哦，施主，请跟我来！"

高僧把妇人带到了一个小柴房的门口，说："施主，请进！"

妇人很奇怪，但又不明白高僧的意思，但她还是硬着头皮走进了柴房。这时，高僧迅速把门关上并上了锁，继而转身走了。

妇人一看，就气不打一处来："你这个死和尚，干吗把我关在里面啊，快放我出去……"

骂了很久，高僧也不理会。妇人又开始了哀求，高僧仍置若罔闻，最后妇人总算是沉默了。高僧来到门外，问她："你现在还生气吗？"

妇人回答说："我只是在生我自己的气，我为什么会到这鬼地方来受罪。"

"连自己都不能原谅的人，怎么能够原谅别人呢？"高僧拂袖而去。

过了许久，高僧又来问她："还生气吗？"

"现在不生气了。"妇人回答说。

"为什么呢？"

"气也没有办法啊。"

"你的气还没有消逝，还压在心里，爆发以后仍会很剧烈。"高僧说完又离开了。

当高僧第三次来到门前时，妇人立即上前说："我现在不生气了，原因是不值得气了。"

"还知道什么叫不值得呀，看来心中还有衡量，还是有气根的。"高僧笑着说。

最后，当高僧迎着夕阳站在门外时，妇人这样问高僧：“大师，何为气呢？”

高僧把手中的茶水倾洒在了地上。

妇人看了很久以后，顿悟，叩谢后回去了。

从这个故事中，我们可以得出这样的结论：很多时候，我们认为是别人伤害了我们，可从来都不知道从自身找原因，难道真的都是别人的错吗？仔细想想你就会发现：原来老天也很眷顾自己！朋友也从未曾主动离弃！何苦一定要生气呢？气其实就是别人吐出了但是你却接到口里的那种东西，你吞下就会觉得反胃；你不在意它的时候，它也就会自动消失。

很多时候，我们往往去寻找快乐，结果却本末倒置，惹了一身气。不如别人时，会心生嫉妒，失去从容；发生意外时，会心生慌张，失去镇定；痛失亲人时，会失去理智，心生绝望。

其实我们从另外一个角度看事情，就会明白，失去从容，只会令自己更加不如别人，失去镇定，只能使事情更加走向反面，心生绝望，于事无补，幸福才是所有人的愿望。事实上，我们生活着，就要美好着。

有一个人独自去旅行，第一站就是游历名山。当她气喘吁吁地到达山顶的时候，眼前美丽的景色令她陶醉。立于山巅，所有景色收于眼底，奇峰怪石，烟雾缭绕，美得令人心旷神怡。

都说无限风光在险峰，不爬到山顶，怎么能欣赏到如此美丽的景致呢？她唏嘘不已，拿着相机不停地拍，似乎想把这美丽的景致全拍下来，天色向晚犹不自知。

下山后，才发现，原本热闹的景区早已经少有游人了，而自己原本要搭乘的那辆班车也已经错过了。她在山下，抱着相机长吁短叹，愁眉不展。从山下到自己临时租住的小旅馆，至少有5公里的距离，步行回去至少要一个小时，更何况从早晨到现在，她已经在山上耽搁了整整一天，体力早已耗尽，哪还有力气走回去呢？

她坐在路旁，开始生自己的气，恨不得抽自己一巴掌。

正想着，一个卖山珍的老人收好摊子，回头问她："姑娘，天都黑了，怎么还不回去，在等人啊？"

她气呼呼地说："没车了，怎么走？"

老人说："没车了，就走回去，生气有用吗？"

她说："走不动了，我在气自己糊涂。"

老人乐了："就这事也值得你生气啊？我问你，你上山干什么来了？"

她说："旅游、看风景、娱乐心情啊。"

老人说："这就对了。既然是旅游，怎么旅都是旅，坐车和走路有什么不同？既然旅行是为了快乐为了愉悦心情，你何必和自己找气生，自己和自己过不去呢？"

她恍然大悟地点点头，真的迈开大步，徒步回自己租住小旅馆。尽管山里的夜黑漆漆的，可那是她第一次在山里走夜路，不一样的经历有了不一样的感觉。

回到旅馆的时间比原来设想的还提前了一刻钟，洗漱完，她躺在旅馆的小床上，透着窗户，看着窗外的弯月，内心有一种从没有过的安宁。

每个人生活中都会有一些不如意的事情，而这些不如意的事情带给每个人的影响又各不相同。有些人可能会因为这些不如意的事情而郁郁寡欢，也有些人会从中发现快乐。其实，上帝对每个人都是公平的，只是每个人面对烦恼时，考虑问题的角度不同罢了。凡事应该多往好的方面想一想，心中才会有豁然开朗的感觉。眼前才会出现"柳暗花明又一村"的景象。

第十章

永葆活力，为幸福插上隐形的翅膀

1. 自我放松，远离“疲劳综合征”

精神和心理因素往往会让人变得更加疲劳。人们想要彻底消除疲劳，远离“疲劳综合征”，最有效的方法就是放松自己，进而让自己的身心得以真正的休息。

——卡耐基

现代人除了焦躁、孤独、寂寞，还常常被另一种“疾病”所折磨——疲劳综合征。身边的很多女性朋友就经常向抱怨说：“我实在太累了，每天最想做的事情就是睡觉。”这句话也是正在看这本书的你的心声。

的确，沉重的生活压力和快速的工作节奏，令许多女性长期地生活在疲劳之中。即使精神和身体发出抗议，她们也没有时间和机会让自己好好休息一下。

还有许多女性更是认为年轻的身体就是上帝赐予的本钱，是挣取金钱、赢得地位的工具。但是，疲劳带给你们的只是更多无法弥补的伤害。据医学调查发现：疲劳不仅容易让人产生忧虑感、自卑感，还会降低人体的免疫机能，从而罹患各种疾病。如果一个人长时间处在疲劳之中，他的身心健康便会受到极其消极的影响。所以，女性朋友们一定要注意休息，远离“疲劳综合征”。

数年前，美国IMG公司聘用了一位精力充沛的女业务代表，负责在高尔夫球场及网球场上的新人当中发掘明日之星。美国西岸有位网球选手特别受她赏识，她决定招揽对方加盟IMG公司。从此，纵使每天在纽约的办公室忙上12小时，她也不忘时时打电话到加州，关心这个选手的受训情况。他到欧洲比赛时，她也会趁出差之际抽空去探望他，为他打点。有好几次，她居然连续三天都未合眼，忙着飞来飞去，追踪这个选手的进步状况，尽管手边还有一大堆积压已久的报告。可悲的事终于在法国公开赛上发生了。照原定日程，这位女业务代表不必出席这项比赛，但是她说服主管，为了维持与那位年轻选手的关系，她要求到场。主管勉强应允，但要求她得在出发前把一些紧急公务处理完毕，结果她又几个晚上没合眼。

最后，她终于登上了飞往巴黎的飞机，但时差及重大赛事压力让积极能干的她到最后大脑空空。抵达巴黎当天，在一个为选手、新闻界与特别来宾举行的宴会上，她依旧盯着那位选手，并且时时为他引见一些要人。当时是瑞典名将柏格独领风骚的年代，他刚好又是IMG公司的客户，也是那位年轻选手的偶像，她介绍他俩认识，然而，令人难堪的事发生了。柏格正在房间与一些欧洲体育记者闲聊，她与年轻选手迎上前去。

对方望向这边时，她说：“柏格，容我介绍这位……”天哪！她居然忘了自己最得意的球员的姓名！她实在是筋疲力尽，过度疲劳使她脑子一片空白。好在柏格有风度，尽力打圆场，消除了尴尬，可是这位年轻选手却面红耳赤、张口结舌，心中更是难过得不得了，从此，他再也不相信IMG的业务代表是真心对他了。

可悲的是，她一片苦心，却由于疲劳过度这一单纯因素而造成无可挽回的失误。她发掘的这位选手后来果真进入世界前十名，却不再是IMG公司的客户。

无论一台机器多么精良，如果不按时加油保养，机器都有毁坏的危险；无论一块手表多么精准，如果始终将发条上得十足，表将不会使用很久。擅长驾驶的人，永远不会把车开得过快；精于弹琴的人永远不会把琴弦绷得过紧。人也是如此，如果一个人整天忙于学习和工作，劳累过度，等到支撑不住时才肯罢手，那么他可能从此一蹶不振，再也无法恢复往日的健康了。

印度诗人泰戈尔说："休息与工作的关系，正如眼睑与眼睛的关系。"以牺牲一切时间为代价换取财富和地位是最愚蠢的行为。只知道收获果实，而不知道享受果实，没有任何的意义。

在工作上要量力而行，做任何工作都要有适当、适量的标准，不要因为过度疲劳而让生活失去意义。最完美的表现是你的生活充实但是不辛苦。列宁说过："会休息的人，才会工作。"人追求自己的事业，这无可厚非，但是不要以牺牲一切时间为代价，这样只能让你距离快乐越来越远。一个会生活的人，懂得在健康和事业之间寻找平衡点，做到健康、事业双丰收。没有健康的体魄和心灵，你渴望得到的一切都是虚幻的。如果能够有一个休息的周末，那么就不要让自己的休闲时间浪费在繁重的工作中。

丘吉尔是英国历史上最伟大的首相之一，在作为英国首相期间，其责任重大、工作繁忙可想而知，但他对休息非常重视。

第二次世界大战期间，丘吉尔已经是70岁高龄，仍然日理万机，每天都非常忙碌，但他总是精力充沛，充满热情地去工作，丝毫没有流露出疲倦的神色。这主要得益于他能够注意休息，在工作之余能及时地放松自己，抓住空闲的点滴时间休息。

一般情况下，他每天中午都要睡1个小时，晚上8点吃饭之前也要睡2个小时，即使乘车也会利用这个时间闭目养神，休息一下。

丘吉尔还有个习惯，一天中无论什么时候，只要一停止工作，就爬进热气腾腾的浴缸中洗澡，然后裸着身体在浴室里来回踱步以放松自己。

由于能够保持良好的精力，丘吉尔在任职英国首相期间，取得了辉煌的政绩。第二次世界大战期间，丘吉尔和罗斯福、斯大林一起制订同盟国的战略计划。1940年5月10日，也就是希特勒向西欧发动进攻的当天，丘吉尔迅速把国民经济转入战时轨道。英军自敦刻尔克撤退和法国投降后，丘吉尔坚定地领导英国及英联邦国家人民英勇地进行反法西斯战争，在不列颠之战中重创德国空军，粉碎希特勒进攻英国本土的计划。1941年6月22日希特勒进攻苏联的当天，丘吉尔迅速明确地表示保证援助苏联人民。1941年8月，丘吉尔与罗斯福总统在纽芬兰的普拉森夏湾会晤，发布了关于对德战争的目的和战后和平的《大西洋宪章》。之后他的政策就是与苏联、美国建立反法西斯联盟。1941年12月，日本偷袭珍珠港，他马上与美国缔结一系列协议，建立联合委员会，筹备两国的经济和军事资源，成立联合参谋部和各战区的联合司令部。可以说，第二次世界大战的胜利，离不开丘吉尔精神饱满的工作和努力，丘吉尔的贡献对于第二次世界大战的胜利是必不可少的。

有人曾问他精力充沛、身体健康的秘诀，丘吉尔说："我的秘诀是当我卸下制服时，也就把责任一起卸下了。"

很多追求成功的人，都舍不得停下自己的脚步放松自己。在他们看来，放松是对自己的不负责任，是对时间的一种浪费。他们认为，只有永不停歇，才能早日获得成功。即使已经筋疲力尽，他们依然不愿意停止，这种想法的确难能可贵，但这不是明智之举。

如果你觉得成功可以让你获得更多名利和权力，那么，你可以把自己看成一名成功者，并且努力地去达成你的目标。但是你不能强迫自己在身心疲惫的状态下仍坚持工作，这会让你处于不健康的状态。

疲倦的感觉是身体反映出来的警告。提醒我们身体某个部位超负荷了。如果置之不理，将会增加我们整个身体的负担。所以，一旦出现了警告信息，让负担过重的部位恢复正常，才是明智之举。

现实生活中，有太多的人为了赚取加班费而损耗自己的身体，用自己的健康来换取金钱。有的人吃饱穿暖还是不满足，希望自己不仅仅可以吃饱，还可以吃一半，扔一半，享受一下浪费的感觉。人们对于金钱和欲望的贪婪远远地超过了自己的生活所需，当这些金钱都变成了数字堆砌在那里的时候，忽然间又觉得了然无趣。对于一种毫无意义的索取，甚至以损害自己的生命作为代价，实在是十足的可笑。贪婪让人迷失自我，不知足能够摧毁一个人的肉体和精神，最后将人送进人生的坟墓。

一个人倘若能够赢得全世界却输了自己还有什么意义？生活中的很多物质不是我们用生命能够换来的，人的贪欲就像无底洞，永远都填不平。当然倘若将身外之物看得很重，那么仅有财富却轻视生命的人生是空虚的。贪婪的生活节奏是很快的，它会带人走进十足压抑的环境。它慢慢地侵蚀你的生命，让生命一点点地透支，当你想要放下这一切的时候却发现，自己已经被掏空了。任何财富都没有生命有价值，因为有了生命才可以创造无限的财富，但是有了无限的财富却没有生命，你要如何消受自己的财富呢？

2. 别为失眠过分忧虑

拥有高质量的睡眠是一件好事。它可以大大缓解人的疲劳，增强人体对疾病的抵抗力，是人获得休息的最好途径。要想安稳地睡一夜的第一个必要条件，就是要有安全感。另外一种治疗失眠的最好办法，就是使你自己的身体劳动感到疲倦的程度。

——卡耐基

与失眠搏斗过的人，会觉得很疲倦，如果你经常与失眠搏斗，疲倦会转化成旷日持久的压力折磨着你。

要是你经常睡不好觉的话，你会不会忧虑呢？那么你也许愿意知道塞缪尔·昂特迈耶——国际知名的大律师——这一辈子从来没好好睡过一天。

塞缪尔·昂特迈耶上大学的时候，很担心两件事情——气喘病和失眠症，这两种病似乎都没有办法治好。于是他决定退一步去想，要充分利用清醒的时间。他不在床上翻来覆去，不让自己忧虑到精神崩溃的程度，他下床来读书。结果呢？他在班上每一门功课都名列前茅，成为纽约市立大学的奇才。

甚至在他开始执行律师业务以后，他的失眠症还是没有治好。可是昂特迈耶一点也不忧虑，他说：“大自然会照顾我的。”事实果然如此。他虽然每天睡得很少，健康情形却一直很好，而且也能像纽约法律界所有的年轻律师一样努力工作，甚至超过其他人，因为别人睡觉的时候，他还是清醒的。

昂特迈耶大律师21岁的时候，每年的收入已经高达75000美元，因此很多其他年轻的律师都到法庭去研究他的方法。1931年，他在一个诉讼案子上所得到的酬劳，可能是有史以来律师界所得酬劳最高的一次——整整100万美元，而且都是现金。

可是他还是有失眠症。晚上他有一半的时间都在看书，然后清早5点钟就起床，开始口述信件。当大多数人刚刚开始工作的时候，他一天的工作差不多就已经做完一半了。他一直活到81岁，一辈子里却难得有一天晚上睡得很熟。可是如果他一直为失眠症担心忧虑的话，恐怕他这一辈子早就毁了。

我们的生活中，有1/3用于睡眠，可是没有一个人知道睡眠究竟是怎么一回事。我们知道这是一种习惯，也是一种休息状态。可是我们不知道每一个人需要几个小时的睡眠，我们甚至不知道我们是否非睡觉不可。

在第一次世界大战期间，一个名叫保罗·科恩的匈牙利士兵，脑前叶被枪弹打穿。他的伤养好了，可是奇怪的是，他从此没有办法再睡着。不管医生用什么样的办法——他们使用过各种镇静剂和麻醉药，甚至使用了催眠术——保罗·科恩就是没有办法睡着，甚至不会觉得困倦。

所有的医生都说他活不久了，可是他令所有人吃惊了。他找到一份工作，非常健康地活了好多年。他有时候会躺下来闭上眼睛休息。可是永远也没有办法睡着。他的病例还是医学史上一个未解的谜，也推翻了我们对睡眠的很多看法。

在芝加哥大学担任教授的纳撒尼尔·克莱特曼博士，曾对睡眠问题做过很多的研究，他是全世界有关睡眠问题的专家。他说过，从来没有听说哪一个人是因失眠症而死的。实际上，可能有人为失眠而忧虑以致体力减低受到细菌的侵袭，可是这种损害是由忧虑所造成，而不是由于失眠症。

克莱特曼博士也曾说过，那些为失眠症担忧的人，通常所得到的睡眠比他们所想象的要多很多。

19世纪最有名的思想家赫伯特·斯宾塞，老年的时候还是独身，寄住在一间宿舍里，整天都在谈他的失眠问题，弄得每个人都烦得要命。他甚至在耳朵里戴上耳塞来避免外面的吵闹声，镇定他的神经，有时候还吃鸦片来催眠。有一天晚上，他和牛津大学的塞斯教授同住在一个旅馆房间里，第二天早上斯宾塞说他昨天晚上整夜没有睡着，实际上却是塞斯教授根本没有睡着，因为斯宾塞的鼾声吵了他一夜。

要想安稳地睡一夜的第一个必要条件，就是要有安全感。我们必须感觉到有一种比我们大得多的力量，一直照顾我们到天明。托马斯·希斯洛普博士在英国医药协会的一次演讲中就特别强调这一点。他说："根据我多年行医的经验发现，使你入睡的最好办法之一就是祈祷。这样说，纯粹是以一个医生的身体来说的。对有祈祷习惯的人来说，祈祷一定是镇定思想和神经最适当也最常用的方法。"

如果你没有宗教信仰，不能这样轻松地解决问题的话，你可以用放松肌肉开始。芬克博士推介的方法就是把枕头放在我们膝盖下，来减轻两脚的紧张再把几个小枕头垫在手臂底下；然后把自己的下颚、眼睛、两个手臂和两腿放松，就会在还不知道是怎么回事之前入睡了。

另外一种治疗失眠症的最好办法，就是使你自己的体力劳动到疲倦的程度。你可以去种花、游泳、打网球、打高尔夫球、滑雪，或者只是做很多体力劳动的工作。这是名作家西奥多·德莱塞的做法。在他还是一个为生活挣扎的年轻作家时，也曾经为失眠症而忧虑过。于是他到纽约中央铁路去找了一份铁路工人的工作，在做了一天打钉和铲石子的工作之后，就疲倦得甚至于没有办法坐在那里把晚饭吃完。

从来没有一个人会用不睡觉来自杀。不论他有多强的意志力，大自然都会强迫他入睡。大自然会让我们可以长久不吃东西、不喝水，却不会让我们长久不睡觉。

3. 取得小小的成功时，送件礼物犒劳自己

有时候身边的事也可能像到远方冒险一样有趣。你没有能力去影响所有事情的发展，但必要时你可表达出自己负面的不满情绪，不要吝于给自己一些奖赏。——卡耐基

生活中，我们都习惯把奖励给别人，子女考了好成绩奖励一件礼物；朋友取得了成功，带着贺礼去恭喜；父母身体检查结果良好，去饭店吃一顿庆祝一番……却唯独没想到自己取得了小成就时，送一份礼物犒劳自己。礼物不需要多么值钱，有时只是一本好书、一部精彩的电影、一个闲暇放松的下午茶时间，甚至只是睡上一个懒觉那样简单。

苏珊是一个阳光的女人，身上具有水乡女子的温柔，是个温暖而淡然的人。她在北京，住在自己租来的一室一厅内。她朋友不多，也并不经常到她家来。她因为来北京闯荡，和大学时的男友分手了，目前单身，工作在广告公司，清闲的时候整日无聊，忙碌的时候整日东奔西跑。这样的生活让别人看起来似乎少了一些快乐、多了一份孤单，甚至苏珊的母亲经常催她回家发展。而她却认为自己的生活是非常有滋有味的！

周末的时候，苏珊有时间就会去做义工，给民工小学的孩子上课或者去老人院看望老人。工作累了的苏珊，经常会学习一些美食的做法，好好地犒劳自己一顿。苏珊同样喜欢养花，在阳台上摆满了各种盛开的花，看着这些美丽的花，苏珊总会开心地笑。到了各种节日，如果没有和朋友相约出游，苏珊就会去逛各种饰品店或商场，给自己买一份可爱的礼物，让自己一个人的节日也变得丰富多彩。工作中，苏珊同样保持着一份热情和乐观。得到领导夸奖时，会喜不自禁；取得一

点小小的成功时，会给自己买份礼物。

因为这份对生活的热情和乐观，苏珊吸引了公司无数男孩子的目光。后来，她与一个喜欢的男孩相恋结婚，苏珊也不再是北漂族了。

苏珊是一个很注重生活情趣的人，懂得怎么样调适自己的生活，懂得怎样享受生活。是啊，即使没有人在节日里给你送上真诚的祝福，没有人在你取得成功时送份礼物，也不要抱怨。如果没有人给你买礼物，就自己给自己送上一份礼物，一份温馨的祝福，一份暖暖的情愫，这些足以让自己幸福。

取得小小的成功时，给自己颁发一个“奖”，是一种有效的自我激励。奖赏别人，有助于激发别人的情智，使事物朝好的方向发展。其实，奖赏自己又何尝不是这样呢？不断进行自我奖励，这会使你的成就和你的行动连成一体，为你提供持久不衰的动力。

一个懂得“奖赏自我”的女孩这样叙述自己的经历：

“小时候，帮母亲做了一点家务，她就会笑着奖给我一颗糖；读书时，每次考了高分，父亲也会不时拿出点奖品作为奖赏。那时候，经常会为了得到糖果、玩具等而主动地做家务、努力学习。现在，我不再依赖父母的奖励，而是不断地奖励自己。大学毕业后，我所在的单位资不抵债，宣布破产了。有很长的一段时间，因为胆小，怕面试时用人单位对自己说‘不’而待在家里，几个月过去了，我无所事事，父母用微薄的工资来养活我这个已成人的‘小孩’。有一天，我对自己说，如果今天我去两家公司应聘，回家时就给自己买下那条心仪已久的长裙。我做到了，记得当时我是用向母亲借的钱来完成对自己的承诺的。一星期后，我居然同时收到两家单位的用人通知。”

生活中有许多东西都可以作为奖品：心仪的衣物、可口的美食、好听的音乐，或是美美的一觉。生活的美好与否都是由自己创造的。故事中女孩的自我奖励，无疑给了自己一个肯定的信号，一份信心，一个继续努力的支点。成功实属不易，多一点自我奖励，会激发自己轻装前进。

有人一生忙忙碌碌，却不快乐，也许拥有整个世界，也不会感到快乐。其实，快乐很简单，取得小小的成功时，送件礼物犒劳自己，在激励自己的同时，也给自己带来了一份快乐的心情。

每个人都是一道风景，或许平凡或许美丽。每个人都喜欢得到奖赏，因为那是一种发自内心真诚的赞美，更是一种由衷的祝福。懂得了奖赏自己，也就学会了宽容别人，在奖赏自己的同时，也会为别人送去一份至诚的奖励，让他知道，他在你心目中的位置。

请不要吝啬，尤其对自己，请随时地奖赏一下自己，不要忘了你自己才是你最忠实的观众。

善待自己、关怀自己，就是对生命的奖赏！

4. 每天为自己留一点闲暇时间

人唯有在闲暇的时候才能够去细细地体味幸福。女人一定要善于为自己留一点闲暇时间并恰当地利用这段时间，进而为自己争取更多的幸福。

——卡耐基

上帝给了一个工作特别繁忙的人一个任务，让他牵着一只蜗牛去散步。上帝对他说：“给你一个任务，牵着这只蜗牛去散步吧，不要放开它。”

于是这个人带着上帝给他的任务，牵着蜗牛去散步。他不能走得太快，虽然蜗牛已经尽力往前爬，但是每次它只能挪那么一点点。他不停地催促它，大声地呵斥、责备它。

蜗牛用抱歉的眼光看着他，仿佛在说："人家已经尽了全力！"他使劲拉它，甚至想踢它。蜗牛受了伤，流着汗、喘着气往前爬，但是还是那么慢吞吞的。这个人就想：真奇怪，为什么上帝叫我牵一只蜗牛去散步？这对于我来说简直就是折磨，对于蜗牛来说也是煎熬！他不禁昂头向天质问："上帝啊！为什么？"

天上一片安静，上帝没有回答。"唉！也许上帝又去抓蜗牛了！"这个人想，"好吧！松手吧！反正上帝已经不管了，我还管什么？"任蜗牛往前爬，这个人就跟在后面生闷气。突然间，他闻到了花香，才知道：哦，原来这边有个花园。他又感到微风吹来，才知道：哦，原来夜里的风这么温柔。他又听到鸟叫，听到虫鸣，看到满天的星斗亮丽多姿。咦？以前怎么没有这些体会？他忽然想起来，原来他弄错了！上帝是叫蜗牛牵他去散步啊！

仔细想来，人生苦短，岁月无情。人生前十年幼小，后十年衰老，中间几十年忙于学习、奔波工作。而无论是上学还是工作，更多的是出于一种身不由己的选择，因为上学时成长的需要，工作是生计的需要。真正算来，属于每个人自由支配的时间又有多少呢？

记得有一位法国作家说过这样的一句话："上帝把幼小的我们送给了父母，把青年时的我们送给社会，把中年时的我们送给了家庭，到了老年，他终于慈悲地把我们还给了自己。"如果，我们听从上帝的安排，在年老时才能够拥有自己的时间，那么人生是不是未免太悲哀了呢？所以，为自己留一点闲暇时间，那无疑是一种明智之举。

假日，李雪独自回乡小住，两周的日子不长也不短，充满了情趣。

早晨，李雪拎着一篮子衣服，在阳光下，伴随着鸟儿的叫声，慢慢地走到对面不远山下的河边去洗。因为李雪喜欢河边的几块青石板，在上面搓衣服感觉很惬意，所以，她心情无比轻快地慢慢搓洗着。

夏季是各类瓜果肆意成熟的季节。上午，李雪走到西红柿秧苗边，蹲在那，仔细观察，发现有熟的，就毫不客气地摘下来，在手心里摩挲几下，送到口中，去品尝那份独有的新鲜美味；来到葫芦架下，看那大大小小的葫芦悬挂，她忍不住用手抚摸，葫芦悠来荡去；看着那金黄色的南瓜花上蜂飞蝶舞，她忍不住去捕捉这些生灵；看着喜鹊飞来飞去，听着不知名的鸟叫，她将视线投向门口的大树，在一棵棵树上搜寻它们的窝。

傍晚，玩累了的李雪，蹲在菜地边捉虫子，唤来母鸡享用，她用手抚摸着母鸡的背，母鸡也很顺从地任凭她这样；看着在一起嬉戏的小猫小狗，咬着尾巴，蹭着脖子，高兴时一起撒欢，生气时怒目对视，而她只在一旁分享它们的快乐。

每天在恬静和意趣中度过，李雪的心很平静，没有任何杂念和烦恼。乡村生活的宁静是任何一座物欲喧哗的城市所不能营造的。那些普通的生活中，总有一种朴素的感动，暖暖地盈满李雪的心头。

给自己腾出一点时间来，这点时间不是用来躺在浴缸里或者浇花剪草的，也不是用来冥思苦想或者读书看报的。在这点时间里，除了呼吸什么也不要做，不要思考，更不要忧愁，尽情地享受生活的愉悦。

5. 无论多忙，也要记得锻炼

青春活力，可以说是把我们整个身心都舒展开了，同时用生活的乐趣把我们眼前的万物也美化了。——卡耐基健康是幸福的主要因素，锻炼是健康的重要保证。在这个世界上，没有比结实的肌肉和新鲜的皮肤更美丽的了。

生活中，很多女人都喜欢窝在家里，或者是奔走在公司和家庭之间，而做运动进行体育锻炼却少之又少。她们常常感到腰酸背痛，做什么事情都没有精神。其实，这些问题的根本所在是女人缺乏锻炼，没有青春的活力。所以，当女人忙着做其他事情的时候，也该挤出点时间坚持一些体育锻炼了。

锻炼身体？那是很久以前的事情了。说起运动和体育锻炼的时候，大部分的女人都觉得很遥远，也觉得忙碌的生活中没有时间锻炼身体是很正常的事情。可是，和经常参加体育锻炼的女性相比，她们更显得没有活力，甚至是更显得年老。所以，也有人这样说过，“女人想要永远留住青春，就要从坚持运动开始。”那么，你坚持运动了吗？

37岁的徐燕是一家房地产的销售经理，平时经常在外跑业务，要不就是在自己的办公室分析数据。虽然，大学的时候她也很爱好体育锻炼，可是参加工作之后就很少在做一些运动了。

一次，徐燕遇到了大学好友谢静。谢静虽然带着两个孩子，但是和徐燕站在一起还是显得很年轻，像不到30岁的女人。当两人交谈的时候，徐燕就顺嘴问了起来，“小静，你这么年轻有什么好的秘诀呢？”谢静当时就笑了，然后就问徐燕：“你还在坚持一些运动吗？就像你大学的时候很喜欢的打羽毛球。”徐燕愣了一会，说道：“工作这么忙，年纪也大了，哪还有什么心思打羽毛球啊，最多也就是晚饭后散散步。”

谢静这才说：“我以前也是和你一样的，可是我女儿要中考的时候有体育这一项，那段时间为了督促孩子，我也跟着她一起锻炼身体，慢慢地我就觉得比平时更活力了，而我的精神状态也好了很多。我老公也说我年轻了。徐燕你也该运动运动了，体验一下运动带给你的好处。”

据哈佛大学研究显示，每天坚持运动一小时，就可以延长两小时的健康寿命；而每天只要积累5000步以上的快走，就可以减重缩腰塑造更健康身体。所以，女人在自己年轻的时候更应该坚持一两项自己喜欢的运动，这样不仅让女人更有活力，也会让女人的心情随之而放松。如果等到自己已退休了或者是年迈了才想起要运动，那也就为时已晚了。

嫣然在社会上打拼了几年，感觉自己的体质越来越差。无论哪个同事感冒了，她总是公司里面第一个被传染的，而且通常大病、小病都不落下。每天上班就在办公室里面坐一天，下班坐车回去，上楼坐电梯，回到家躺在沙发上看报纸，或者坐在沙发上看电脑，晚一些就睡觉了。循环往复，一直不变。

嫣然没有感觉到工作繁重，但是尽管如此，自己还是感觉劳累不堪。有的时候偶尔爬个楼梯，才到二楼腿就酸得发抖了。嫣然一直觉得自己没有时间锻炼，而且也不知道缺乏锻炼会有什么样的后果。

有一次，公司举行一次全员越野大赛，第一名的奖励5000元，前三名都有丰厚的奖金，但是能够坚持下来，没有中途退缩的，公司也会给予奖励。起初跑的时候，嫣然一直在心里面暗暗地为自己打气，因为坚持下来的奖金也很多，自己也不想被同事们笑话，因为没有人在中途就退场的。

跑了一段后，嫣然感觉到一阵眩晕，还有呕吐的感觉，另外自己的胸口也是火辣辣地痛。再跑了一小段之后，她眼前一黑，晕倒在了路上。她被送到了医院，医生的诊治结果是没有充分的训练和锻炼，她的大脑出现了缺氧现象。

康复后的嫣然开始每天走路上班，坚持每天都爬楼梯上楼，能站着动一动，坚决不坐着静下来。周末的时候再也不待在家里上网了，而是选择出门到外面跑步或者去健身房，开始进行体育锻炼。

这样坚持了一年以后，嫣然不仅仅有了健康的身体，而且还越来越漂亮了。

无论平时的工作有多忙，为了自己的身体健康，你一定要挤出时间去进行体育锻炼。体育锻炼不仅仅能够强健身体、增强体质，还具有完善身体、修炼心境、健康心灵、健全人格、提高适应能力等功能。适当地进行体育锻炼不仅仅能够从身体上达到一个健康的状态，也能够从精神上达到一个健全、健康的状态。体育锻炼不足，会导致一个人的身体健康水平下降，而且情绪也比较多变。所以，你应该保持经常性的锻炼，体育锻炼可以让人消除疲劳，同时也能达到身心的放松。

歌德说过，“流水在碰到抵触的地方，才把它的活力解放。”其实，人的活力也是一样的，只有去激发它，它才会更完美地展现出来。所以，女人想要自己有活力，有青春的活力，就需要女人长期的坚持锻炼自己的身体，把身体内在的活力激发出来。让自己的身体更加健康，气质更有生命力。

6. 留住童心，有颗微笑到老的心

> 许多女人之所以被生活所累，是因为她们缺少童心。而她们的童心正在被身份、地位、责任，或者是其他东西所压制，早以遮蔽成性格中极其少见的一部分。
>
> ——卡耐基

每个女人，都有不为人知的一面。为了完成角色的转变，在旅途中奔放，在职场中严谨，在家庭中温柔。每个女人，都会在生活中历练打磨，让自己的个性变得圆润而富有弹性。但无论何时，女人的个性中都该保留一样东西，那便是“纯真”。

有些女人喜欢在爱人面前表现出小鸟依人的样子，偶尔也会撒撒娇，表现出自己可爱的一面。她们以为，这样的单纯和天真就是纯真，可以一辈子如此。事实上，纯真，不是单纯，也不是简单的天真，它是一份真实纯粹的情怀，和年龄经历无关。

太单纯的女人就像一张白纸，未曾经历过风雨，对于很多事情看得不通透，亦不了解。她们也纯真，但这份纯真不一定会持久。也许，就在遭受了某些变故之后，她们会变得不再纯真，甚至会产生自暴自弃的放纵，或是阅尽世事的沧桑。与这样的女人生活在一起，男人会感觉很辛苦，因为生活本就无常，谁也无法预料下一秒是晴天还是暴风骤雨，是晴天还好，她依然可以保持着纯真；若是骤雨，那么男人就要生活在她的喜怒无常之中。

太天真的女人往往沉浸在童话之中，多幻想而不切实际，同样，这一特质依然与年龄经历无关。许多女人已经为人妻、为人母，却还是天真得不可理喻。她们从来就不知道自己想要什么、需要什么，每天生活在梦想里，唯有能做的、会做的，就是逼迫着身边的爱人，要他帮自己去完成梦想，若一时间难以实现，就感觉自己不幸福，吵闹不已，完全像个不谙世事的孩子。与这样的女人生活一起，男人会觉得力不从心，甚至感觉不被理解。

而纯真的女人，在历经很多事后，她们依然用一颗真诚柔软的心对待生活，对待爱人；依然有一双清澈明亮的眼睛，追随着美丽万物；依然对美好的情感充满向往，而不怨天尤人。她们深知，世间有太多不完美，有太多丑陋和鄙夷，可这与内心深处那份美好的情怀无关。在生活面前，在爱人眼里，她们永远是一个乐观者。她们会与爱人一起，面对伤痛与挫折，打造美好的未来。

她上过当，受过伤，有过不堪的经历和破碎的生活。但这一切，并未磨灭她那颗热爱生活的心。即便是在情感处于苦闷、孤独和黑暗中，她依然保持着对爱的信仰。她相信，世界依然美好，人心依然璀璨。

当那些过往彻底成为历史之后，她昂首大步地开始了自己的生活。面对浮躁的物质世界，她洁身自好，不随波逐流。她按照自己的意愿，选择喜欢的事，静静等待对的人。终于，她等来了一个懂她、爱她、珍惜她的人。她从未因为过去的经历，变得不再相信爱情，她始终在心里记得一句话：去爱吧，就像从未受到过伤害……

早上醒来，她们能够傻傻地肆无忌惮地笑，就像回到了天真烂漫的孩童时代；她们能够完全地沉浸于自己的幻想，就像她们在孩提时代常常走神一样。她们清楚“真正的生活”不是整天工作和奔波，她们喜欢对生存保留一种孩子似的天真和好奇。

你可能会说：“我也时常想回到儿童时代无忧无虑的时光里去，但是我有需要照顾的父母公婆，有嗷嗷待哺的孩子，有经济上的烦心事以及其他需要考虑的问题。生活的重担让我喘不过气来，我怎么还有心思早上起来轻松地进入笑和幻想的世界呢？”事实上，你自愿回到儿童般的状态中，像孩子一样去开怀大笑，像孩子一样热爱幻想，并不意味着你必须放弃当一个成年人。它仅仅意味着让你更自由自在一些，让你摘掉成年人的面具，记住你最初那双睁大了的眼睛，并且发自内心地赞叹整个世界以及其中的一切事物和人。去尽情享受当孩子的乐趣吧，孩子气就好像大热天里的清凉饮料一样让人心旷神怡。

有一个女人叫小晗，在一家广告公司做平面设计，工作起来非常干练，充满幻想的创意也让她颇受老板的赏识，不过她认为这应该归功于自己的童心。是的，每个第一次走进她房间的人，都会不由得惊奇，肯定会以为走错了房间，还以为进入了小孩的卧室呢！屋子不大，没有床，在地板上铺的是整张软软的海绵垫子，小晗和她丈夫是以地为床的。垫子是海洋蓝的底色，上面的鱼、蟹、海星栩栩如生。每天早上一睁开眼，一定是幻想着来一次海洋旅行了。

中国儿童作家秦文君的作品《男生贾里女生贾梅》能够发行一百多万册，就在于她的脸上常有儿童般的快乐。她爱孩子，孩子爱她，她是一个真正意义上的大孩子，这也是她作品魅力不衰的原因所在。

作为一个女人，无论处于如何艰难的境地，早上起来，你都可以畅快地笑，可以允许你自己享受有趣的幻想，以及精神健康的好处。你可以写下20条你长期以来梦寐以求的事情，不论是参加马拉松比赛、上电视，还是访问。然后划去那些看起来在短期内无法实现的幻想。最后你至少会得到一项你今天就可以实现的梦想，马上去实现它吧。然后再开始计划第二件最切实可行的事。慢慢地，你就会实现许许多多看来“幼稚可笑”的幻想，而且大部分都会被证明是实实在在的成就。

孩童的笑和幻想是这个世界的原始本色，没有一点功利色彩。就像花儿的绽放，树枝的摇曳，风儿的低鸣，蟋蟀的轻唱。它们听凭内心的召唤，是本性使然，没有特别的理由。

童心是生产乐趣的工厂，治疗忧伤的灵药，流淌幸福的源泉，童心不老的奥妙在于拥有童趣的沃土。一切有生命力的东西，都是童心的驱使。保持一颗单纯而快乐的童心，是自我心理的需要，更是调节心理的良剂。

有一句西方谚语说：“人类最好的品质都是在孩子身上。”在社会生活的纷纷扰扰中，在工作责任的重重压力下，拾起久违了的童心，你会发现那是多么的可贵。

不管从前发生过什么，不管眼下正遭遇什么，女人都别失去内心的纯真。轻轻地微笑，忠于自己的内心，在跌宕时不忘仍然存在的美好，善待爱人，笑对人生。若你有这份如水的纯真情怀，纵然走到漫天飞雪的寒冬，你依然能够拥有自己灿烂的微笑。

7. 活出一种洒脱的姿态

其实，幸福感是人的一种心理能力。而真正的幸福是任何人都不能从自己身上拿走的，因为那是你对世界、生活、自己所持有的一种态度。

——卡耐基

现代的都市女性可能有这样的体会：物质生活越来越好，但是快乐却越来越少，生活中几乎找不到幸福的影子。在生活和工作中，总有一些让自己难以接受的事情，这些烦恼不断地侵扰着人们脆弱的内心世界。其实，这些只是对女人的考验，因为幸福就在人的心里，只看你以怎样的心情解读。如果你的心胸足够宽广，能把眼光放得长远些，你就能够看到幸福。

幸福来自于内心的安静和沉淀。想要获得幸福，女人就不能迷失在过去，更不能执着在自己的情绪里。作茧自缚永远是自己最大的敌人，无论是什么原因，无论是何种境况，想要活得坦然和精彩，就要让自己勇敢踏过荒野，甩掉满脚的泥泞。

宋朝无门慧开禅师说："春有百花秋有月，夏有凉风冬有雪。若无闲事挂心头，便是人间好时节。"女人啊，抛弃过去的羁绊吧！别让自己在过去里沉沦了，昨天是回不去的曾经，但我们还拥有现在和未来。过去的那些往事，就让它成为永久的回忆。你可以在某个清晨或黄昏，从记忆深处翻开看看，但看过之后要重新整理好自己的行囊，继续人生的旅程。唯有挣脱无谓的痛苦和执着，女人才能享受到真正的云淡风轻。

内在洒脱的女子，无论处在什么样的生活景况中，洒脱都是不变的旋律。

生活，的确需要活出一个洒脱的姿态。

做一个洒脱点的女人，让自己的头脑处于冷静的状态，尽管会有一些不甘心，有太多的留恋，也或许会想起他的千百种好，但都不允许自己头脑发热。否则的话，等待一切尘埃落定后，留下的可能是更多的后悔。

让自己活得更加坚强一些吧，学会洒脱地面对所有的局面，我们即便非常渴望与需要爱情，但也都不要忘记了家人朋友才是我们生命中最值得珍惜的，他们一直在守候着我们。女人在受伤过后，就不要停留在过去的伤痛中。给自己一点点时间，或者换个环境，学会自我疗伤，学着尽快地走出那片阴霾，删除不良记忆，一切从头再来，没有什么大不了的。

三毛小时候是一个非常勇敢而又聪明活泼的小女孩，但在上初中后，数学成绩渐渐出现了滑坡，几次小测试都不及格，为此，三毛心里很自卑。

后来，三毛发现每次小测试的题目都是从课本后面的习题中选出来的。于是，每次临考前，她都会把习题背熟了。运用这个方法，连续几次的测试她都取得了满分。数学老师对此有些怀疑，决定要单独测试一下三毛。

这天，老师将三毛叫进办公室，将一张准备好的数学卷子交给她，让她十分钟内完成。由于题目难度很大，三毛得了零分。

之后，上数学课的时候，老师在全班同学面前羞辱了三毛。他让三毛站在同学面前，用毛笔在三毛眼眶四周涂了两个大圆圈，全班同学哄笑不已。老师并没有就此罢手，他又命令三毛到教室外面，在大楼的走廊里走一圈再回来，三毛不敢违背老师命令，只得一步一步将漫长的走廊走完。

对于一个十多岁的孩子来说，这无疑是沉重的打击，三毛开始讨厌上学，厌恶学校，于是开始逃学。当父母鼓励她要正视现实，鼓起勇气再去学校时，她坚决地说“不”，并且自此开始休学。

休学在家的日子，三毛仍然不能从这件事的阴影中走出来。当家人在一起时，姐姐弟弟不免要说些学校的事，这令三毛痛苦不堪。这件事对三毛后来的性格以及人生道路产生了很大的影响。

其实，三毛的痛苦就在于她不能忘记。假如一件事对我们已经造成伤害，如果我们不能忘记它，还要经常回忆它，就无异于在旧伤上又添了新的伤口。这时，最明智的方法就是学会忘记，忘掉过去的伤痛。

一个人，要想活得开心、洒脱，最好的方法便是做个健忘的人。如果对那些痛苦的事情念念不忘，那么，即使事情只发生过一次，它也会每天在你的脑海中出现，所以，请学着将痛苦的事忘记，只有忘记过去的伤痛，我们才能生活得开心。

活出一个洒脱的状态，随时给镜中的自己一个微笑，我们本可以活得更加漂亮，更加自信，更加率性！

当然，天下没有不散的宴席，不管爱憎别离，还是风花雪月，都只不过是人生过程中的一道风景，学会欣赏它们，我们就能永远掌舵生命的方向。当一场刻骨铭心的爱恋成为历史，我们且不妨把自己藏起来，回归自我的世界，待到风平浪静，获得自我的解脱后，一切还是那么美好。学着记住该记住的，忘掉该忘掉的，给自己更多洒脱地活着的机会。

8. 培养几样让你着迷的爱好

有时候，人不一定拥有物质上的满足就会活得幸福，也不一定得到爱情的滋润就会称心如意。有时候，精神上的满足比任何物质都充实，内心饱满的生活才会充满意境。

——卡耐基

女人一定要有几项兴趣爱好，比如画画、看书、做瑜伽、听音乐、唱歌、看风景……运用其中一两样兴趣爱好来陶冶性情，修身养性，提高一下自己的生活品位，同时还能自得其乐，也能给自己带来健康和美丽。

兴趣爱好是一个人的精神食粮，支撑着女人的精神世界。它犹如女人心灵的一块绿洲，在人生旅途干涸的时候，滋润慰藉女人的心灵，它不但能陶冶女人的情操，培养女人的气质和修养，让女人除了为人妻为人母外，还能高质量地生活。

人总是会累的，在生活的海洋里漂泊，总有需要靠岸的时候。爱人可能会离去，金钱可能会散尽，朋友可能不在身边，那么你的兴趣爱好，就能成为你最后的港湾，心灵永久的栖息之地。女人的爱好，即使只有一样，也能在和他生气的时候让自己开心，在事业不顺的时候给自己勇气，在被遗忘的时候找回信心，这就足够了。

米兰与丈夫结婚三年了，终于有了自己的小宝贝。知道自己怀孕的米兰既有欢喜也有忧。她不愿意舍弃自己工作了五年的单位，也不愿意挺着肚子上班，忍受拥挤的交通。两者选其一，她反复纠结，在脑海里形成了挥之不去的阴影。

丈夫劝她不要外出，安心在家养胎。她虽然不情愿，却还是辞职了。久而久之，就养成了习惯，每天在家里收拾，看看电视。日子如同反复重播的录像带，枯燥乏味。“没意思”成了她的口头禅，听得老公耳朵都起茧子了。

一天，她照例对着丈夫抱怨：“生活也太没意思了。”丈夫就问她：“那你为什么不找点有意思的事情做呢？”

“你以前不是一直想学钢琴吗？那个时候我们没有钱，现在刚好你没有什么事，不如就开始学钢琴吧，以后也好教我们的孩子。”

米兰听后恍然大悟，原来自己的生活太缺乏如此的爱好了。没有自己的爱好，犹如灵魂少了一些血肉，只剩生活这副骨架了。迷上了钢琴，爱上了钢琴，就这样，米兰开始每天在家里练习钢琴，从最基本的入门开始，一天一天练下去。

十月怀胎，女儿出生后，她已经能够弹奏一整支完整的曲子了。看着熟睡的女儿，看着认真弹琴的妻子，丈夫说："生活从来没有像现在这样温馨且令人陶醉。"

女人一定要培养一些自己的兴趣。难过的时候，兴趣是你最好的老师，引导你走出心底的忧伤；快乐的时候，兴趣是你的密友，分享你的甜蜜；乏味的时候，兴趣是你的恋人，给你恋爱时的激情；寂寞的时候，兴趣是你的亲人，伴你走过最孤独的心路历程。

用你的兴趣爱好，以另一种方式融入这个世界，融化在人们心底柔软的深处。也许，你会茫茫人海中找到知音，找到心灵有共鸣的那个懂你的人，即使没有，孤芳自赏未尝不可，同样能给自己带来一份优雅，一份宁静，一份淡泊，一份宽容。

伟大的思想家罗兰曾经说过："当你所做的事情是你自己的爱好时，你会发现你做起事情来就会事半功倍，爱好能够让人变得聪明，爱好也能够给人们带来动力，做自己喜欢做的事情就会在行程中得到快乐，在困难中得到鼓励！"

女人有了自己的兴趣爱好，生活就不会那么紧张。修身养性，提高生活品味，乐在其中，是一件很舒心的事情。从这些爱好中寻找乐趣，寻找情调，寻找生活的色彩，就能让原本美好的日子更加闪闪发亮。

9. 今天就是最幸福的时刻

在成功人士的字典中，永远没有“明天”二字。他们认为，今天才是人生舞台中最重要的一天；今天才是我们可以享受当下生活的一天；今天才是我们生命中可以把握的一天；今天才是我们可以用来打败对手、超越自己的一天。

——卡耐基

上帝创造了这个世界，但是却没有让它完美无缺，因此，不管人们怎么去努力，都不会做到尽善尽美。而我们的不快乐，正是因为生活不能尽善尽美，与自己的预期不符。不快乐的程度，取决于生活与预期之间有多大的距离。但如果我们不凡事追求完美，快乐这件事就简单多了，我们只需要做自己喜欢的事情就够了。

生活永远是豁达的，它对每个人都是公平的。也许你是一个有缺点的人，然而你却依然可以享受完美的生活。

生活对每个人都赋予了同样美丽的意义和无穷的快乐，只要你认真地去体会，去感受，哪怕你是一个有缺陷的人，也会同样拥有完美的生活。

丁当诞生时，双目失明。医生说：“他患的是双眼先天性白内障。”

他的父亲不甘心：“难道你就束手无策了吗？手术也无济于事了吗?”

医生摇摇头：“直到现在，我们还没找到治疗这种病的方法。”丁当不能看见东西，但是他的双亲的爱和信心，使他的生活过得很丰富。作为一个小孩，他还不知道自己失去的东西。

然而，在他6岁时，发生了他所不能理解的一件事。一天下午，他正在同另一个孩子玩耍。那个孩子忘了丁当看不见，抛了一个球给他：

“当心！球要击中你了！”这个球确实击中了丁当。此后，在他的一生中再没有发生过那样的事了。

丁当虽没有受伤，但觉得极为迷惑不解。后来他问母亲：“阿兰怎么在我之前先知道我将要发生的事？”

他母亲叹了一口气，因为她所害怕的事终于发生了，现在有必要第一次告诉她的儿子：“你看不见。”

“孩子，坐下。”她很温柔地说道，同时伸过手去抓住他的一只手，“我不可能向你解释清楚，你也不可能理解得清楚，但是让我努力用这种方式来解释这件事。”她同情地把他的一只小手握在手中，开始计算手指头。

“1、2、3、4、5，这些手指头代表着人的五种感觉。”她讲道，同时用她的大拇指和食指顺次捏着丁当的每个手指。

“这个手指表示听觉，这个手指表示触觉，这个手指表示嗅觉，这个手指表示味觉。”然后她犹豫了一下，又继续说：“这个手指表示视觉。这五种感觉中的每一种都能把信息传送到你的大脑。”她把那表示视觉的手指弯起来，按住，使它处在丁当的手心里，慢慢地说道：“你和别的孩子不同。因为你仅仅用了四种感觉，并没有用你的视觉。现在我要给你一样东西。你站起来。”

丁当站起来了，他的母亲拾起他的球。“现在，伸出你的手，就像你将抓住这个球。”她说。丁当抓住了球。

“好，好。”他母亲说，“我要你绝不忘记你刚才所做的事，你能用四个而不用五个手指抓住球。如果你由那里入门，并不断努力，你也能用四种感觉代替五种感觉，抓住丰富而幸福的生活。”

丁当绝不会忘记“用四个手指代替五个手指”的信条。这对他说来意味着希望。每当他由于生理的障碍而感到沮丧的时候，他就用这个信条作为自己的座右铭，激励自己。他发觉母亲是对的。如果他能应用他所有的四种感觉，他确实能抓住完美的生活。

也许在生活中，我们都有这样或那样的缺点、缺陷，然而，只要我们有信心，通过自身不懈的努力，就一定能克服各种障碍，找到生活的意义。完美生活不一定是完美的人才能感受得到的，只要我们不懈地去努力，并用心去体会就能品尝到生活所赋予的酸、甜、苦、辣等各种滋味，将掺和着百味的人生过得有声有色，过得圆满。

卡耐基认为，每个人都应学会享受生活，轻松而快乐地度过每一天，要理解人生的真正含义。把自己的心态摆正，用一颗平常的心态，去体味人生，享受人生，去迎接大自然对人生的挑战，深刻认识到酸甜苦辣乃是人生的真谛，兴衰荣辱即是自然界赋予人类永不衰败的交响曲，同时还存在着大自然与万物之间相生相克的深奥道理。

所谓的享受生活，就是不被功名利禄所牵绊，对人生路上的沉浮不仅要看得开，更要想得远，又要拿得起，放得下。不要在鲜花与掌声之中飘飘欲仙；不要在失败与磨难中心灰意冷；不要在顺境中目空一切；不要在逆境中停滞不前。而要在“繁华过尽皆成梦，平淡人生才是真”中去品味人生的真正含义；要能够在“酸甜苦辣皆有味，兴衰荣枯皆自然”当中去享受生活的真滋真味。

10. 对未来时刻抱有希望

不要因为一时的失意，就把自己长久地关在失意的笼子里，不要因为一时的挫折就给自己定下失败的未来。

——卡耐基

但丁说过，“生活于愿望之中而没有希望，是人生最大的悲哀”。

我们在生命的最初都有自己的愿望，对未来充满了各种想象。人总是越长大越孤单，孤单的连曾经的愿望都不再有了，也许是在追求自己愿望的道路上受到了一点挫折和打击，我们就不再相信这愿望是可以实现的，我们丢掉了最宝贵的希望。

有多少成功的例子告诉我们，有希望才有未来。在四川汶川地震时，那些被掩埋在废墟里的同胞，他们是怎样的勇者，四周都是坍塌的钢筋水泥，黑暗笼罩着他们，可是他们内心充满了希望，对自己的生命没有放弃。这是我们民族的伤痛，我们不愿意再提及，可是走过伤痛，我们从中获得的感悟是什么呢？也许纪伯伦这句话可以说出我们的心声："有健康即有希望，有希望即有一切。"

听过这样一个故事，那是一位老奶奶，她一个人住在偏僻的小山村里。在她还很年轻的时候，她的丈夫外出做生意，但走后就再也没有回来。村里有人说他是死在了乱枪之下，有人说他病死在外，还有人说他在外面被人招做了养老女婿。但是真实的情况她不得而知，当时她唯一的儿子才刚刚学会走路。

几年以后，村里人都劝她改嫁。没有了男人，这寡妇守到什么时候是个头？但她始终没有走。她说，丈夫生死不明，也许在很远的地方做了大生意，没准哪一天发了大财就回来了。这个念头支撑着她，年复一年，老太太带着儿子坚强地生活着，她还把家里整理得更加井井有条。她想假如丈夫发了大财回来，不能让他觉得家里这么脏乱。

就这样，十年过去了，在她的儿子17岁那一年，一支部队从村里经过，她的儿子跟着部队走了。儿子说，他要到外面去寻找父亲。不料儿子走后又是音信全无。有人告诉她，她儿子在一次战役中战死了。她才不会相信这样的话，一个大活人怎么能说死就死呢？她甚至想，儿子不仅没有死，还做了军官，等打完仗，天下太平了，就会衣锦还乡。她还想，也许儿子已经娶了媳妇，给她生了孙子，回来的时候是一家子人呢。

尽管儿子依然杳无音信，但这种幻想给她带来了无穷的希望。她是一个小脚女人，不能下田种地，她就做绣花线的小生意，整日奔走四乡，积累钱财。她想用挣来的这些钱把房子翻盖了，等丈夫和儿子回来的时候住。有一年她得了大病，医生已经判了她“死刑”，但她最后竟然奇迹般地活了过来。她说，她不能死，她死了，儿子回来到哪里找母亲呢……这位老人一直在村里健康地活着，直到她年满百岁时，她还是做着她的绣花线生意，天天算着，她的儿子生了孙子，她的孙子也该生孩子了……

这位老奶奶就这样执着地对未来充满希望，而这希望支撑着她健康地活下来。也许很多人会说，老奶奶这样有点自欺欺人的感觉了，可是这样的自欺欺人有什么不好呢？至少，老奶奶的一生都活在希望中，而不是怨恨中。

希望是人的一生中最美好、最温暖、最不可缺少的事物。我们在这充满艰难的道路上行走，如果没有希望，那前途将是一片漆黑。对未来要时刻抱有希望，内心有希望的人，总会得到上天的帮助。我们在熙来攘往的街道上，可以轻易地看出一个人是否对未来抱有希望。不是因为我们有读心术，而是因为失去希望的人，脸上写满了悲伤。他们从不抬头挺胸地走路，只关注眼下的失意和挫折，不相信希望会带给他们任何的帮助。而事实是，内心时刻充满希望的人，才更受机会的眷顾。